Domain Name System

使える力が身につく

DNSがよくわかる教科書

株式会社日本レジストリサービス(JPRS)
渡邉結衣、佐藤新太、藤原和典 著
森下泰宏 監修

SB Creative

本書に関するお問い合わせ

この度は小社書籍をご購入いただき誠にありがとうございます。小社では本書の内容に関するご質問を受け付けております。本書を読み進めていただきます中でご不明な箇所がございましたらお問い合わせください。なお、お問い合わせに関しましては以下のガイドラインを設けております。恐れ入りますが、ご質問の際は最初に下記ガイドラインをご確認ください。

●ご質問の前に

小社Webサイトで「正誤表」をご確認ください。最新の正誤情報を下記のWebページに掲載しております。

本書サポートページ https://isbn.sbcr.jp/94481/ 

上記ページの「正誤情報」のリンクをクリックしてください。なお、正誤情報がない場合、リンクをクリックすることはできません。

●ご質問の際の注意点

- ご質問はメール、または郵便など、必ず文書にてお願いいたします。お電話では承っておりません。
- ご質問は本書の記述に関することのみとさせていただいております。従いまして、○○ページの○○行目というように記述箇所をはっきりお書き沿えください。記述箇所が明記されていない場合、ご質問を承れないことがございます。
- 小社出版物の著作権は著者に帰属いたします。従いまして、ご質問に関する回答も基本的に著者に確認の上回答いたしております。これに伴い返信は数日ないしそれ以上かかる場合がございます。あらかじめご了承ください。

●ご質問送付先

ご質問については下記のいずれかの方法をご利用ください。

Webページより	上記ページ内にある「この商品に関するお問合せはこちら」をクリックすると、メールフォームが開きます。要綱に従ってご質問をご記入の上、送信ボタンを押してください。
郵送	郵送の場合は下記までお願いいたします。 〒106-0032 東京都港区六本木2-4-5 SBクリエイティブ　読者サポート係

■本書内に記載されている会社名、商品名、製品名などは一般に各社の登録商標または商標です。本書中では®、™マークは明記しておりません。

■本書の出版にあたっては正確な記述に努めましたが、本書の内容に基づく運用結果について、著者およびSBクリエイティブ株式会社は一切の責任を負いかねますのでご了承ください。

はじめに

以前は電車やバスの中で本や新聞を広げている人をよく見かけましたが、最近はスマートフォンやタブレットを見ている人以外を見つけることが難しい時代になりました。自分の生活をいかに豊かにするかに着目し、スマートデバイスを上手に使いこなす。使い方さえ知っていれば実装の仕組みなど知らなくても困ることがない時代になってきたのではないか。この疑問が、本書を作るきっかけでした。

本書は、インターネット技術にかかわる初学者や、あらためてインターネット技術を基礎から学び直したい技術者を対象に、インターネットを支える仕組みのひとつであるDNSについて、その周辺知識も含めて基礎から解説することを目的としています。本書は3部14章で構成され、第1部の基礎編で、ドメイン名やDNSの仕組みが誕生するに至った背景、インターネットにおけるドメイン名の管理運用体制やDNSが提供する名前解決の基本的な仕組みを解説しています。ドメイン名やDNSの仕組みに初めて触れる方は、第1部から読み進めていただければと思います。

第2部の実践編では、一歩進んでDNSの運用に初めてかかわる人を対象に、DNSを動かすために必要となる基本的な設定や動作確認のためのツールの使い方、継続的な運用のために必要となる注意事項などについて、具体的な設定例を示して解説しています。

第3部のアドバンス編では、DNSのさらなる安定運用のために必要となるノウハウを中心に解説しています。特に後半では、最近のホットな話題であるプライバシー保護について、DNSの観点から標準化の状況を踏まえて解説しています。

とは書いたものの、技術専門書を隅から隅まで通読することは、なかなか難しいことです。本書では、可能な限り読み通してもらうために、随所に周辺知識や裏話などを紹介したコラムを設けました。通読中の気分転換や、興味をさらに広げるきっかけ作りなど、自由に活用していただければ幸いです。

本書をきっかけにインターネットを支える「仕組み」に興味を持つ方が、一人でも増えていくことを願っています。

日本レジストリサービス　技術本部長　三田村 健史

本書の構成

本書は、基礎編、実践編、アドバンス編の3部で構成されています。

基礎編では、DNSを初めて学ぶ方向けにドメイン名とDNSが作られた背景、その仕組みと管理体制、DNSを形作る3つの構成要素の役割、名前解決の具体的な動作について説明します。

実践編では、基礎編で学んだ構成要素を動かし、運用するための設計と設定、動作確認と監視、サイバー攻撃とその対策、信頼性向上のために留意すべき考慮点について説明します。

アドバンス編では、実践編で取り上げなかったDNSの設定・運用に関するノウハウと注意点、権威サーバーの移行(DNSの引っ越し)、DNSSECの仕組み、DNSプライバシーの概要と実装状況について説明します。

■各章の内容

本書の各章の内容は、以下のようになっています。

●基礎編

第1章　DNSが作られた背景

ドメイン名とDNSが作られた背景と目的、階層化と委任の構造について、例え話を交えながら説明します。

第2章　ドメイン名の登録管理の仕組みと管理体制

ドメイン名とDNSを円滑に動かすために欠かすことのできない、登録管理の仕組みと世界的な管理体制について説明します。

第3章　DNSの名前解決

DNSによる名前解決の仕組みと動作、委任の重要性について説明します。

第4章　DNSの構成要素と具体的な動作

DNSを形作る3つの構成要素に注目し、それぞれの役割と具体的な動作について説明します。

●実践編

第5章　自分のドメイン名を設計する

実践編に入る前段階として、DNSを動かすために必要な項目を整理します。基礎編で説明したDNSの構成要素を動かすことで実現されることを説明しながら、実践編の各章で説明する内容を紹介します。続いて、DNSを動かす際に事前に考えるべきドメイン名とDNSの設計について、具体的な例を使って説明します。

第6章　自分のドメイン名を管理する ～権威サーバーの設定～
自分のドメイン名を管理するために必要な、権威サーバーの設定について説明します。

第7章　名前解決サービスを提供する ～フルリゾルバーの設定～
名前解決サービスを提供する、フルリゾルバーの設定とパブリックDNSサービスについて説明します。

第8章　DNSの動作確認
DNSの運用やトラブルシューティングの際に必要な動作確認と監視について、基本的な考え方、コマンドラインツール、DNSチェックサイト、監視すべき項目と代表的なツールを説明・紹介します。

第9章　DNSに対するサイバー攻撃とその対策
DNSを狙ったり、踏み台に使ったりするさまざまなサイバー攻撃について、攻撃とその対策に注目する形で分類・説明します。

第10章　よりよいDNS運用のために
DNS運用の信頼性を高めるために考慮すべき項目と、DNSの設定・運用にまつわる潜在的なリスクについて説明します。また、キャッシュポイズニングに対する耐性を高める技術であるDNSSECとDNSクッキーについて、その概要を紹介します。

●アドバンス編
第11章　DNSの設定・運用に関するノウハウ
DNSの設定・運用においてよく見かけるトラブル・設定ミスと対応方法、ノウハウと注意点について、具体例を交えながら説明します。また、応答サイズの大きなDNSメッセージに対応するためのEDNS0の運用とその注意点、逆引きDNSの設定と現状について説明します。

第12章　権威サーバーの移行（DNSの引っ越し）
ゾーンを管理する権威サーバーの移行、特にホスティング事業者の移行に伴う権威サーバーの移行について、考慮すべき項目と作業を進める際の注意点を説明します。

第13章　DNSSECの仕組み
DNSの安全性を高める、DNSSECの仕組みについて説明します。

第14章　DNSにおけるプライバシーの概要と実装状況
DNSにおけるプライバシー上の懸念点を挙げ、それらの懸念点を解決するために開発された技術の概要と実装状況について説明します。

CONTENTS

基礎編

CHAPTER
8

基礎編

Basic
Guide to
DNS

CHAPTER 1 DNSが作られた背景

この章では、ドメイン名とDNSが作られた背景と目的、階層化と委任の構造について、例え話を交えながら説明します。

本章のキーワード

・ホスト　・IP アドレス　・通信プロトコル
・インターネットプロトコル（IP）　・アドレス　・IPv4 アドレス
・IPv6 アドレス　・名前とアドレスの対応付け　・アドレッシング
・ネーミング　・HOSTS ファイル　・レジストリ
・SRI-NIC　・階層化　・委任　・名前空間
・分散管理　・ツリー構造（木構造）　・一意
・ドメイン　・ドメイン名　・識別子　・ラベル
・ルート　・TLD　・2LD　・3LD
・サブドメイン　・DNS　・名前解決　・親
・子　・ネームサーバー　・標準化
・IETF　・RFC

CHAPTER1
Basic
Guide to
DNS

IPアドレスと名前の関係

世界中に張り巡らされたインターネット。インターネットには他のコンピューターに情報やサービスを提供するサーバーと呼ばれるコンピューターや、みなさんが日常生活で使うパソコンやスマートフォン、ネットワークとネットワークをつなぐために使われるルーターなど、数多くのさまざまなコンピューターが接続されています。こうした、ネットワークに接続されているサーバー、パソコン、スマートフォン、ルーターなどのことを総称して「**ホスト**」と呼びます。

インターネットに接続しているホスト同士が通信する場合、通信相手を何らかの形で指定する必要があります。また、相手側のホストから見た場合、どの相手が通信してきたのかがわからないと、通信してよい相手なのかそうでない相手なのかが判別できません（**図1-1**）。

図1-1　ホスト同士の通信では通信相手を指定・判別する必要がある

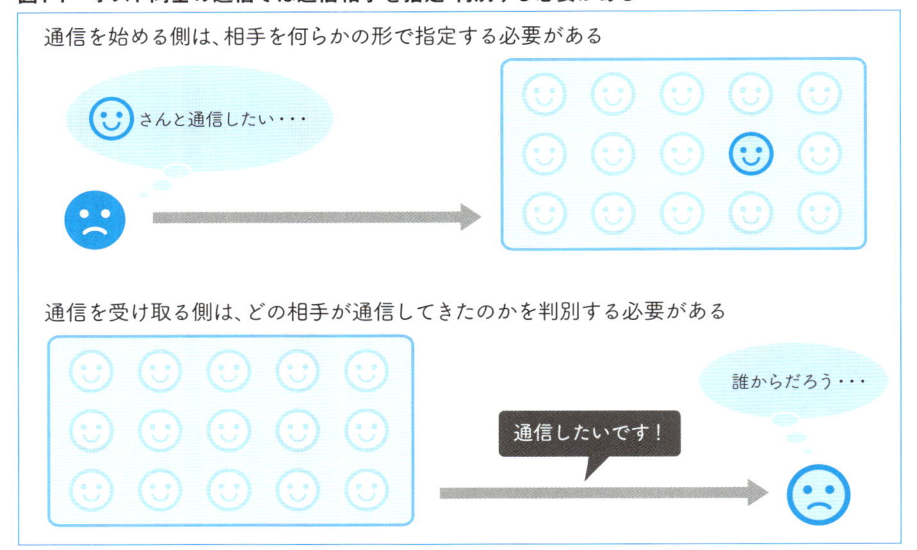

インターネットでは、この「通信したい相手の指定」と「通信してきた相手の判別」に、**IPアドレス**を使います。IPアドレスはインターネットで使われる**通信プロトコル**、つまり、**インターネットプロトコル（Internet Protocol：IP）**で、通信相手を識別するために使われる**アドレス**です。

COLUMN　通信プロトコルって何？

プロトコル（Protocol）とは必要な規則・習慣・手順などを文章化し、体系的にまとめた取り決めのことです。コンピューターの世界では、コンピューター同士で通信をする際の取り決めである**通信プロトコル**を指します。

通信プロトコルには、どのような状況において、どのような型のデータを、どのような順番で送るといったことが具体的に記され、通信を円滑に進める際に重要な役割を担います。インターネットにおける代表的な通信プロトコルの種類には、通信規格の「IP」や「TCP」、「UDP」、Webコンテンツの送受信に用いられる「HTTP」、メールの配送に用いられる「SMTP」などがあります。

現在使われているIPには、IPv4とIPv6の2種類があります。それぞれのIPで使われるIPアドレスは、以下のような形式になっています。

- IPv4アドレスの例：192.0.2.1
- IPv6アドレスの例：2001:db8::1

この例からわかるように、IPアドレスは数字の羅列（番号）で、人間がそのまま覚えたり、間違えないように使ったりすることは容易ではありません[*1]。

また、ホストに割り当てられるIPアドレスは、ネットワークを管理する側の都合で変更される場合があります。もし、変更されたことを知らずに古いIPアドレスを指定してしまった場合、まったく別の相手とつながってしまうかもしれません。そのため、目的の相手と確実に接続するためには、その時点で相手が使っているIPアドレスを、その都度調べる必要があります。

そうした不便を解消するために、通信相手を指定するのにIPアドレスをそのまま使うのではなく、覚えやすく使いやすい**名前**で相手を指定できるようにすることが考え出されました。そして、名前で指定された相手がその時点で使っている

＊1 ― IPv6アドレスは16進数で表されるため、a～fのアルファベットが使われますが、これらも番号です。

IPアドレス、つまり、**名前とアドレスの対応付け**を、接続の都度調べることにしたのです。

COLUMN IPアドレスとはこういうもの

IPアドレスは、インターネットに接続されたホストを識別するために使われるアドレスです。そのため、個々のホストに割り当てられるIPアドレスが世界で唯一となるように管理されています。

IPアドレスとして「202.11.16.167」のように、4つの10進数をドットでつなげた形で表記されたものを目にすると思います。これは、インターネットでIPが使われ始めた当初から使われている**IPv4アドレス**で、2の32乗（32ビット：約43億）の大きさ（アドレス空間）を持っています。

その後、1990年代になると、将来IPv4アドレスが不足することを予測して、より大きなアドレス空間を持つIPv6が作られました。IPv6で使われる**IPv6アドレス**は「2001:df0:8:7::80」のように16進数をコロンでつなげた形で表記され、2の128乗（128ビット：約340澗（かん）、1澗は1,000,000,000,000,000,000,000,000,000,000,000,000）という、膨大なアドレス空間を持っています。

名前で相手を指定するということ

この、名前で相手を指定するということについて、もう少し身近な例で考えてみましょう。

ここで、あなたは学校の先生だとします。そして、とある理由から普段あなたが担任していない教室の生徒に伝えたいことがあり、その教室に行って、その生徒を呼び出す必要があるとしましょう。

もし、あなたが生徒の学籍番号しかわからない場合、その番号を覚えたり、それを使って呼び出したりすることは大変でしょう。しかし、学籍番号と名前が対応付いていればその生徒の名前がわかりますから、名前でその生徒を呼び出すことができます。また、もしその教室に同姓同名の人がいたとしても、学籍番号と名前が対応付いていれば、それぞれが別人であることがわかりますので、必ず1人に絞り込むことができます（**図1-2**）。

インターネットでもこれと同じように、それぞれのホストに名前を付けることで接続相手を名前で指定でき、その名前とIPアドレスを対応付けることで、接続先のホストを1つに絞り込むことができるのです。

図1-2　番号と名前の対応付けで相手を絞り込み

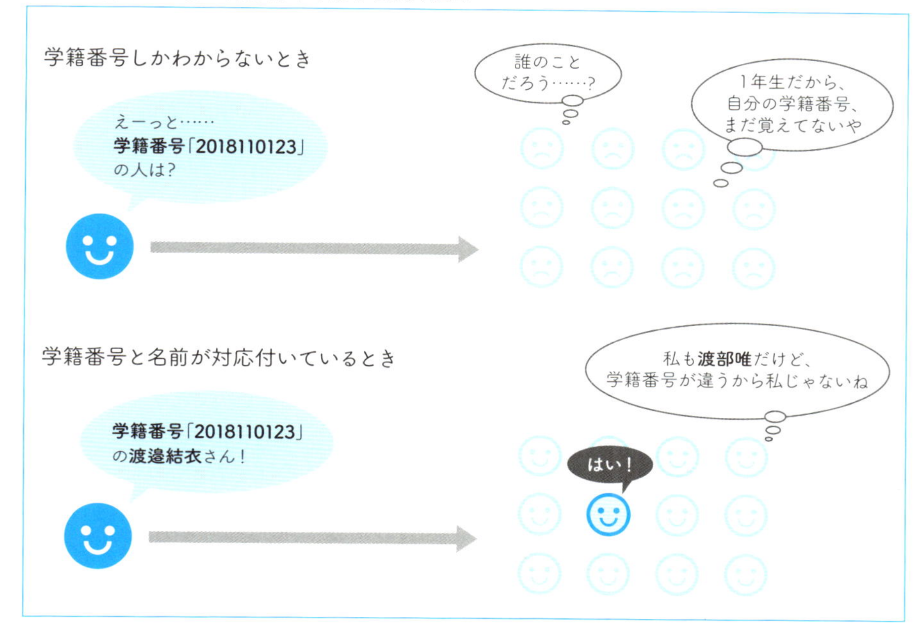

COLUMN　身近なところで動いているアドレッシングとネーミング

決められたルールに基づいたアドレスで、通信相手となる送信元や受信先を特定することを、**アドレッシング（addressing）**といいます。そして、通信相手やサービスにそれを示す**名前を付け、アドレスと対応付けて**通信相手やサービスを特定することを、**ネーミング（naming）**といいます。

この、アドレッシングとネーミングによる**対応付け**はインターネットの仕組みに限らず、もっと身近なところでも動いています。例えば、前ページで説明した学籍番号と名前の対応付けもそのひとつです。

また、最近さまざまな製品が登場して話題になっている、話し掛けるだけでいろいろなリクエストに答えてくれる**スマートスピーカー**は、通信相手となる対象と接続先を特定し、決められた操作と対応付けることによって、部屋の電灯をつける、音楽を流すといった具体的な動作を特定しています。

インターネットのアドレッシングにはIPアドレスが、ネーミングにはこれから本書で説明するDNSが使われています。これらの技術は作られてから30年以上、インターネットを支え続けているのです。

CHAPTER1
Basic
Guide to
DNS

IPアドレスと名前の対応管理

前節で説明したように、インターネットではIPアドレスで相手を識別しています。しかし、人間が通信相手を指定するには、名前で指定できると便利です。そこで、名前とIPアドレスの対応を1つの表にまとめておき、相手を指定するときはその表で名前に対応するIPアドレスを調べることにすれば、人間がIPアドレスをいちいち覚える必要がなくなります（**図1-3**）。もし、新しいホストが接続したり、接続しているホストのIPアドレスが変わったりした場合は、表を更新すればよいわけです。

インターネットが始まった当初はこのための表として「HOSTS.TXT」というテキストファイル（以降、**HOSTS（ホスツ）ファイル**）に、インターネットに接続されているすべてのホストのIPアドレスと名前（ホスト名）の対応を記載し、

図1-3　名前とIPアドレスの対応が表にまとまっていると便利

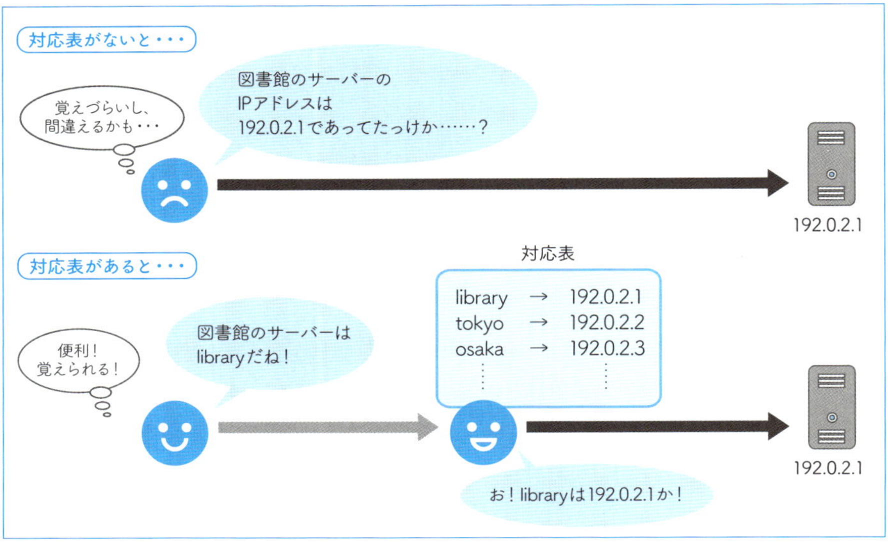

対応表がないと・・・
覚えづらいし、間違えるかも・・・
図書館のサーバーのIPアドレスは192.0.2.1であってたっけか……？
192.0.2.1

対応表があると・・・
便利！覚えられる！
図書館のサーバーはlibraryだね！
対応表
library → 192.0.2.1
tokyo → 192.0.2.2
osaka → 192.0.2.3
お！libraryは192.0.2.1か！
192.0.2.1

全体を管理していました。この方式は現在も多くのシステムでサポートされており、HOSTSファイルに相当するファイルが存在しています。現在使われているHOSTSファイルの例を、**図1-4**に示します。

図1-4　HOSTSファイルの例

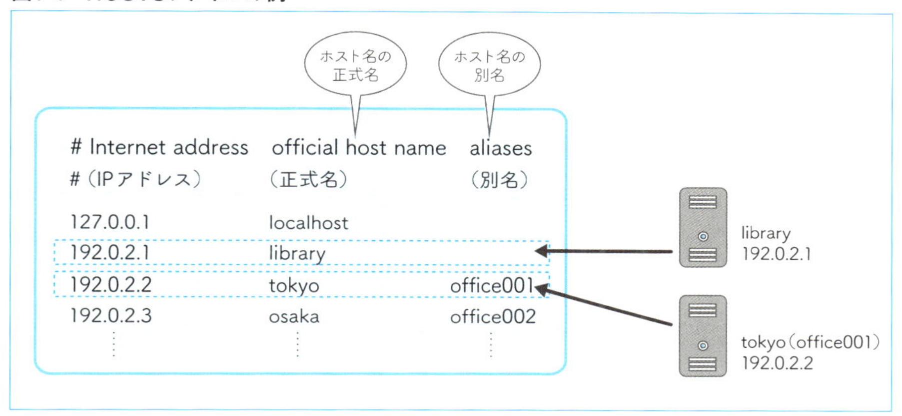

IPアドレスはインターネット全体で共有されているため、どの機器がどのIPアドレスを使っているかという情報を、インターネット全体で統一的に管理する必要があります。そのため、HOSTSファイルは名前や番号が重複しないように、1つの組織が一元管理していました。

このような、インターネット全体で共通に使われる名前や番号を一元管理する組織を「**レジストリ**」といいます*1。

インターネットが始まったころ、HOSTSファイルは米国カリフォルニア州のスタンフォード研究所（Stanford Research Institute）のネットワークインフォメーションセンター（Network Information Center）、**SRI-NIC**（エスアールアイ・ニック）が管理・公開していました。

当時、インターネットに接続したい組織はSRI-NICにそのための申請をし、SRI-NICが各組織の申請内容を確認・審査してアドレスを割り当て、その結果をHOSTSファイルに登録していました（**図1-5**）。そして、SRI-NICはHOSTSファイルをインターネット上で公開し、利用者はそれをダウンロードして使うという運用が基本でした。

＊**1**　―レジストリの役割については、2章で説明します。

図1-5　インターネットが始まった当初はSRI-NICがHOSTSファイルを管理・公開していた

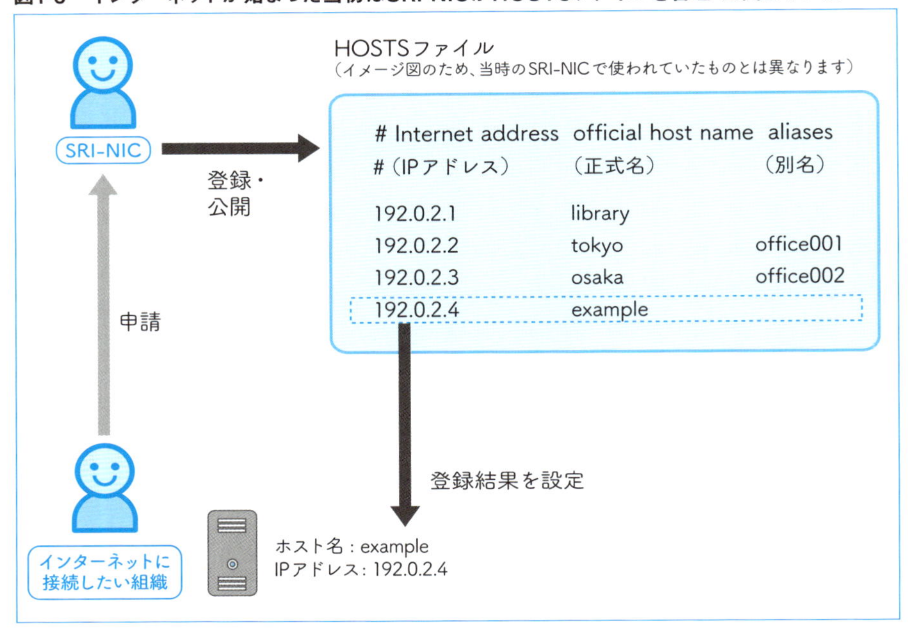

CHAPTER1
Basic Guide to DNS

03 集中管理から分散管理へ

インターネットが発展するにつれ、インターネットに接続されるホストの数は増えていきました。それに伴い、SRI-NICへの申請数が増加していき、申請からIPアドレスの割り当て・HOSTSファイルへの反映までに時間がかかるようになっていきました。インターネットに接続したい組織がこのまま増え続けると、申請を受け付けたホストにIPアドレスを割り当て、HOSTSファイルに登録・公開する作業を1つの組織が担当するという管理の仕組みに限界が来ることは、誰の目にも明らかでした（**図1-6**）。

限界を突破するためのよい方法はないだろうか。そのために採用されたアイデアが「**階層化**」と「**委任**」という、分散管理の仕組みでした。どんなものなのか、具体的に見ていきましょう。

図1-6　ホストのIPアドレスと名前を1つの組織で管理する仕組みには限界がある

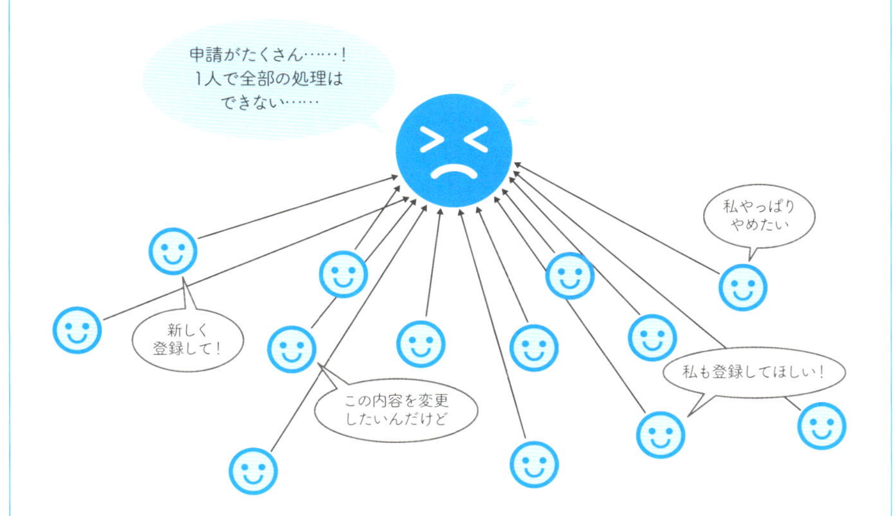

階層化と委任

階層化と委任という考え方は、会社のようなある程度の大きさの組織を管理する際に使われます。

会社の場合、管理構造の頂点は、社長です。もし、小さな会社であれば、社長が社員全員をフラットな形で管理することができるでしょう。もしかすると、そのほうが管理が楽かもしれません。しかし、会社の規模が大きくなるにつれ、社長1人が全体を管理することは難しくなってきます。

こうした場合、会社では通常、業務の種類ごとに部門を作り、それぞれの部門の役割を決め、組織体制を明確にします。これが「階層化」です。そして、それぞれの部門の部門長（管理者）を決め、部門長に管理を任せます。これが「委任」です。

階層化と委任により、各部門の従業員はそれぞれの部門長の下で管理され、それぞれの業務を行うようになります(**図1-7**)。階層化と委任をうまく使うことで、その会社はより柔軟に動けるようになるわけです。

さて、このような階層化と委任の仕組みを使って、ホストのIPアドレスと名前

図1-7　階層化と委任の考え方（会社組織の例）

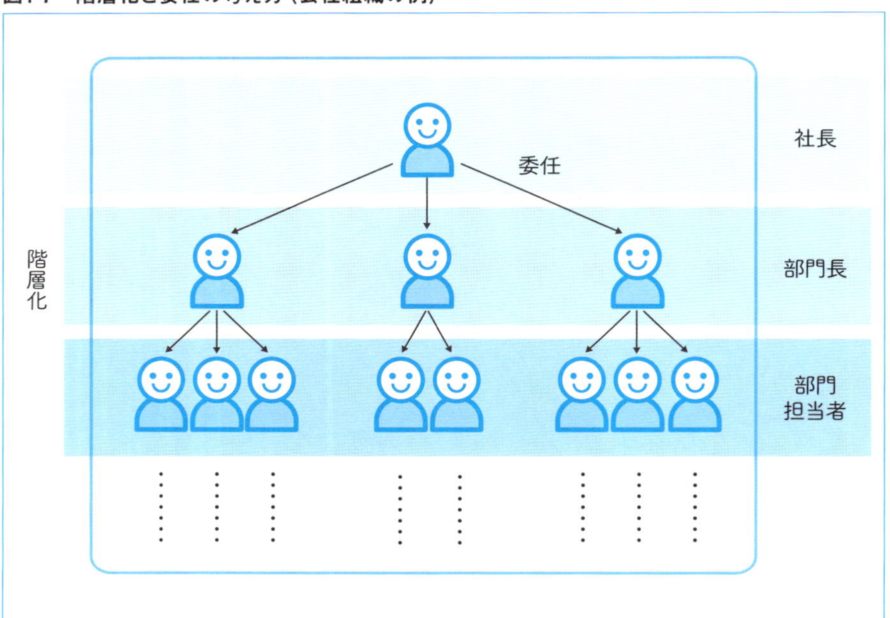

を管理しよう、というのが今回のアイデアです。インターネットでは、「**名前空間**[*1]」と呼ばれる1つの空間を全体で共有しています。そこで、名前空間の一部を分割し、切り出した名前空間を信頼できる他者に委任する、という仕組みが採用されました。委任した側ではその名前空間を誰に委任したかという情報のみを管理し、その名前空間の管理の責任は、委任された側が持つことになります。このような形をとることで、管理する名前空間とその責任を複数の管理者に分割した、**分散管理**が可能になりました（**図1-8**）。

図1-8　名前空間を分割して委任し、分散管理する

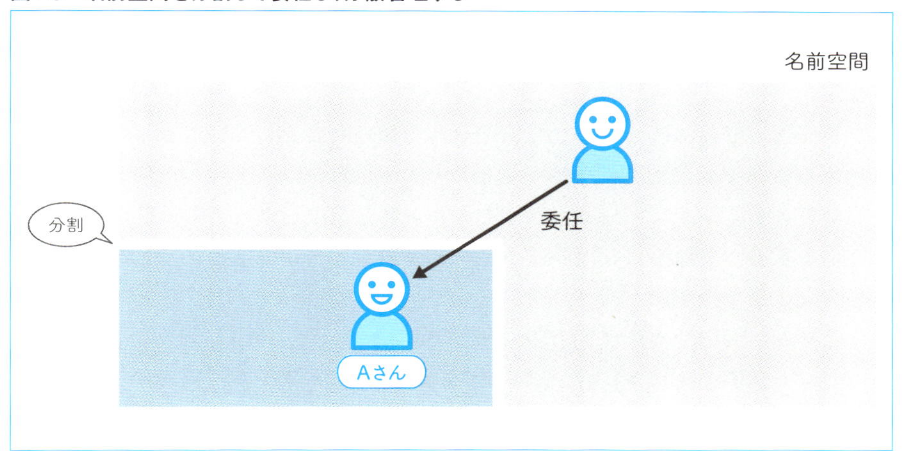

・階層化と委任のメリット

階層化と委任を導入することで、以下の2つのメリットが得られます。

1）管理を分散することで、それぞれの管理者の負担を軽減できる
2）組織そのものの成長・変化に柔軟に対応できる

つまり、管理範囲が大きくなり管理しきれなくなったら、その範囲を必要に応じて分割し、新たな管理者に委任すればよい、ということになります。

また、委任した側ではその範囲を誰が管理するか（**図1-8**ではAさん）という情報のみを管理し、その範囲の管理は委任先の管理者に任せます。これにより、Aさんの管理範囲のルールはAさん自身が決められることになります。

＊1 ―名前空間とは、各要素に一意の異なる名前を付けなければならない範囲のことです。

名前を一意にするための仕組み

前節「IPアドレスと名前の対応管理」で説明したように、HOSTSファイルは名前や番号が重複しないように、1つの組織（SRI-NIC）が一元管理していました。そのため、名前とIPアドレスの対応付けはインターネット全体で同じものになっており、HOSTSファイルを使うことで利用者はインターネットのどこからでも、同じ名前で同じ接続相手を指定することができました。

分散管理に移行してもこのメリットが失われないように、階層化と委任による管理の仕組みは、管理の頂点を1つにする形で設計されました。このような1つの頂点から枝分かれしていく構造を「**ツリー構造（木構造）**」といいます（**図1-9**）。この名称は、根っこから枝を広げて伸びていく木を根元側から見た形に由来しています。

ツリー構造では、枝分かれした先のそれぞれの階層で名前が重複しないように管理することで、名前空間全体の名前が1つに定まる、つまり、**一意**になることを保証できます。インターネットでドメイン名を登録しようとするとき既に使われている名前が登録できないのは、インターネット全体の名前を一意にするために必要なことなのです。

図1-9　ツリー構造で、枝分かれした先の名前が重複しないようにする

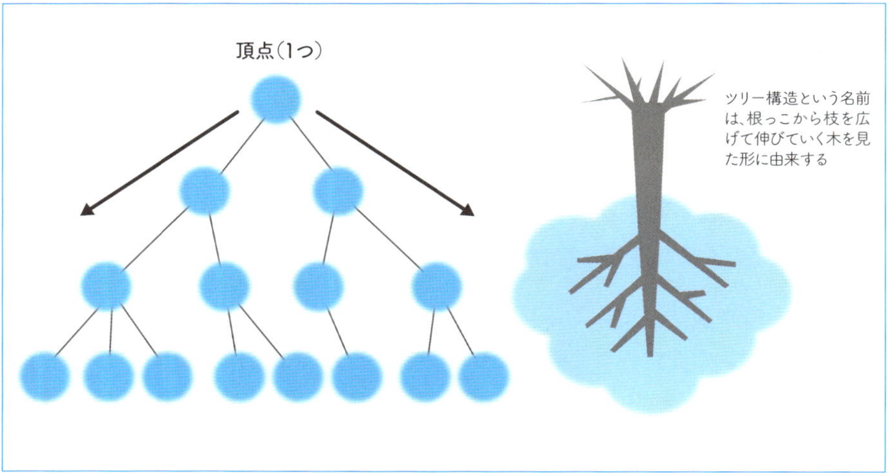

COLUMN　階層化と委任における注意点

階層化と委任の導入で得られるメリットは大きいですが、導入・運用する際に注意しなければならないことがあります。

この「管理範囲を分割して階層化し、責任者に委任する」という形は、その委任が成立することが前提になります。階層化と委任による分散管理を実現するには、それぞれの階層を担当する人が担当部分をきちんと管理し、責務を全うする、という前提が必要です。

そのため、責務を全うできない人や悪意を持った人がいた場合、前提条件が成立しなくなってしまいます。例えば、2020年5月に発表されたサイバー攻撃「NXNSAttack *2」では、悪意を持った人が自分の管理するドメイン名に意図的に不適切な設定をすることで、DNSを攻撃します。

そのため、関係する責任者が協調するための仕組みや、セキュリティを向上させるためのさまざまな技術を作り、運用してきました。本書では、そうした仕組みや技術についても説明していきます。

---

*2 — "NXNSAttack: Recursive DNS Inefficiencies and Vulnerabilities"
URL http://www.nxnsattack.com/shafir2020-nxnsattack-paper.pdf

CHAPTER1
Basic
Guide to
DNS

04 ドメイン名の構成

ここまでで、階層化と委任という仕組み、そして、ツリー構造による管理のメリットについて説明しました。インターネットでは分割されたそれぞれの名前空間の範囲を「**ドメイン**」、その範囲を識別するために付けられた名前を「**ドメイン名**」と呼びます（**図1-10**）。

図1-10　ドメインとドメイン名

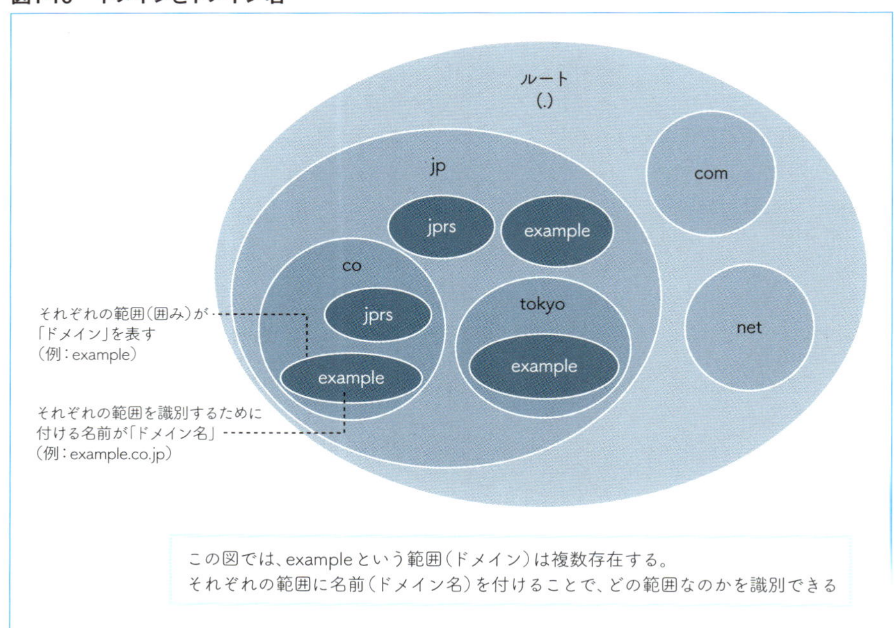

ドメイン名とは何か

それぞれの階層の名前を重複しないように管理することで、ドメイン名はインターネット全体で一意になります。そして、ドメイン名とIPアドレスを適切に対応付けることで、ドメイン名はインターネットのホストを特定するための**識別子**として使えるようになります。

ドメイン名は、WebページのURLやメールアドレスの一部として使われます。例えば、**図1-11**の「jprs.co.jp」や「example.jp」と書かれた部分が「ドメイン名」です。

図1-11　ドメイン名はURLやメールアドレスの一部として使われる

以降で、ドメイン名の構成についてもう少し詳しく見てみましょう。

ドメイン名の構成

ドメイン名は文字列を「.（ドット）」でつなげた形で構成されます。

それぞれの文字列を「**ラベル**」といいます。実は、ドメイン名の最後にもドットが付いているのですが、通常は省略されます。この、ドメイン名の最後に付けられた（省略された）ドットは階層構造の頂点となる「**ルート**」を表しており、ルートを起点として右側から順番に

- TLD（Top Level Domain、トップレベルドメイン、ティーエルディー）
- 2LD（2nd Level Domain、セカンドレベルドメイン）
- 3LD（3rd Level Domain、サードレベルドメイン）

と呼びます（**図1-12**）。「.jp（ドットジェーピー）」や「.com（ドットコム）」というドメイン名をよく聞きますが、これらは代表的なTLDです。

実際のインターネットでルートやTLDがどのような形で管理されているかについては、2章で説明します。

図1-12　ドメイン名はルートを起点とした階層構造をドットでつなげた形になる

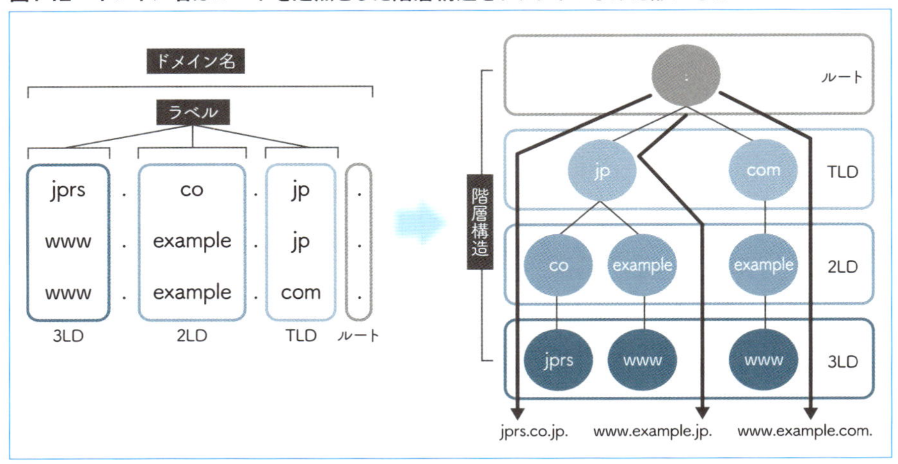

サブドメイン

ある名前空間（名前空間1）の範囲が別の名前空間（名前空間2）の範囲に含まれている場合、名前空間1は名前空間2の**サブドメイン**と呼ばれます（**図1-13**）。

図1-13　サブドメイン

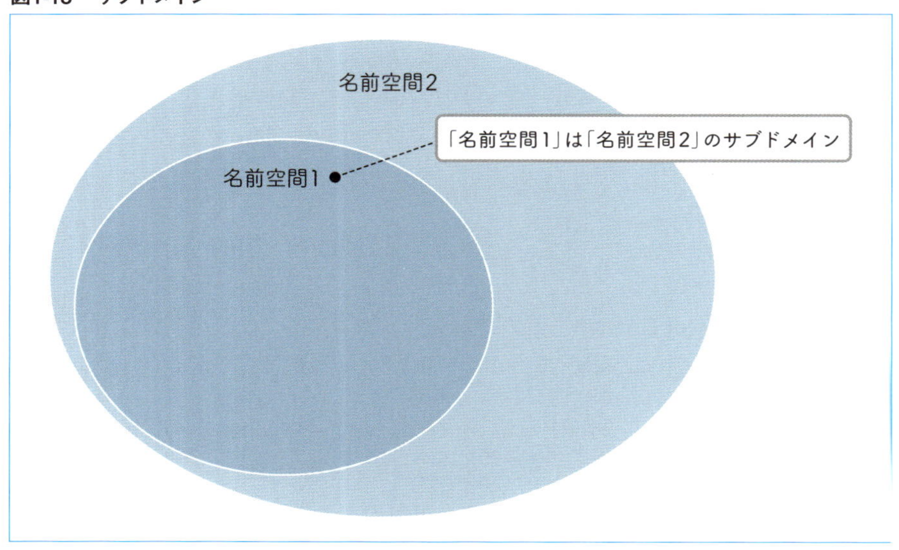

図1-14に、サブドメインの具体例を示します。

図1-14　サブドメインの具体例

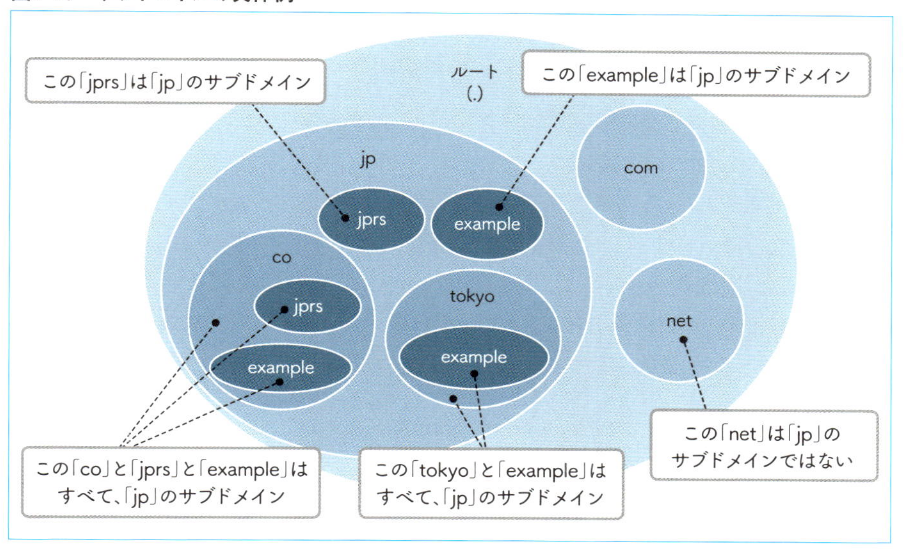

例えば、ルートの名前空間を分割してできたドメインは、すべてルートのサブドメインとなります。また、jpの名前空間を分割してできたドメインは、すべてjpのサブドメインとなります。

図1-15で示すように、注目するドメイン（例ではルートとjp）によって、サブ

図1-15　注目するドメインによってサブドメインの範囲は変わる

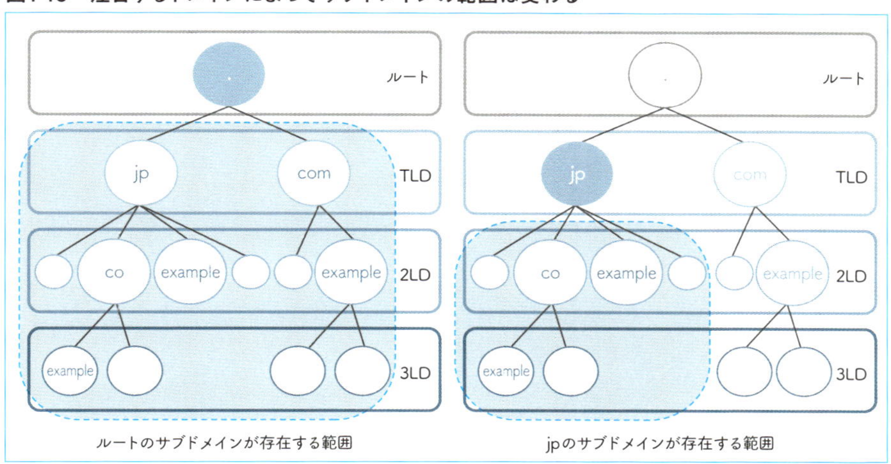

ドメインの範囲が変わることに注意しましょう。

サブドメインは、そのドメインの管理者が自由に作ることができます。そして、作ったサブドメインを他者に委任するかどうかも、管理者が決められます。そのため、サブドメインを作っても他者には委任しないといったケースも存在します。

ドメイン名のメリット

階層構造の導入により、それぞれの階層における名前付けの自由度が上がります。例えば、階層構造を導入しない場合、wwwという名前はその名前空間（**図1-16**の例ではその会社）の中で1台にしか使えませんが、階層構造を導入することで、wwwという名前（ラベル）を会社組織の各課で使えるようになります。

図1-16　階層構造を導入することで、名前付けの自由度が上がる

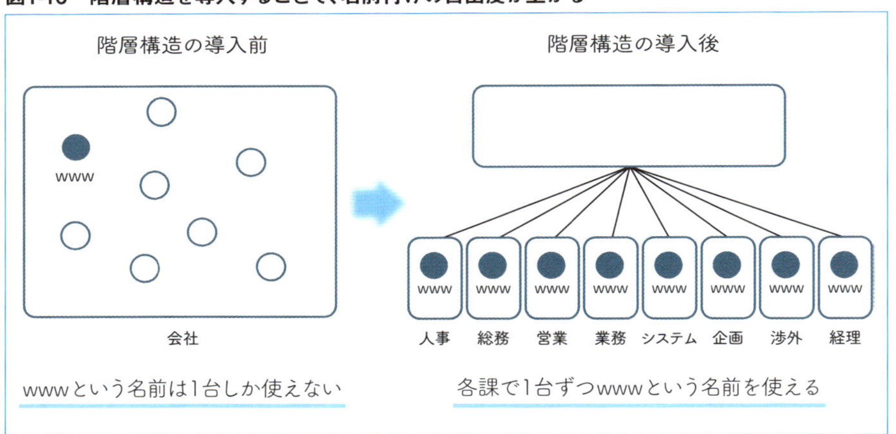

COLUMN　ドメイン名における注意点

インターネットのドメイン名に使える文字列の長さや種類には制限があります。DNS の仕様ではラベルの最大長を 63 文字までと定めており、インターネットのホスト名のラベルは英数字と "-" のみに制限されています（アドバンス編で説明する国際化ドメイン名では、英数字と "-" 以外の文字列も使用可能です）。また、ホスト名のラベルの大文字と小文字は区別されません。そのため、ドメイン名を登録しようと思った場合に、希望するドメイン名を登録できない場合があります。

また、悪意を持つ者が企業名や商品名と同じドメイン名を先に登録したり、それらに似た文字列のドメイン名を登録して利用者を混乱させたりといった、妨害行為が行われることがあります。インターネットではこうした行為を防ぐための仕組みが運用されており、利用者の保護が図られています。この仕組みについては、2 章で説明します。

CHAPTER1
Basic Guide to DNS

05 ドメイン名を使えるようにするために生まれたDNS

DNSとは何か

DNSは、「Domain Name System（ドメイン・ネーム・システム）」の略称で、ドメイン名の導入を前提として開発されたシステムです。このため、DNSも階層化と委任による分散管理の仕組みを採用しています（**図1-17**）。

DNSはドメイン名とIPアドレスの対応を管理し、利用者からの要求に応じてドメイン名に対応するIPアドレスを探し出します。これを「**名前解決**」といいます。

DNSの基本は、それぞれの階層の管理者から必要な情報を入手してドメイン名の階層構造をたどり、最終的な答えであるIPアドレスを得るというものです。

図1-17 HOSTSファイルによる管理から、DNSによる管理へ

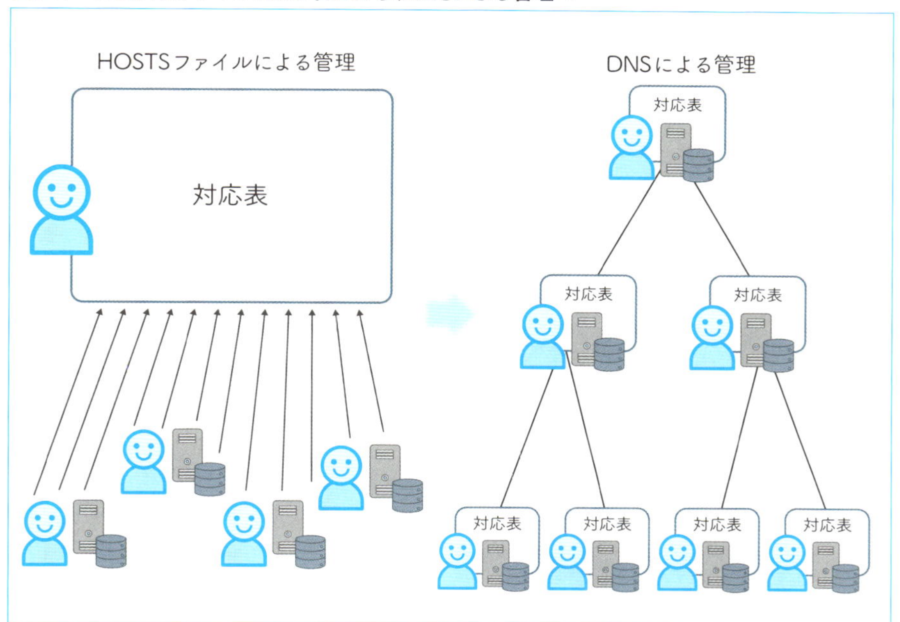

ドメイン名の階層ごとに管理者に問い合わせて、委任が行われていれば「この人に委任している」という情報をもらい、最終的な管理者にたどり着けば、そこで必要な情報（＝IPアドレス）をもらいます。

DNSにおける階層化と委任の仕組み

DNSにおける階層化と委任の仕組みについて、簡単に確認しましょう。ここでは「example.jp」というドメイン名を例に見ていきます。

DNSではドメイン名に対応する形で管理範囲を階層化し、委任することで管理を分散します。委任によって管理を任された範囲を「**ゾーン**」と呼びます。

DNSでは、委任した人（委任元）と委任された人（委任先）は「**親**」と「**子**」の関係になります。**図1-18**ではルートが「親」、jpが「子」です。

ゾーンを委任するためには、サブドメインを作ることから始めます。サブドメインは委任元で作られます。もしjpにサブドメインを作り、他者に委任した場合、jpが親、jpに委任された委任先が子、という親子関係になります。

そして、それぞれのゾーンの管理者は、「**ネームサーバー**」というサーバーで情報を管理します。ネームサーバーでは、以下の2種類の情報が管理されます。

図1-18　DNSにおける階層化と委任

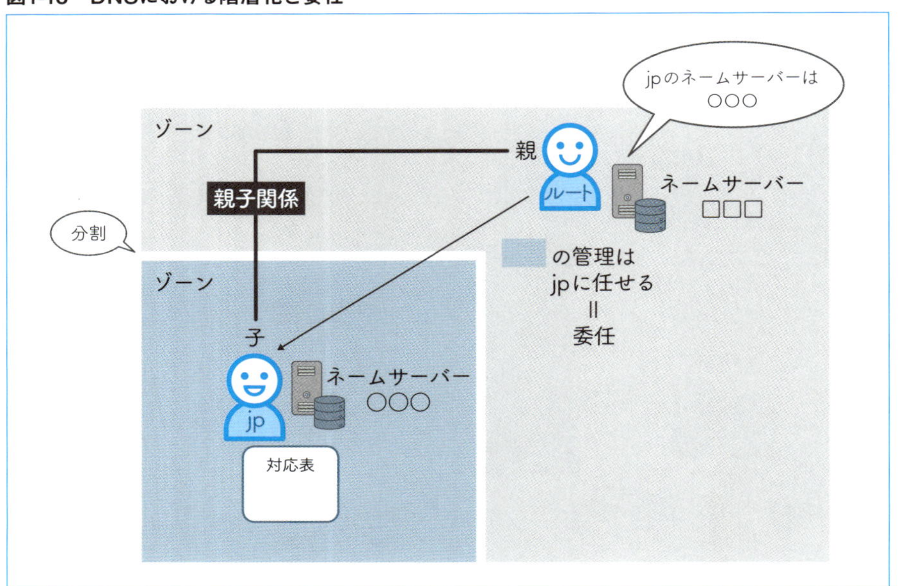

・1）そのゾーンに存在するホストのドメイン名とIPアドレス

それぞれのゾーンのネームサーバーが、ドメイン名とIPアドレスの対応付けを管理します。

・2）委任の情報

委任先（子）のネームサーバーの情報で、委任元（親）のネームサーバーが管理します。

2）は、「委任先はこのネームサーバーです」という情報です。前ページの**図1-18**の例では、ルートはjpがどのネームサーバーで管理されているか知っています。つまり、親は子の委任の情報を管理し、委任先を案内する役割を担うことになります。

ルートはjpを委任している、つまり、jpのネームサーバー情報のみを知っているので、「example.jp」というドメイン名の情報を聞かれた場合、jpの委任先を案内します。

同様に、**図1-19**でjpはexample.jpを委任している、つまり、example.jpのネー

図1-19　親は子の委任の情報を管理し、委任先を案内する役割を担う

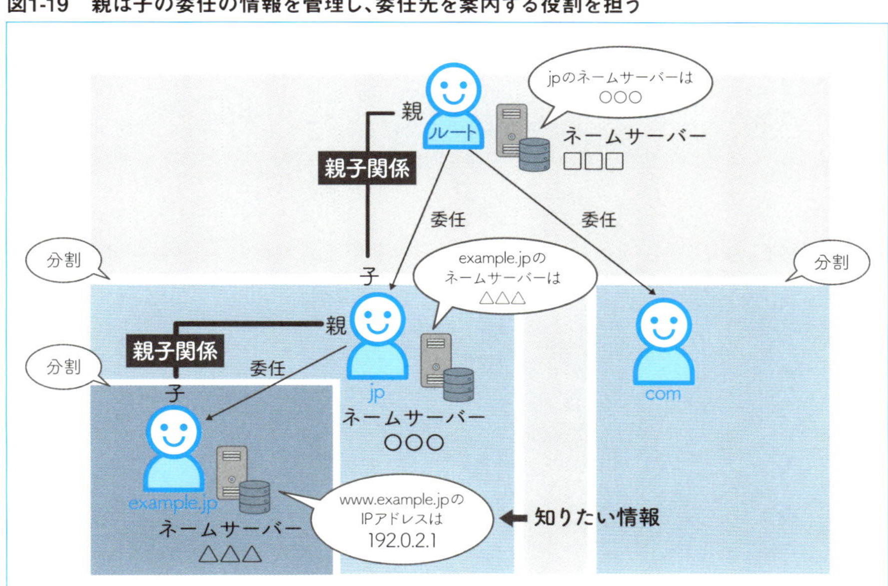

ムサーバー情報のみを知っているので、example.jpの委任先を案内することになります。

このように、委任先をルートから順にたどって、最終的にexample.jpのIPアドレスを管理するネームサーバーにたどり着くという仕組みが、DNSにおける名前解決の基本です。

名前解決の詳しい仕組みについては3章で、より具体的な動作については4章で説明します。

COLUMN　DNSの技術仕様は誰がどこで決めている？

DNSの技術仕様（プロトコル）は、誰がどこで決めているのでしょうか。

インターネット利用者間で共通に使う仕組みや決まりを定めることを、**標準化（standardization）**といいます。標準化は利用者の利便性や業務効率の向上、相互接続性などを実現するための重要な手法のひとつです。

インターネットの標準化作業は、**IETF（Internet Engineering Task Force、アイイーティーエフ）**の場で進められます。IETFは誰もが個人の立場で参加でき、意思決定の際にはメンバーによる決議や投票ではなく、参加者の緩やかな合意と動作する実装が重要視されます。IETFはメーリングリストにおける議論・作業のほか、年3回の会合が開催されます。

メーリングリストや会合で交わされた議論の結果は、最終的に文書としてまとめられます。この文書を**RFC（Request for Comments、アールエフシー）**といい、インターネットの技術仕様はすべて、RFCとして提案・発行されます。

DNSの技術仕様も、RFCとして発行されています。DNSの現在の基本仕様は1987年に発行されたRFC 1034とRFC 1035で、その後の仕様拡張に伴い、数多くのRFCが発行されています。

本書の付録Aで、DNS関連の主なRFCを紹介しています。

CHAPTER1
Basic Guide to DNS

06 DNSとレジストリの関係

名前管理の分散化

1章02で、HOSTSファイルによる一元管理について説明しました。HOSTSファイルによる管理では、1つのレジストリ（SRI-NIC）が名前や番号を一元管理するという、シンプルな管理形態をとっていました。

ドメイン名とDNSを導入することで管理者の負担が軽減され、より柔軟な管理を実現できます。しかし、これは同時に、導入前は1つのレジストリが行えばよかった名前の管理を、導入後は複数のレジストリが分散して担当する必要がある、ということを意味しています（**図1-20**）。

図1-20　ドメイン名とDNSによる管理では、それぞれの階層にレジストリが必要

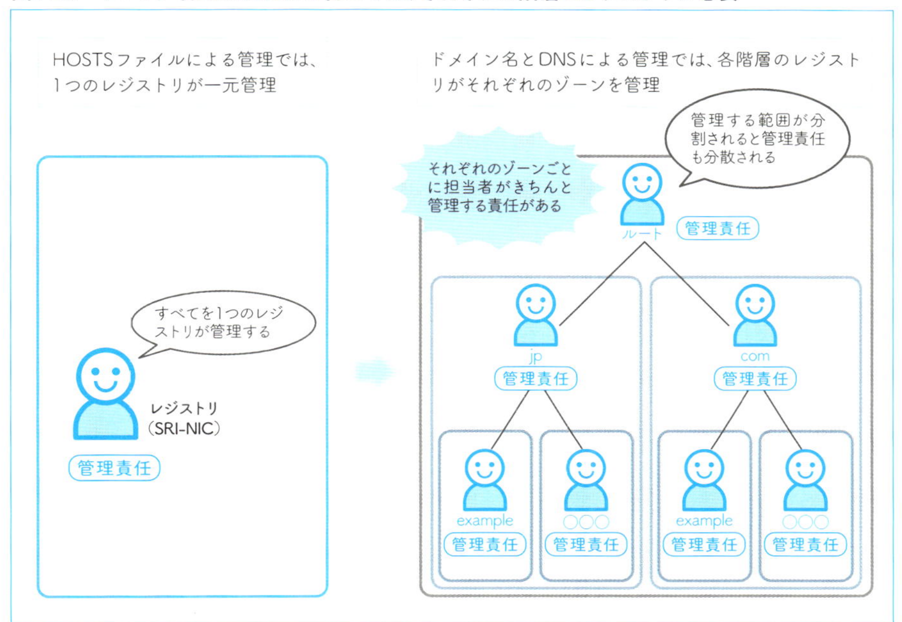

このように、**ドメイン名とDNSによる階層構造を導入した場合、それぞれの階層を管理する管理者（レジストリ）が必要になります。**それぞれのレジストリには、以下の2つの責任が発生します。

1）自分が任された（委任された）ゾーンを管理する
2）ゾーンを委任した場合、そのゾーンを委任した人（委任先）が誰かを管理する

レジストリとその関係者における連携・協調

分散化された名前であるドメイン名とDNSが全体としてスムーズに動くためには、それぞれの範囲を管理するレジストリとその関係者が連携・協調し、全体が円滑に管理される必要があります（**図1-21**）。

2章では、ドメイン名とDNSを円滑に動かすために欠かすことのできない登録管理の仕組みと、世界的な管理体制について説明します。

図1-21　各レジストリとその関係者が連携・協調していく必要がある

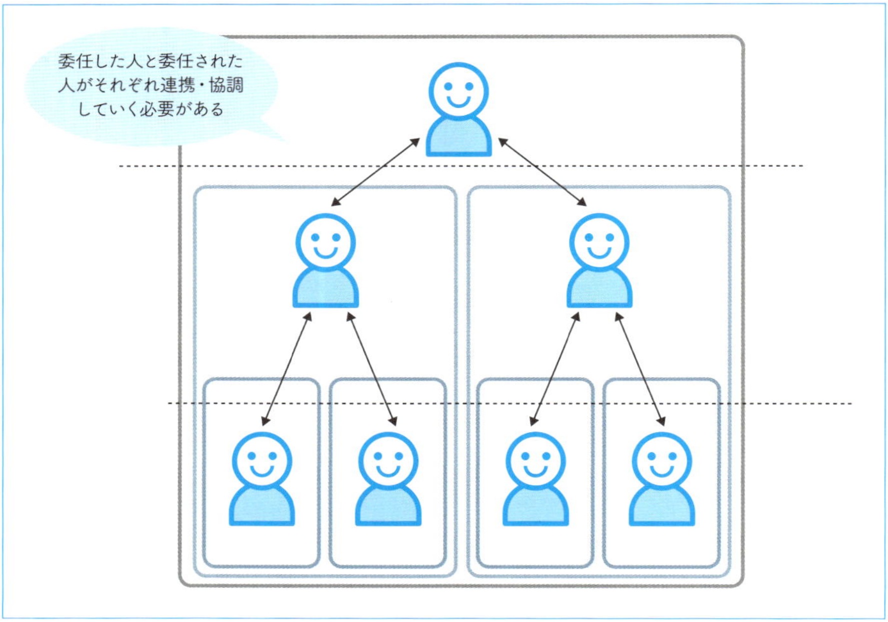

基礎編

Basic
Guide to
DNS

CHAPTER2
ドメイン名の登録管理の仕組みと管理体制

この章では、ドメイン名とDNSを円滑に動かすために欠かすことのできない、登録管理の仕組みと世界的な管理体制について説明します。

本章のキーワード

・レジストリ　・レジストリオペレーター　・レジストリデータベース
・ドメイン名のライフサイクル　・ドロップキャッチ
・登録情報　・登録規則　・Whois　・ccTLD
・gTLD　・コミュニティベース TLD　・地理的名称 TLD
・ブランド TLD　・サイバースクワッティング　・DRP
・UDRP　・JP-DRP　・レジストリ・レジストラモデル
・レジストラ　・リセラ　・指定事業者制度
・指定事業者　・インターネットガバナンス　・ICANN
・支持組織　・ccNSO　・GNSO　・IANA　・PTI

CHAPTER2
Basic
Guide to
DNS

01 レジストリとは

インターネットは全体を集中的に管理しない、分散管理が基本です。1章で説明したように、DNSも階層化と委任によって、それぞれの組織による分散管理を実現するための仕組みのひとつです。

しかし、インターネットに接続されたホストを識別するためのIPアドレス（番号）やドメイン名（名前）といった識別子については、利用者が混乱しないように、例外として、統一的･一元的に管理される必要があります。その役割を担い、インターネット上の番号や名前の割り当て・登録を担当する組織のことを「**レジストリ**」といいます。本章ではレジストリとその関係者による、ドメイン名の登録管理の仕組みと世界的な管理体制について説明します。

COLUMN　レジストリとレジストリオペレーター

「レジストリ」という用語は、以下の２つの意味で使われることがあります。

1）識別子の割り当て・登録管理業務を行う「**レジストリオペレーター**」
2）レジストリオペレーターが取り扱う登録原簿である「**レジストリデータベース**」

本書では 1）の「レジストリオペレーター」を、レジストリと呼んでいます。

IPアドレスとドメイン名の管理の違い

IPアドレスとドメイン名はその特徴から、割り当て・登録管理の扱いが異なっています。

IPアドレスでは、限りある資源をインターネット全体で共有するため、利用効率や公平な割り当てなどの点において、世界的に整合性のとれた管理をする必要があります。IPアドレスのレジストリは、そのためのルール作りや、レジストリ間の調整の役割を担います。

一方、ドメイン名では、1つの名前空間をTLDごとに分割し（TLDについては

1章04の「ドメイン名の構成」(p.14) を参照)、それぞれのTLDの特色に合った、利用者の多様なニーズに応えるサービスを運用できるという柔軟性を持ちます。

また、ドメイン名は、利用者にとって身近な組織名、サービス名、商品名といったものを連想させるため、登録や利用に関して生じたトラブルや紛争を解決するための仕組みも必要になります。この仕組みについては、本節の「ドメイン名と商標権」(p.33) で説明します。

本章ではドメイン名のレジストリの重要性に注目し、その役割について見ていくことにします。

レジストリの役割

ドメイン名を使えるようにするためには、レジストリに対して「このドメイン名を使いたい」という登録申請をします。申請を受け付けたレジストリは、その内容が登録要件を満たしているかを審査・確認し、レジストリが管理するデータベースに登録することで、申請者がそのドメイン名を使う権利を得ることになります。

登録したドメイン名には有効期限が設定され、その**ライフサイクル**に則って運用する必要があります(本章のコラム「ドメイン名のライフサイクル」(p.29) を参照)。レジストリは、ドメイン名の新規登録のほか、登録者の申請に基づいて登録済みドメイン名の登録情報の更新、有効期限の更新、廃止などを行い、ドメイン名を管理します。

レジストリの主な役割は、以下の6つです。

・1) レジストリデータベースの運用管理

登録情報を蓄積し管理する登録原簿「レジストリデータベース」を運用します(**図2-1**)。登録情報とは、そのドメイン名を登録するために必要となる個人名や組織名、各種連絡先などの情報です。

・2) ポリシーに基づいた登録規則の策定

レジストリは、自分が登録管理するドメイン名の**ポリシー**を定めます。そして、そのポリシーを実現するための**登録規則**・細則などを決め、利用者に周知します。

図2-1 レジストリデータベースの運用管理

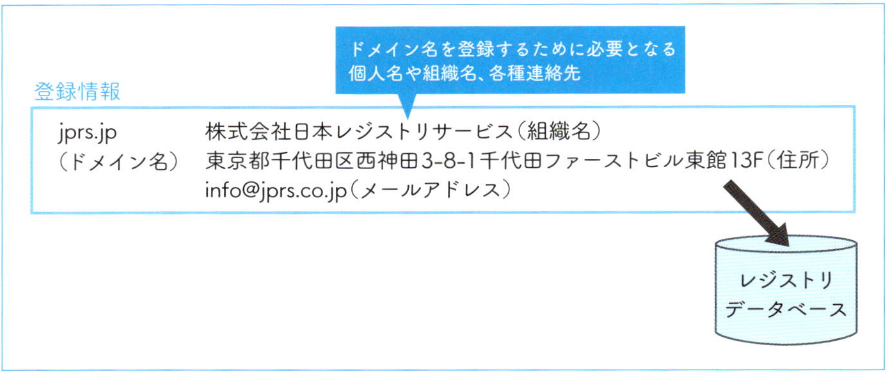

・3）登録申請の受け付け

レジストリは登録者から、ドメイン名の登録申請を受け付けます。申請されたドメイン名を規則に基づいて審査し、受け付けた情報をレジストリデータベースに登録します。

・4）Whois サービスの提供

レジストリは、自身の管理するドメイン名の情報を**Whois**サービスで提供します。Whoisの詳細については、本章のコラム「Whoisとその役割」（p.30）をご覧ください。

・5）ネームサーバーの運用

管理対象となるドメイン名をインターネット上で利用可能にするための**ネームサーバー**を管理・運用します。レジストリのネームサーバーでは、登録者が登録した委任の情報が管理されます（1章05の「DNSにおける階層化と委任の仕組み」（p.20）を参照）。

・6）情報発信・教育啓発活動

インターネット全体の円滑な運用を目的として、多くのレジストリがインターネットにおけるポリシーやガバナンス、技術などの各分野における情報発信や教育活動などを行っています。

COLUMN　ドメイン名のライフサイクル

ドメイン名は一度登録すれば永久に使えるものではなく、有効期限があります。有効期限を過ぎたドメイン名は一定期間後に「廃止」という扱いになり、廃止になったドメイン名は再び登録が可能になります。ドメイン名の登録から廃止までのライフサイクルは、JP ドメイン名の場合、**図 2-2** のようになります。

ドメイン名の登録は、基本的に先願制（早い者勝ち）です。そのため、再び登録可能になったドメイン名は、誰でも登録申請ができるようになります。

登録が可能になる瞬間を狙って、目的のドメイン名を素早く登録しようとする行為を「**ドロップキャッチ**」といいます。最近、悪意を持つ第三者が廃止されたドメイン名をドロップキャッチし、悪用するケースが見られるようになっています。

廃止されたドメイン名を第三者が新たに登録したとしても、商標の侵害など、DRP（本節の「ドメイン名と商標権」(p.33) で説明）に該当する事由がない限り、第三者によるドメイン名の登録・利用を差し止めることはできません。そのため、ドメイン名の廃止の際には、十分な留意が必要です。

図2-2　JPドメイン名のライフサイクル（汎用、都道府県型）＊1

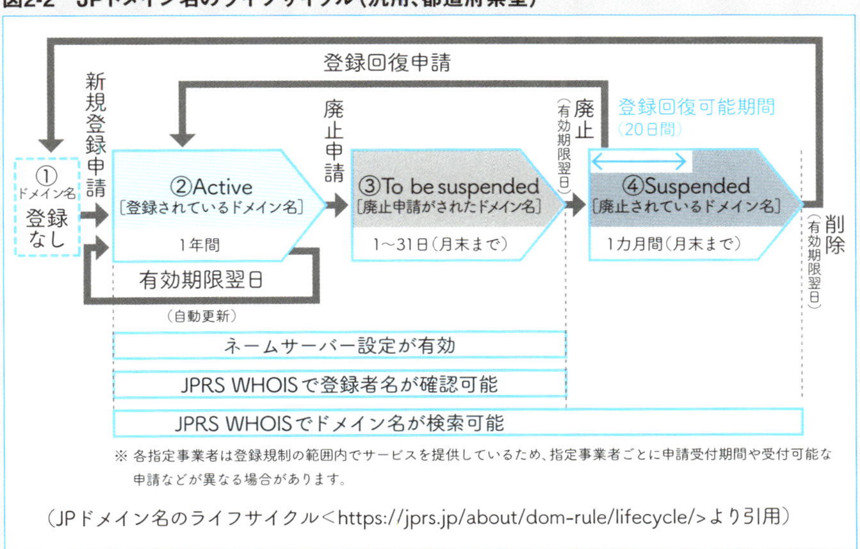

（JPドメイン名のライフサイクル<https://jprs.jp/about/dom-rule/lifecycle/>より引用）

＊**1** ― JP ドメイン名の種類については 3 章のコラム「JP ドメイン名の種類」(p.70) を参照。

COLUMN Whoisとその役割

Whoisは、ドメイン名やIPアドレスのレジストリが管理する登録・割り当て情報をインターネットに公開し、利用者が参照できるようにするサービスです。Whoisは、主に以下の3つの目的でレジストリやレジストラ（2章02「レジストリ・レジストラモデルとレジストラの役割」を参照）が提供します。

1）技術的な問題が発生した際の、当事者間における連絡先情報の確保
2）ドメイン名の登録状況の確認
3）セキュリティインシデントやドメイン名と商標の関係など、技術的な問題以外のトラブルの解決

JPRSが提供するJPドメイン名のWhois（JPRS WHOIS）では、**図2-3**に示すような情報を公開しています。

図2-3 JPRS WHOISで提供される情報（「jprs.jp」を検索した場合）

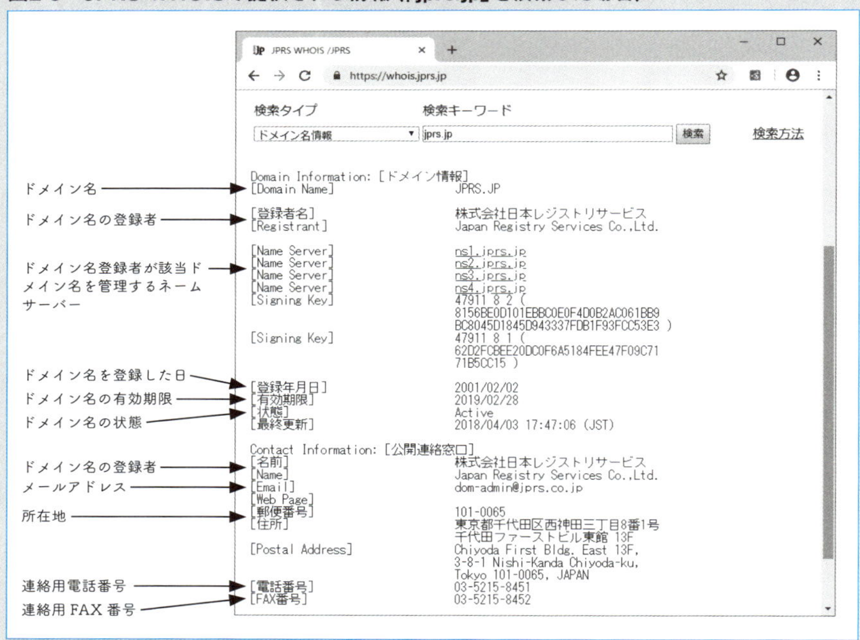

レジストリとTLDの関係

各TLDには、レジストリが存在します。そして、それぞれのレジストリがTLDを管理し、管理のポリシーや登録規則を定めています。

TLDは、大きく以下の2種類に分けられます。

- 国や地域ごとに割り当てられる：
  ccTLD（Country Code Top Level Domain、シーシーティーエルディー）
- 国や地域によらない：
  gTLD（Generic Top Level Domain、ジーティーエルディー）

ccTLDの文字列（ラベル）には、原則としてISO（国際標準化機構）のISO 3166-1で規定される2文字の国コードが使われます。日本には、国コード「JP」が割り当てられています。

COLUMN　ccTLDが2文字になった理由

ISO 3166-1には、2文字のラテン文字を使用した「alpha-2」、3文字のラテン文字を使用した「alpha-3」、3文字の数字を使用した「numeric-3」が定められています。ccTLDを決める際、3文字のTLD「.com」や「.net」などが既に使われており、数字はIPアドレスとの混同を避けるという点から採用されず、2文字のラテン文字を使用したalpha-2が選ばれました。

一方、gTLDには登録に特段の制限を設けていないものと、一定の要件が必要なものとが存在します。「.com」や「.net」はみなさんも見たり使ったりしたことがあると思いますが、これらは、登録に特段の制限を設けていないgTLDです。その一方、「.edu」や「.gov」といったgTLDの登録には制限があり、対象が米国の教育機関や米国の政府機関に限定されています。

TLDの例とその分類、管理しているレジストリ、TLDの創設時期の一覧を**表2-1**に示します。

表2-1 TLDの例とレジストリ

TLD	分類	レジストリ*	TLDの創設時期*
.jp	ccTLD（日本）	株式会社日本レジストリサービス（JPRS）	1986年8月
.cn	ccTLD（中国）	China Internet Network Information Center（CNNIC）	1990年11月
.uk	ccTLD（英国）	Nominet UK	1985年7月
.com	gTLD	VeriSign, Inc.	1985年1月
.net	gTLD		1985年1月
.org	gTLD	Public Interest Registry（PIR）	1985年1月
.biz	gTLD	Neustar, Inc.	2001年6月
.club	gTLD	.CLUB DOMAINS, LLC	2014年1月
.pharmacy	gTLD	National Association of Boards of Pharmacy（NABP）	2014年8月
.tokyo	gTLD	GMOドメインレジストリ株式会社	2014年1月

＊レジストリ・TLDの創設時期は、IANA Whoisの情報に基づいています。

COLUMN gTLDの変遷

インターネットにドメイン名とDNSが導入された1985年に創設されたgTLDは、.com、.edu、.gov、.mil、.net、.orgの6つでした。その後、1988年に国際組織が使う.intが導入され、7つのgTLDで運用されてきました。

また、これらに加えARPANET＊2からの移行用のTLDとして、.arpaも創設されました。.arpaはその後、インフラストラクチャドメイン＊3に転用され、IPアドレスの逆引き（6章のコラム「逆引きを設定するためのPTRリソースレコード」（p.136）を参照）などで使われています。

1990年代後半からインターネットの急速な発展と商用化が進むにつれ、次第にインターネット業界から新しいTLDの導入を要求する声が出始めました。その声に対応するため、2000年と2003年に新しいTLDの募集が行われ、審査の結果、以下のgTLDが導入されました。

- 2000年の募集で導入　.biz、.info、.name、.museum、.aero、.coop、.pro
- 2003年の募集で導入　.travel、.jobs、.mobi、.cat、.tel、.asia、.xxx、.post

（いずれも左から創設順）

その後、2012年に3回目の募集が行われました。3回目の募集は2000年・2003年の募集とは異なり、原則要件をあらかじめ提示したうえで、その要件を満たしたものについては基本的に、gTLDの創設を認めるというものでした。

こうして、2012年の募集で多数のgTLDが追加されました。現在では1200を超えるgTLDが運用されています。

なお、2018年8月現在、次回の追加募集について検討が進められています。本稿執筆時点では「順調に進んだ場合は2021年第1四半期」という募集時期の見通しが発表されています。

＊2 ―アーパネット。インターネットのもととなった米国のネットワーク
＊3 ―通信プロトコルの内部で使われるドメイン名

COLUMN 新しい分類のgTLD

2012年の募集で、これまでとは異なる新しい分類のgTLDが誕生しました。

- **コミュニティベースTLD（Community-based TLDまたはCommunity TLD）**

特定のコミュニティやグループでの利用を前提としたgTLDです。例として、製薬業界を対象とした「.pharmacy」や銀行業界を対象とした「.bank」などが挙げられます。

- **地理的名称TLD（Geographical TLDまたはGeographic names TLD）**

各国の都市、地域名などを対象としたgTLDです。日本の地名の地理的名称TLDには、**表2-2**のものがあります。

表2-2 日本の地理的名称TLD（上から創設順）

TLD	創設時期*
.tokyo（東京）	2014年1月
.nagoya（名古屋）	2014年1月
.okinawa（沖縄）	2014年2月
.yokohama（横浜）	2014年3月
.osaka（大阪）	2014年12月
.kyoto（京都）	2015年1月

*IANA Whoisの情報に基づいています。

- **ブランドTLD（Brand TLD）**

企業名や組織名、商標などの文字列を使用したgTLDです。

ドメイン名と商標権

ドメイン名は利用者にとってより身近な組織名、サービス名、商品名といったものを連想させます。そのため、そうした文字列を巡るトラブルや紛争への対応が必要になります。

対応が必要な項目として、ドメイン名を不正な目的で登録・使用する「**サイバースクワッティング**」があります（**図2-4**）。サイバースクワッティングの具体例としては、以下のような行為が挙げられます。

・他人が権利を持つ商標や商号などの文字列を含むドメイン名を先に登録し、転売などを図ろうとする行為

・ドメイン名に著名な名前を使用し、その著名性を利用して利用者に故意に誤認・混同を生じさせ、自分のWebサイトに多くの利用者を引き寄せようとする行為

図2-4　サイバースクワッティングの例

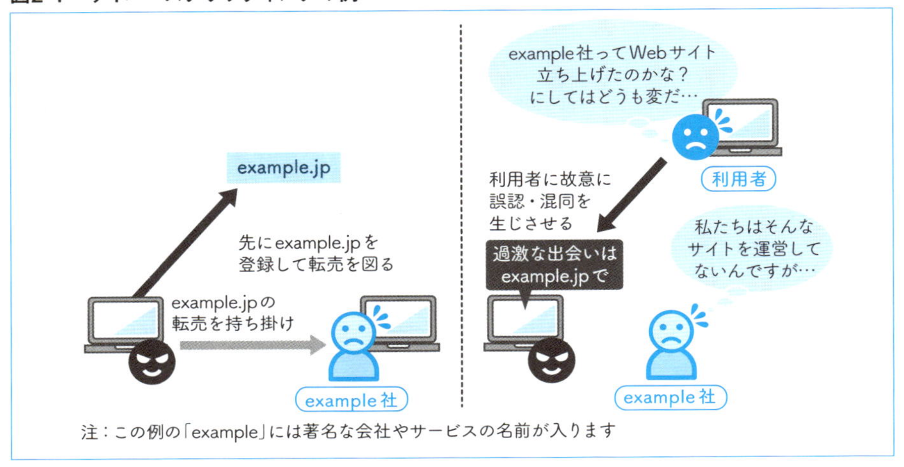

こうした行為に対応するために導入されたのが、「**DRP（Domain Name Dispute Resolution Policy、ドメイン名紛争処理方針）**」という、ドメイン名の登録・使用に関して生じた紛争を処理するための仕組みです。

DRPは、TLDごとに策定・適用されます。gTLDに適用される紛争処理方針として作られたのが**UDRP（ユーディーアールピー）**で、UDRPを参考にしてJPドメイン名に適用される紛争処理方針として作られたのが、**JP-DRP（ジェーピーディーアールピー）**です。

DRPの目的は、不正な目的によるドメイン名の登録・使用に起因する紛争を解決するため、権利者の申し立てに基づいて審理を行い、その結果をもって速やかに当該ドメイン名の移転や取り消しを行うことです。DRPの裁定結果は裁判の判決とは異なり、法的拘束力を持ちませんが、レジストリはDRPの裁定に基づき、移転や廃止の手続きを行います。

また、DRPが扱う範囲は、不正な目的によるドメイン名の登録・使用に限定されます。そのため、商標や商号の権利者（所有者）同士による紛争は対象外です。

例えば、紛争の当事者が、

- 名前について、個人の名前と企業名が同一である
- サービス名について、同様のサービスを提供する企業同士である

などといったケースは、DRPの対象外となります。

CHAPTER2
Basic Guide to DNS

02 レジストリ・レジストラモデルとレジストラの役割

ドメイン名を使うためには、そのドメイン名を管理するレジストリのレジストリデータベースへの登録が必要です。現在、.jpや.com/.netなどの主要なTLDでは、その登録の仕組みとして「**レジストリ・レジストラモデル**」が採用されています。

レジストリ・レジストラモデル

レジストリ・レジストラモデルはドメイン名の登録管理を、

- ドメイン名の一元管理を行う役割を担う**レジストリ**
- ドメイン名登録者からの申請を取り次ぐ役割を担う**レジストラ**

という2つの役割に分離しています（**図2-5**）。

図2-5 レジストリ・レジストラモデルにおける役割の分離

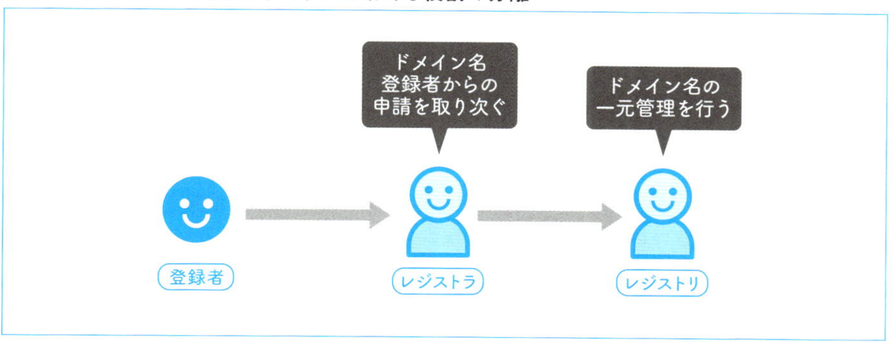

役割を分離する理由は、ドメイン名の登録について、登録されるドメイン名を一意に保ちつつ、価格やサービス面における多様性を確保するためです。そのため、1つのTLDに対してレジストリは1つですが、レジストラは通常、複数存在します（**図2-6**）。

図2-6　1つのTLDに対してレジストリは1つだが、レジストラは複数存在する

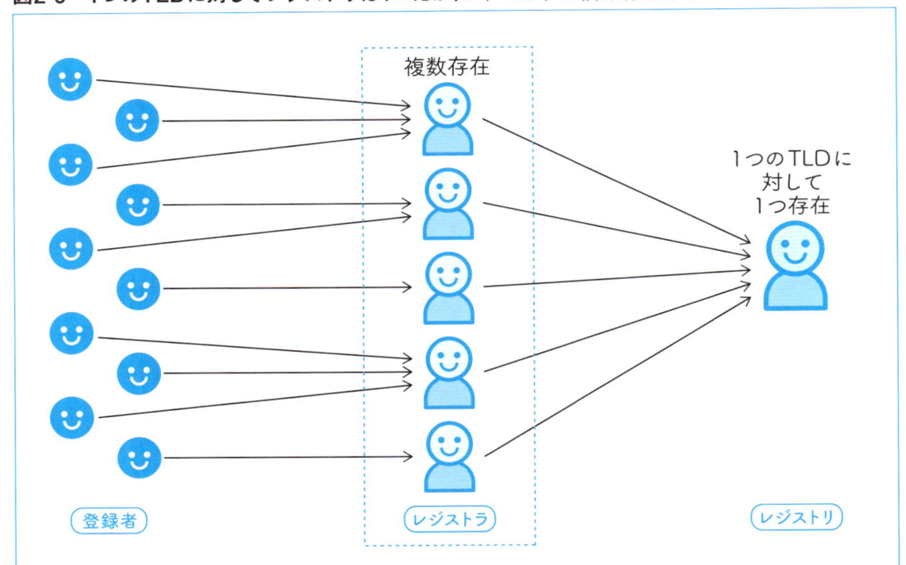

レジストリ・レジストラモデルでは、それぞれのレジストラは画一的なサービスではなく、さまざまなサービスを登録者に提供することができます。レジストラごとに独自のサービスメニューや価格を設定することが可能になり、登録者は自分のニーズに合ったレジストラを選ぶことができます（**図2-7**）。

レジストリ・レジストラモデルには、レジストラを介して登録したドメイン名を別の登録者に再販する「**リセラ**」も存在します。リセラはレジストラと登録者の間で、ドメイン名登録に関する各種申請を取り次ぎます（**図2-8**）。

リセラは、レジストリとは契約関係を持たず、そのドメイン名を取り扱うレジストラと契約を結んだうえで、登録者からレジストラへドメイン名登録を取り次ぎます。そのため、登録者から見た場合、ドメイン名の登録を受け付けている事業者は、レジストラである場合も、リセラである場合もあります。

図2-7　登録者は複数のレジストラが提供するサービスの中から自分に合ったものを選べる

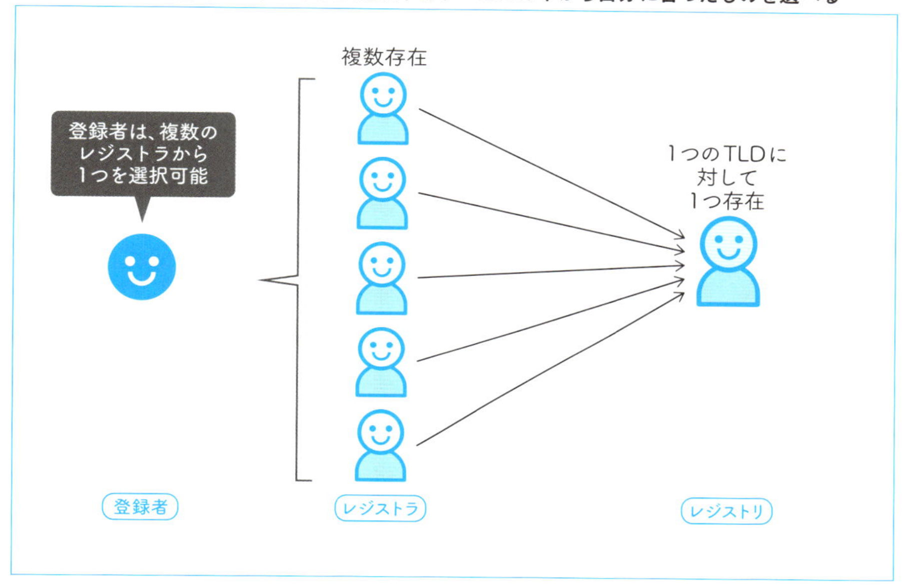

図2-8　レジストラと登録者の間を取り次ぐ、リセラも存在する

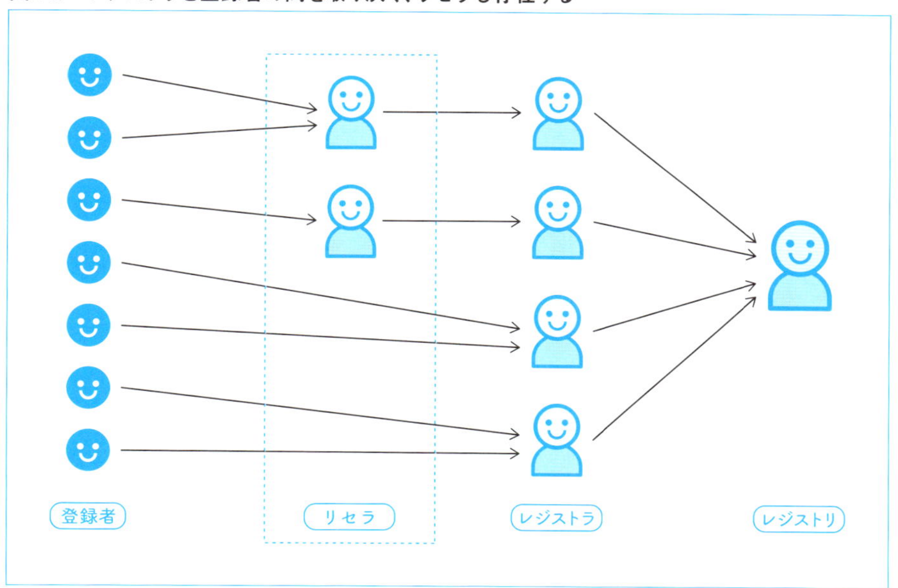

COLUMN　JP ドメイン名における指定事業者制度

.com/.net などと同様、JP ドメイン名もレジストリ・レジストラモデルを採用しており、JPRS ではこのモデルを「**指定事業者制度**」と呼んでいます。**指定事業者**は、レジストリ・レジストラモデルにおけるレジストラに該当します（**図 2-9**）。

JPRS と指定事業者の間では、指定事業者契約が締結されます。指定事業者はその契約に基づき、以下の業務を行います。

- 登録者の意志に基づく、JP ドメイン名のレジストリデータベースへのドメイン名の登録
- JP ドメイン名のレジストリデータベースへの、ドメイン名の登録者情報の登録
- JP ドメイン名のレジストリデータベースへの、ネームサーバー情報の登録
- 登録者の意志に基づく、登録された情報の適切な維持管理
- JPRS に対する、ドメイン名の登録・更新に伴う費用の支払い

図2-9　JPドメイン名では指定事業者がレジストラに該当する

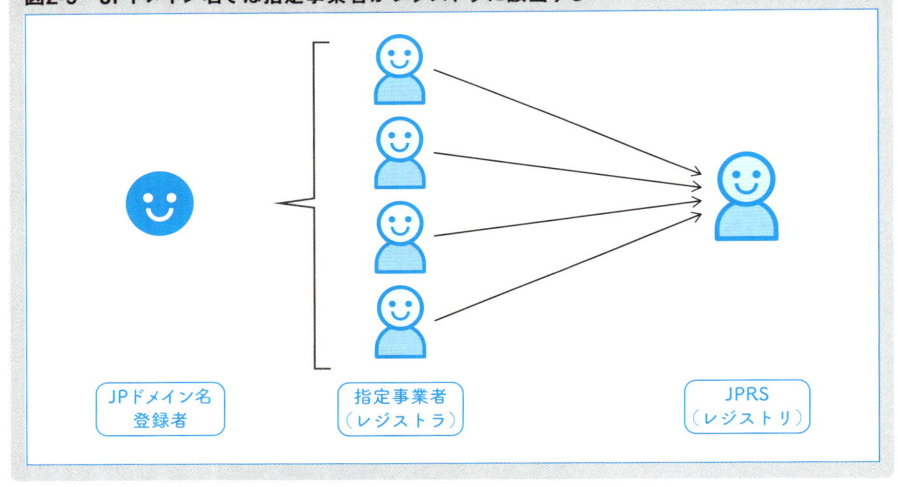

レジストラの役割

本節の冒頭で説明したように、.jpや.com/.netといったTLDではレジストリ・レジストラモデルが採用されており、登録者はレジストラを介してドメイン名を登録します。

レジストラの主な役割は、以下の4つです。

・1）登録者からの登録申請の受け付け

ドメイン名の登録者から、登録申請を受け付けます。

・2）レジストリデータベースへの登録依頼

登録者からの申請に基づき、レジストリに対してドメイン名の登録を依頼します。また、その結果を登録者に返します。

・3）Whois サービスの提供

自身が取り扱うドメイン名に関するWhoisサービスを提供します。

・4）登録者情報の管理

ドメイン名の登録申請を受け付けた登録者の情報を管理します。

レジストリとレジストラの役割分担は、TLDの種類により異なります。例えば、JPドメイン名ではWhoisサービスはレジストリのみが提供し、登録情報に関する管理責任の範囲も、JPドメイン名とgTLDでは異なっています。

CHAPTER2
Basic Guide to DNS

03 ドメイン名を登録する

本節では、レジストリ・レジストラモデルにおけるドメイン名登録の流れについて説明します。レジストリ・レジストラモデルでは、登録者・リセラ・レジストラ・レジストリの四者が登場しますが、本書では説明をシンプルにするため、登録者・レジストラ・レジストリの三者のモデルで説明します（**図2-10**）。

図2-10　ドメイン名登録の流れ

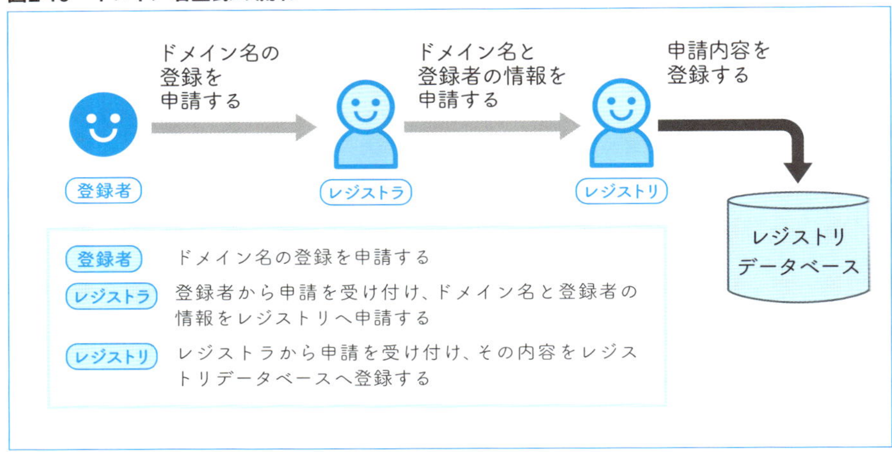

ここからは、登録者のハナコさんが、「example.jp」というドメイン名を登録する、というケースを例に、実際の作業内容を見てみましょう。

登録者が行うこと

ドメイン名を登録する前に、ハナコさんにはしなければいけないことがあります。

・1）ドメイン名が登録可能かどうか調べる

ハナコさんが最初にすべきことは、登録したいドメイン名が登録可能かどうか調べることです。もし他の誰かがexample.jpを先に登録していた場合、ハナコさんはexample.jpを登録できません。

ドメイン名が登録可能かどうかはレジストリが提供するWhoisサービスを利用して、ハナコさんが自分で調べることができます。登録済みの場合、そのドメイン名の登録者情報などが出力されます（本章のコラム「Whoisとその役割」(p.30)の**図2-3**）。登録済みの場合そのドメイン名は登録できませんから、違う文字列（ラベル）を選ぶ必要があります。

ドメイン名が登録されておらず登録可能な場合、「該当するデータがありません」といった内容が表示されます（**図2-11**）。出力されるメッセージの内容はTLDによって異なりますが、基本的な考え方は同じです。

図2-11　JPRS WHOISで検索したドメイン名が登録されていなかったときの画面

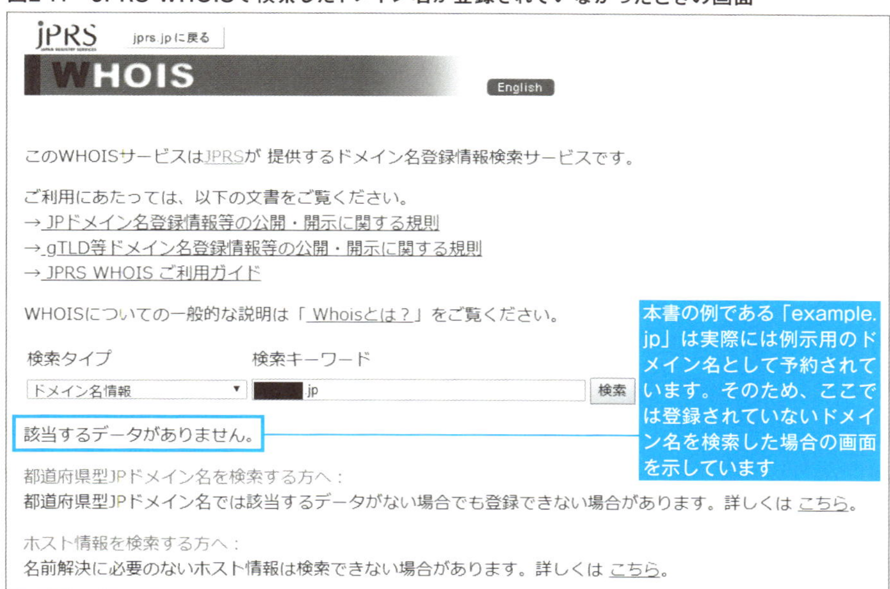

・2）ドメイン名を申請可能な事業者を選ぶ

次に、登録したいドメイン名を申請可能な事業者を選びます。

ハナコさんが登録しようとしている「example.jp」は、JPドメイン名です。前述したようにJPドメイン名はレジストリ・レジストラモデルを採用しているため、複数の事業者が取り扱っています。ハナコさんは、それらの事業者の価格やサービス内容などを比較し、自分のニーズに合った事業者（レジストラ）を選ぶことになります（**図2-12**）。

図2-12　自分のニーズに合った事業者（レジストラ）を選ぶ

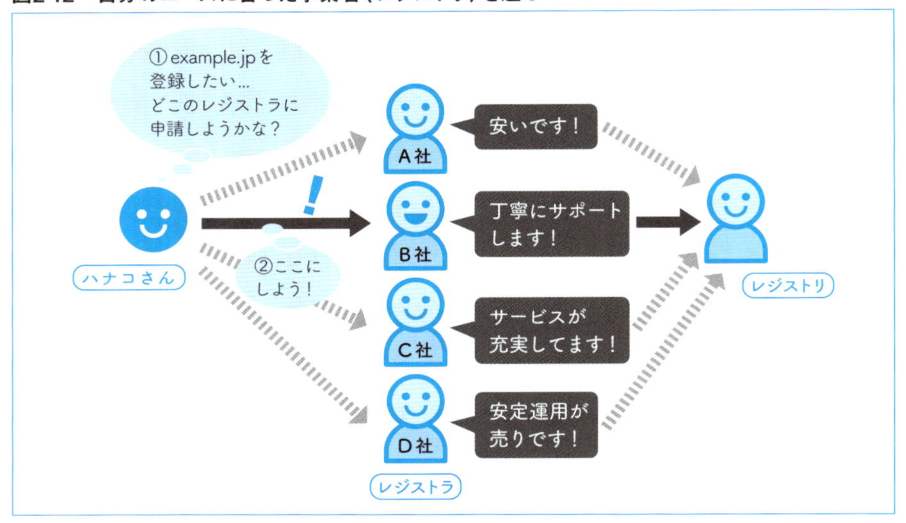

・3）提出すべき情報をそろえる

登録に当たりハナコさんは、レジストラへ提出すべき情報をそろえる必要があります。

ドメイン名を登録する場合、登録者の連絡先や電話番号などの情報が必要になります。また、ドメイン名の種類によっては登録のための要件が設定されているものがあり、要件を満たしていることを証明するため、会社の登記簿などが必要になる場合があります。

これらの準備ができた後、ハナコさんはレジストラへドメイン名の登録を申請します。

レジストラが行うこと

・1）申請内容を確認する

ハナコさんから登録申請を受け付けたレジストラは、その内容を確認します。

・2）レジストリデータベースへの登録を申請する

申請内容を確認したら、レジストリデータベースへ登録するための申請をレジストリに提出します。

レジストリが行うこと

レジストラからの登録申請を受け付けたレジストリは、その内容を確認します（**図2-13**）。

図2-13　登録申請の内容が登録要件を満たしているか確認する

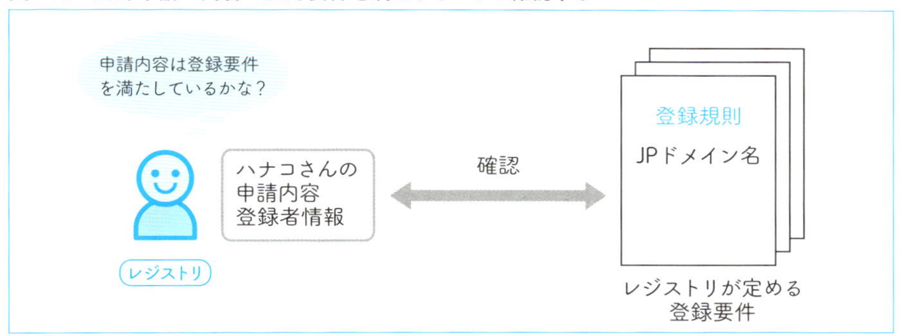

内容が登録要件を満たしている場合、レジストリデータベースに情報を登録します。これにより、ドメイン名の登録が完了します。

ドメイン名の登録が完了したら、レジストリからレジストラへ登録完了通知を返します。その通知を受け、レジストラは登録者のハナコさんに、ドメイン名の登録完了を知らせます（**図2-14**）。

図2-14　登録が完了したら、登録者へ通知が届く

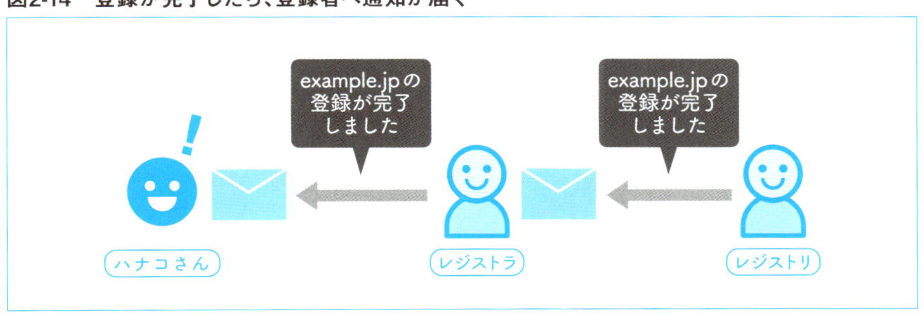

CHAPTER2
Basic Guide to DNS

04 ドメイン名を使えるようにする

前節で、ハナコさんはドメイン名「example.jp」を登録できました。しかし、単に登録しただけでは実際にドメイン名を使うことはできません。ここでいう「ドメイン名を使えるようにする」とは、例えば「そのドメイン名のWebサイトにWebブラウザでアクセスできるようにする」ということです*[1]。

Webサイトにアクセスできるようにするためには、そのドメイン名をインターネットで使えるようにするための情報、つまり、DNSの情報を管理する「ネームサーバー」を登録する必要があります（1章05の「DNSにおける階層化と委任の仕組み」（p.20）を参照）。

ネームサーバーを自分で動かすためには、本書で学ぶDNSの仕組みを知る必要があります。また、最近ではネームサーバーを提供する事業者のサービスを利用することも一般的です（本章のコラム「外部サービスの利用」（p.47）を参照）。

ネームサーバーを動かすための設計と設定の具体的なやり方については、実践編で説明します。ここでは、動かしたネームサーバーの情報をレジストリに登録する際の流れについて、順を追って説明していきます。

登録者が行うこと

ハナコさんが登録した「example.jp」を使えるようにするために、以下の3つの準備を行います。

・1）自分のドメイン名を取り扱うネームサーバーをインターネット上で動かす

ドメイン名を使えるようにするためには、そのドメイン名の情報を取り扱う「ネームサーバー」をインターネット上で動かす必要があります。このネームサーバーは、インターネットのどこからでもアクセスできるようにしなければいけません（**図2-15**）。

＊**1** ―ドメイン名の登録時にレジストラやリセラが、初期設定用のWebサイトを準備する場合もあります。

図2-15　ネームサーバーをインターネット上で動かす

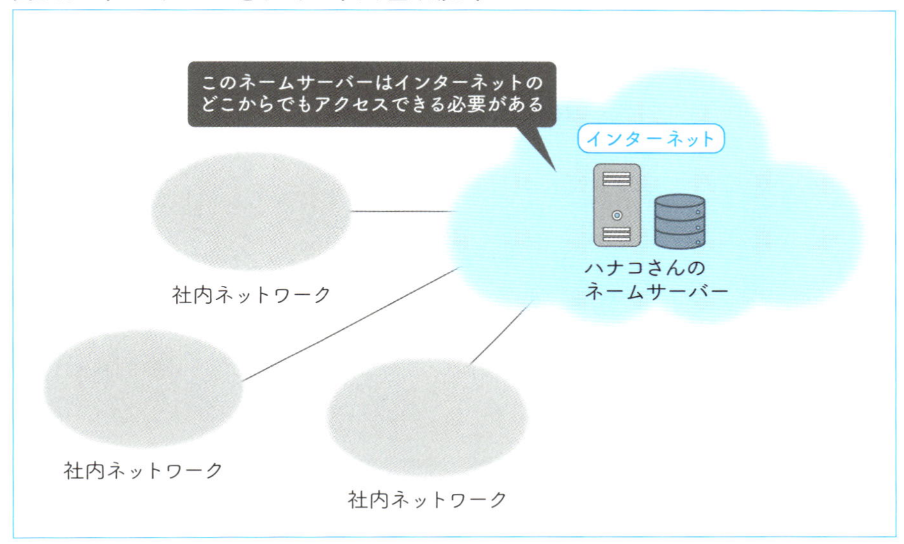

・2）登録したドメイン名に関する情報を、1）で動かしたネームサーバーに設定する

1）のネームサーバーに、ドメイン名の情報を設定します（**図2-16**）。ハナコさんが登録したドメイン名は「example.jp」ですから、example.jpの情報を設定することになります。これにより、example.jpを使えるようにするために必要な「example.jpのIPアドレスは192.0.2.10」という情報が、ネームサーバーに設定されることになります。

図2-16　登録したドメイン名の情報をネームサーバーに設定する

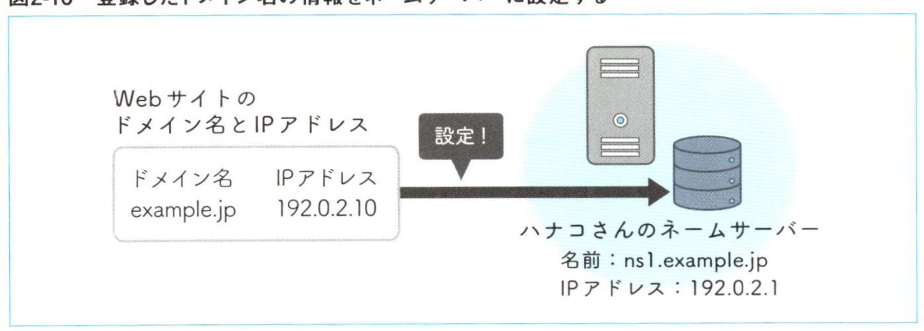

・3）ネームサーバーが、インターネットから聞かれたことに答えられるかを確認する

ネームサーバーは、インターネットからアクセスされます。設定した情報をきちんと答えられるかどうか、具体的には「example.jpのIPアドレスは？」と聞かれたときに、「example.jpのIPアドレスは192.0.2.10です」と答えられる必要があります（**図2-17**）。具体的な確認方法については、実践編で説明します。

図2-17　ネームサーバーがインターネットから聞かれたことに答えられるか確認する

ネームサーバーの準備が完了したら、ハナコさんはドメイン名登録の際に申請した事業者（レジストラ）に、ネームサーバー情報の設定を申請します。

レジストラが行うこと

ハナコさんから申請を受け付けたレジストラは、レジストリデータベースへネームサーバー情報を設定するための申請を、レジストリに提出します。

レジストリが行うこと

レジストラからの申請を受け付けたレジストリは、ネームサーバー情報をレジストリデータベースに登録し、レジストリの管理するネームサーバーにその情報を設定します（**図2-18**）。

今回の例では、ハナコさんが動かしたネームサーバーの情報を、レジストリが管理するJPゾーンのネームサーバーに設定することになります。これによって親（jp）に子（example.jp）のネームサーバー情報が設定され、レジストリと登録者の関係がDNSにおける親子関係となります（1章05の「DNSにおける階層化と委任の仕組み」（p.20）を参照）。

ここまでの手順が完了すると、実際にWebサーバーを立ち上げて、そのドメイン名のWebサイトにWebブラウザでアクセスできるかを確認できるようになります。

図2-18　レジストリデータベースに登録し、レジストリの管理するネームサーバーに設定する

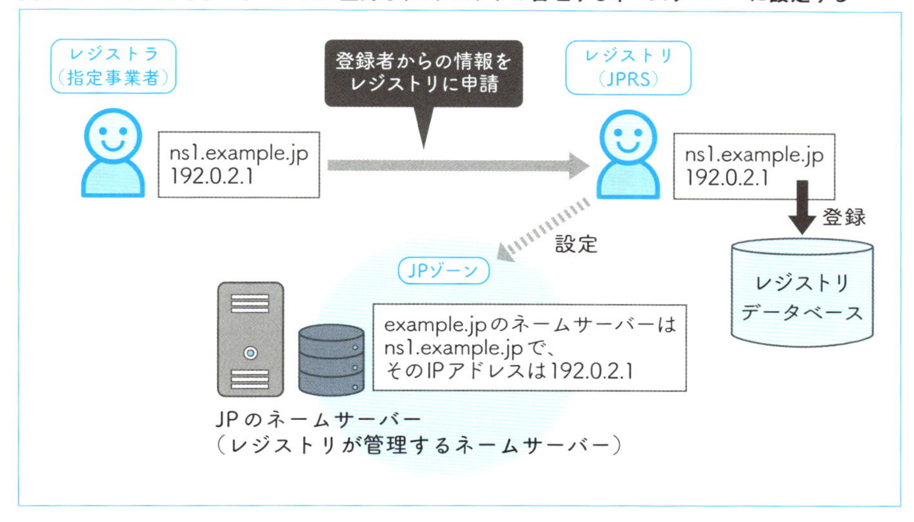

COLUMN　外部サービスの利用

登録したドメイン名を使えるようにするには、登録者（今回の例ではハナコさん）が自身のドメイン名の情報を取り扱うネームサーバーを準備する必要があります。

ネームサーバーは登録者が自分で動かすことも可能ですが、現在では、ネームサーバーを提供する事業者のサービスを利用することが一般的です。事業者のサービスには、ドメイン名の登録代行から必要なネームサーバーの設定まですべてを一括して行ってくれるものや、ドメイン名登録を受け付けるレジストラがネームサーバー設定のサービスも併せて提供するものなど、さまざまなものがあります。

こうしたサービスを利用することで、登録者自身がサーバーを入手・設定したり、専用の通信回線を引いたりといった一連の作業をする必要がなくなり、コストの低減やサービス開始までの時間の短縮、安定したサービスの提供が期待できます。そのため、最近は大企業や大規模なインターネットサービスでも、外部サービスを積極的に利用するケースが増えています。

外部サービスを利用する場合も、本節で説明したドメイン名を使えるようにするための一連の作業手順とその流れを知っておくことで、事業者が何のサービスをどのように提供しているかのイメージをつかみやすくなり、外部サービスを利用する・選ぶ際に役立つはずです。

CHAPTER2
Basic
Guide to
DNS

ドメイン名のグローバルな管理体制

インターネット上には数多くのTLDが存在し、TLDごとにレジストリが存在します。そして、グローバルなインターネット全体が円滑に機能するように、それらのTLDをまたがる形でドメイン名の管理体制の整備や調整が行われています。

ここでは、ドメイン名のグローバルな管理体制と、インターネット全体にかかわる意思決定の枠組みについて説明します。

インターネットガバナンスとは

インターネットガバナンスという言葉の意味は、扱われる場面や使う人、その受け手によって異なったり、また、時とともに変化したりしてきました。そのため、明確な定義が難しい言葉ですが、ICANN（次項で説明）の用語解説では、「グローバルなインターネットコミュニティの多くのステークホルダーが、インターネットの進化と利用を形作るために協力し合うことを通じた、規則、規範、仕組み、組織」と説明されています*1。

2章の冒頭でも述べたように、インターネットは全体を集中的に管理しない、分散管理が基本です。そのため、どこか特定の国や組織が一元的に管理したり、所有したりする構造ではありません。この考え方はインターネットが始まった当初から提唱されており、みんなのものをみんなで作っていくという考えのもと、さまざまなルール作りや意思決定を進める方式が採用されてきました（本章のコラム「The Internet is for Everyone」（p.49）を参照）。

＊1 ― 原文："The rules, norms, mechanisms, and organizations through which the global Internet community' s many stakeholders work together to shape the evolution and use of the Internet."（「ICANN Acronyms and Terms - ICANN」 https://www.icann.org/icann-acronyms-and-terms/en/G0033 より引用）

COLUMN「The Internet is for Everyone」

この言葉は、「インターネットの父」の１人として知られるVint Cerf（ビント・サーフ）氏の有名な言葉です。直訳すると「みんなのためのインターネット」で、インターネットは誰か特定の人や組織に属するものではなく、みんなのものであるという考えを表しています。

インターネットの識別子に関するグローバルな管理・調整

ドメイン名やIPアドレスなどのインターネットの識別子をグローバルに管理・調整する役割は、**ICANN（Internet Corporation for Assigned Names and Numbers、アイキャン）**という組織が担っています。ICANNはインターネットコミュニティの支持のもと、1998年9月に米国で設立された非営利法人です。

現在のICANNの組織構成を、**図2-19**に示します。

図2-19　ICANNの組織構成

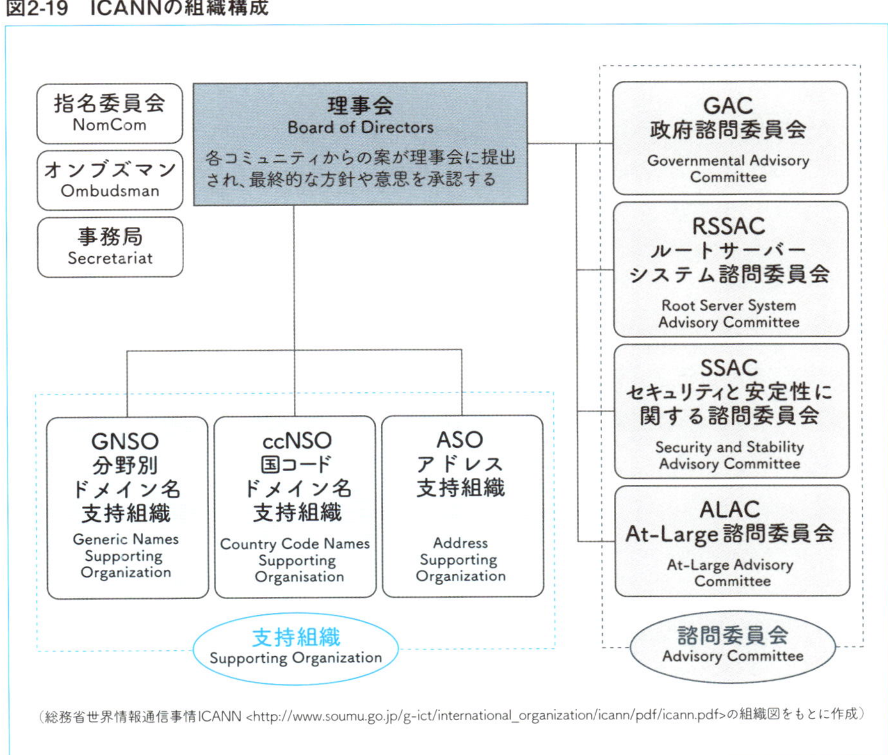

（総務省世界情報通信事情ICANN <http://www.soumu.go.jp/g-ict/international_organization/icann/pdf/icann.pdf>の組織図をもとに作成）

ICANNの主な役割は以下のとおりです。

- インターネットの識別子の管理・調整
- DNSのルートサーバーシステムの運用・調整
- 上記2つの技術的機能に関するポリシーの策定・調整

ICANNは、世界レベルでこれらの方針の策定・調整を行うため、それぞれの構成組織におけるメーリングリストでの議論・検討やオンライン会議のほか、世界中の誰でも参加可能な会合を年3回開催しています。そして、ICANNのそれぞれの構成組織における議論・検討、一般参加者からの意見なども取り入れながら、ICANN理事会が方針を承認します。

ドメイン名に関するポリシーの検討

ドメイン名に関するポリシーは、ICANNに設置された2つの**支持組織**で検討されています。

・ccNSO

ccNSO（Country Code Names Supporting Organisation、シーシーエヌエスオー）は、ICANNの活動を支える支持組織のひとつです。ccTLD全体にまたがるグローバルな課題についてのポリシー案を策定し、ICANN理事会に提案や報告などを行う役割を担います。

・GNSO

GNSO（Generic Names Supporting Organization、ジーエヌエスオー）は、ccNSOと同様の支持組織のひとつです。gTLDのポリシー案を策定し、ICANN理事会に提案や報告などを行う役割を担います。

IANA

ICANNの役割のひとつであるインターネットの識別子に関する管理・調整は、「**IANA（Internet Assigned Numbers Authority、アイアナ）**」という機能が担っています。IANAはドメイン名やIPアドレス、AS番号、通信プロトコルで使われる名前・番号といった、インターネットの識別子（インターネット資源とも呼ばれます）の大元を管理します。

現在、IANAはICANNの子会社（affiliate of ICANN）である**PTI（Public Technical Identifiers）**が運用しています。

基礎編

Basic
Guide to
DNS

CHAPTER3 DNSの名前解決

この章では、DNSによる名前解決の仕組みと動作、委任の重要性について説明します。

本章のキーワード

- 名前解決
- 問い合わせ
- 応答
- iterative resolution
- 階層構造をたどる
- 委任情報
- 私の代わりに名前解決をして

CHAPTER3
Basic
Guide to
DNS

01 名前解決の仕組み

利用者の要求に応じてドメイン名に対応するIPアドレスを探し出す**名前解決**という仕組みが、DNSの重要な基本機能です（1章05の「DNSとは何か」（p.19）を参照）。ここでは、DNSによる名前解決の基本的な動きを確認していきます。

問い合わせと応答

名前解決の基本は、「**問い合わせ**」と「**応答**」です。問い合わせと応答によるやりとりは、情報を知りたい人と情報を提供する人との間で行われます。

問い合わせと応答によるやりとりには、3つの約束事があります（**図3-1**）。

図3-1　名前解決の「問い合わせ」と「応答」における3つの約束事

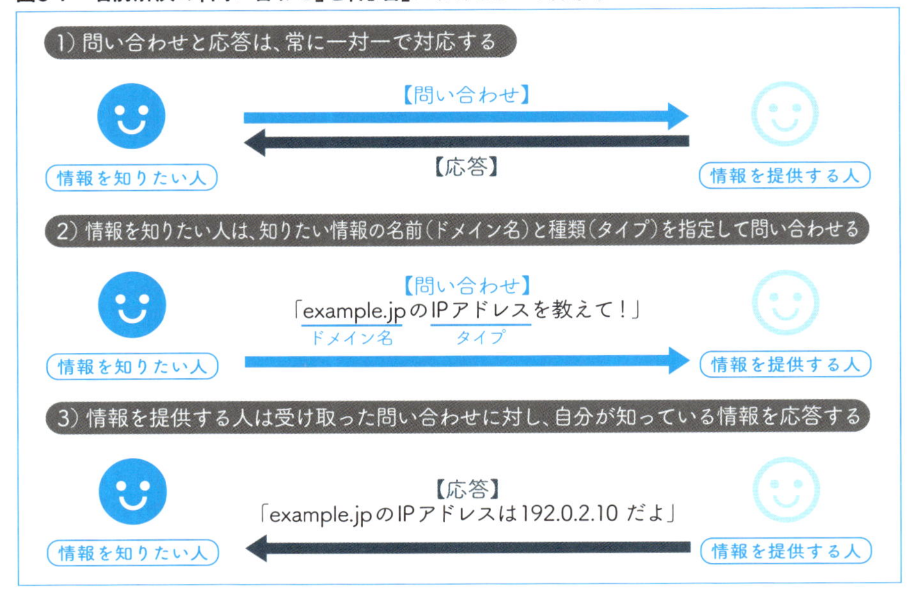

・1）問い合わせと応答は、常に一対一で対応する

問い合わせに対応していない応答が送られたり、1つの問い合わせに対し応答が2つ以上送られたりすることはありません。

・2）情報を知りたい人は、知りたい情報の名前（ドメイン名）と種類（タイプ）を指定して問い合わせる

「example.jpのIPアドレス」のように、名前と種類の双方を指定する必要があります。

・3）情報を提供する人は受け取った問い合わせに対し、自分が知っている情報を応答する

DNSではこれらの3つの約束事に従って、名前解決を実行します。

階層構造をたどるということ

DNSでは階層化と委任により、ルートを頂点とした階層構造が形作られます（**図3-2**と1章05の「DNSにおける階層化と委任の仕組み」（p.20）を参照）。DNSによる名前解決の基本は、頂点であるルートのネームサーバーから、階層の順番に知りたい情報を問い合わせて必要な情報を入手し、最終的な答えであるIPアドレスを得ることです。

DNSではこの行為を「**iterative resolution**（参考訳：繰り返しによる解決）」

図3-2　iterative resolution（繰り返しによる解決）

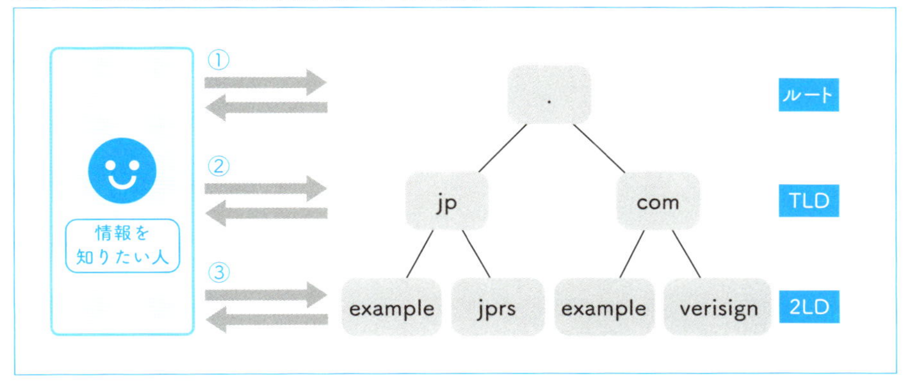

といいます。本書では以降、iterative resolutionによる名前解決を「**階層構造をたどる**」と表現します。

情報を知りたい人がDNSの階層構造をたどって名前解決を行うためには、適切な問い合わせ先を知る必要があります。そのため、DNSでは子（委任先）のネームサーバー情報を親（委任元）に登録し、委任したドメイン名の問い合わせを受けた親は次の問い合わせ先として、子のネームサーバー情報を応答するという仕組みを採用しました。この仕組みにより、問い合わせ元は委任による階層構造をたどることができるようになります。

図3-3を使って、親子間の階層構造をたどる例を見てみましょう。ここでは、Aさんがexample.jpのIPアドレス（IPv4アドレス）を問い合わせたときの、ルートとjpの間の階層をたどる流れを説明します。

図3-3　親子間の階層構造をたどる例

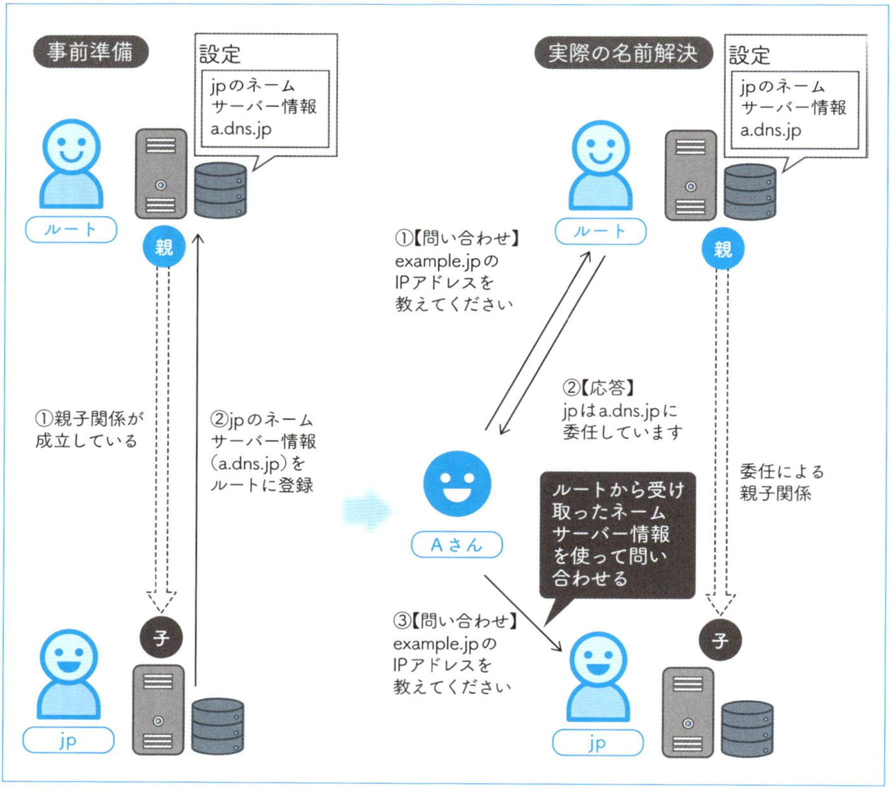

・**事前準備（図3-3左側）**

①ルートとjpの間には、委任による親子関係が成立している。ルートが親でjpが子となる

②jpは、親であるルートに自分のネームサーバー情報を登録する。ルートはjpから登録されたネームサーバー情報を、自分のネームサーバーに登録・設定する

・**実際の名前解決（図3-3右側）**

①委任による親子関係が成立している状態で、Aさんがルートに「example.jpのIPアドレスを教えてください」と問い合わせる

②ルートは、jpについては委任先のネームサーバー情報のみを知っている。そのため、ルートはjpのネームサーバー情報（**図3-3**の例ではa.dns.jp）を応答する

③Aさんは、ルートから得たjpのネームサーバー情報を使って、a.dns.jpに問い合わせる

このようにしてDNSの階層構造をルートから順にたどっていくのが、名前解決の仕組みの基本です。

CHAPTER3
Basic Guide to DNS

02 名前解決の動作

前節で、階層構造をたどることをイメージできたでしょうか。ここでは、名前解決の動作をもう少し具体的に見てみましょう。前節と同じく、Aさんがexample.jpのIPアドレスを問い合わせる場合の例で説明します。

まず、説明を進める前に、名前解決における4つのポイントを確認しておきましょう。

1) Aさんが送る問い合わせは、常に同じ内容である
2) Aさんから問い合わせを受け取ったネームサーバーは、自分が知っている情報を応答する
   ①ネームサーバーがそのドメイン名を別のネームサーバーに委任している場合、委任先（子）のネームサーバー情報を応答する
   ②ネームサーバーがそのドメイン名の情報を持っている場合、その情報を応答する
3) Aさんは応答がネームサーバー情報であるか、求める答えであるかで次に行う動作を変える
4) ネームサーバー情報を受け取った場合、Aさんは次に、受け取ったネームサーバー情報に書かれているネームサーバーに問い合わせる

具体的な動作の例

ルートから階層構造をたどって名前解決する際の問い合わせと応答の流れを、**図3-4**に示します。

・①【問い合わせ】

Aさんは、まず階層構造の頂点であるルートのネームサーバーに知りたい情報の名前と種類（この例ではexample.jpのIPアドレス）を指定して、問い合わせを

図3-4　ルートから階層をたどって名前解決する際の問い合わせと応答の流れ

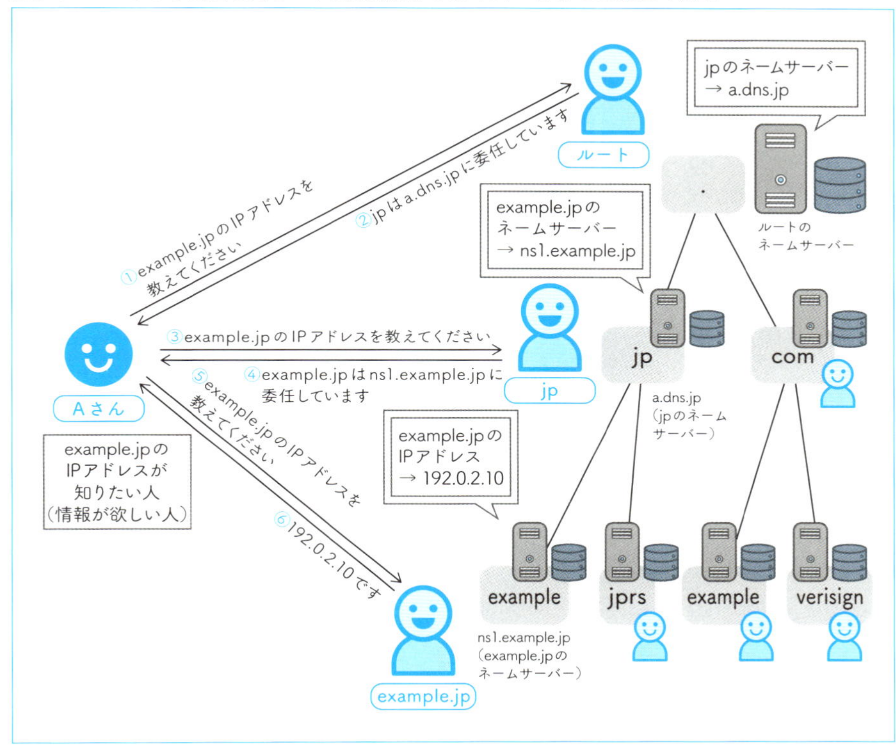

送ります。

- ②【応答】

　ルートはjpを委任しているため、委任先であるjpのネームサーバー情報（この例ではa.dns.jp）を応答します。

- ③【問い合わせ】

　ルートから受け取った応答から、以下の2つのことがわかります。

- ルートはjpを委任している
- 委任先のネームサーバーはa.dns.jpである

　この情報を使って、jpのネームサーバーに①と同じ問い合わせを送ります。

・④【応答】

jpはexample.jpを委任しているため、委任先であるexample.jpのネームサーバー情報（この例ではns1.example.jp）を応答します。

・⑤【問い合わせ】

jpから受け取った応答から、以下の2つのことがわかります。

・jpはexample.jpを委任している
・委任先のネームサーバーはns1.example.jpである

この情報を使って、example.jpのネームサーバーに①と同じ問い合わせを送ります。

・⑥【応答】

example.jpのネームサーバーはexample.jpのIPアドレスを知っているので、そのIPアドレスを応答します。これで、Aさんはexample.jpのIPアドレス（192.0.2.10）を得ることができ、名前解決が終了します。

これが、DNSにおける名前解決の基本的な流れです。

名前解決の負荷と時間の軽減

ルートからDNSの階層構造をたどって名前解決する方法は確実ですが、実際にやろうとするとそれぞれの階層のネームサーバーに繰り返し問い合わせを送る必要があり、手間（負荷）と時間がかかります。そこで、名前解決を担当する別のサーバーを準備し、他のホストからの依頼を受け付けて名前解決を代行することが考えられました。

ここでは、Aさんの代わりに名前解決をしてくれる代行者をXさんとします。この場合、AさんはXさんに「**私の代わりに名前解決をして、**example.jpのIPアドレスを教えてください」という問い合わせを送り、前項で説明した名前解決はXさんが代行することになります。

この問い合わせには「私の代わりに名前解決をして」が追加されていることに注目してください[*1]。XさんはAさんに頼まれた名前解決を行い、「example.jpの

＊1 ―このことは、4章で詳しく説明します。

IPアドレスは192.0.2.10である」という結果をAさんに応答します（**図3-5**）。

図3-5　名前解決の代行者（Xさん）がAさんの代わりに名前解決する

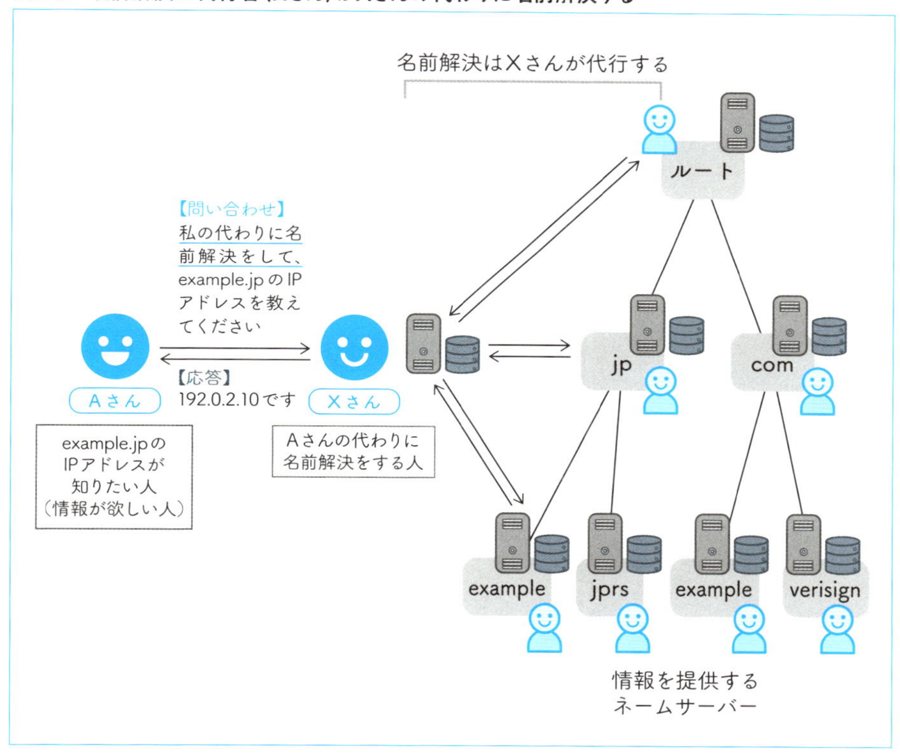

そして、Xさんは名前解決の際に問い合わせ先のネームサーバーから得られた情報を、一定時間蓄えます。もし、時間内にAさんが同じ問い合わせをXさんにした場合、Xさんは既にその結果を持っているので新たな名前解決を実行せず、持っている結果をAさんに応答します（**図3-6**）。

図3-6 Xさんは問い合わせ結果を一定時間蓄えておき、応答に利用する

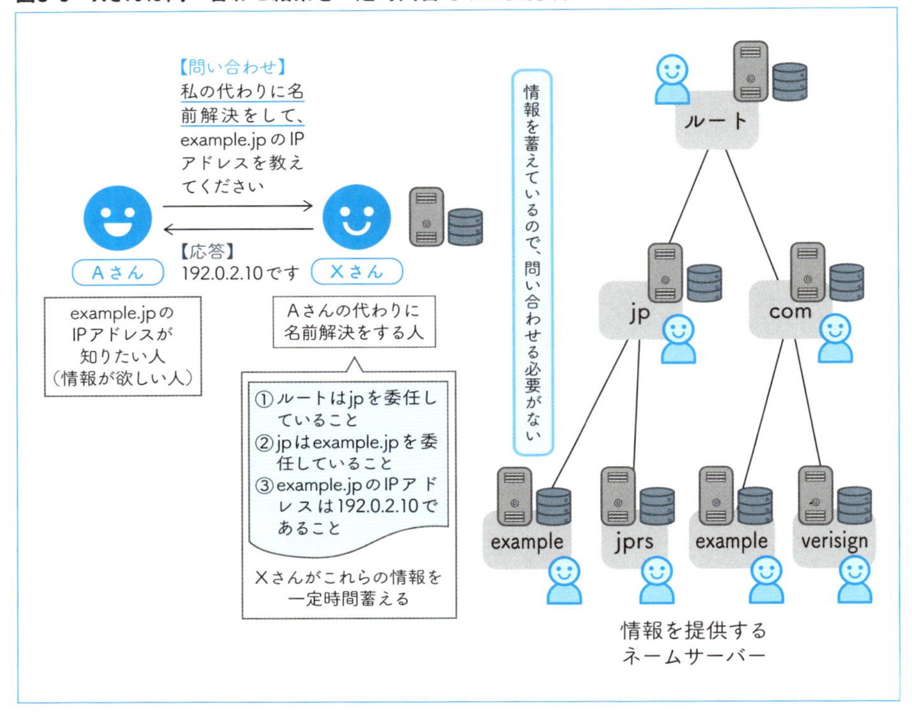

また、XさんはAさんだけでなく、同じ組織のBさんとCさんからの依頼も受け付けます。そして、時間内にBさんやCさんからAさんと同じ問い合わせを受けた場合、XさんはAさんに答えた結果をそのまま流用して、結果を応答します（**図3-7**）。

図3-7　XさんはBさんやCさんの問い合わせも代行し、蓄えた情報を流用する

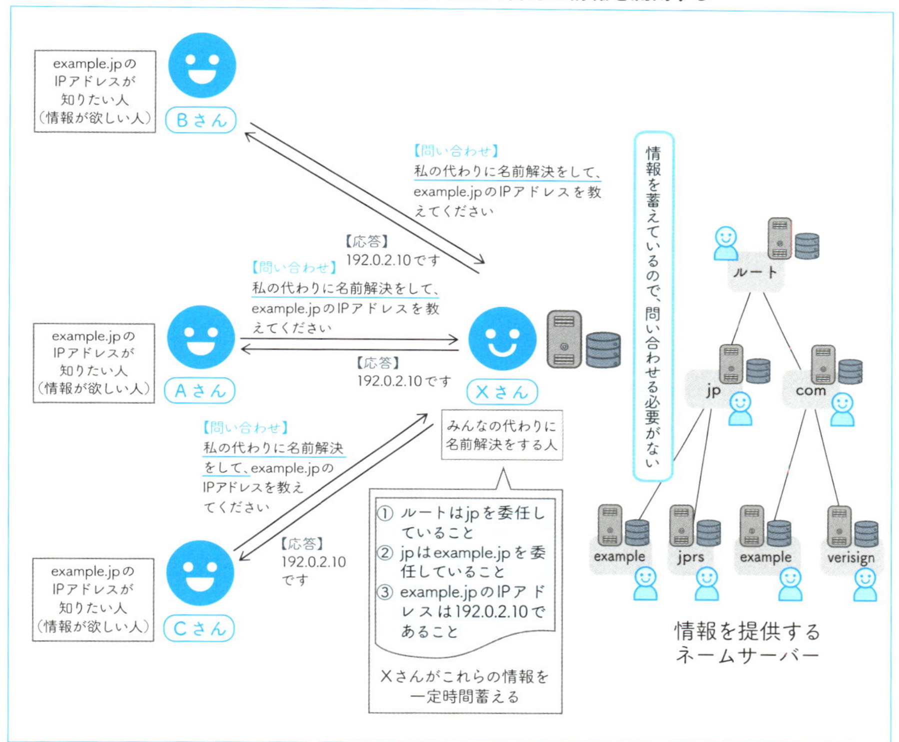

　このようにすることでネームサーバーに問い合わせる回数を減らすことができ、名前解決にかかる負荷と時間を軽減できます。これがDNSの名前解決のモデルです。Aさん、Bさん、CさんとXさんの間でも、「問い合わせと応答」の3つの約束事をきちんと守っているのがわかりますね。

　ここまでで説明した内容から、DNSの名前解決における役割分担は以下の3種類になります。

1）情報が欲しい人（この例ではAさん、Bさん、Cさん）
2）情報が欲しい人からの依頼を受けて、名前解決をする人（この例ではXさん）
3）情報を提供する人（DNSの階層構造を形作るネームサーバー）

CHAPTER3
Basic
Guide to
DNS

名前解決のために必要なこと

親が応答する子のネームサーバー情報「委任情報」

1章で説明したように、あるドメインにサブドメインを作り、そのサブドメインを他者に委任することで、委任した側（親）と委任された側（子）で親子関係が作られます。

前節の名前解決でAさんやXさんは、ネームサーバーが応答する委任先（子）のネームサーバー情報を頼りに、階層構造をたどっていました。この、AさんやXさんが階層構造をたどれるようにするために委任元（親）が応答する委任先（子）のネームサーバー情報のことを、**委任情報**といいます。

委任情報の登録

図3-8を見てください。3章01の「階層構造をたどるということ」(p.55）で説明したように、example.jp（子）はjp（親）に対して、「example.jpを管理している『ns1.example.jp』というネームサーバーを、jpのネームサーバーに登録してください」と依頼します。この依頼を受け、jpはexample.jpのネームサーバー情報（ns1.example.jp）を自分のネームサーバー（a.dns.jp）に登録します。

そして、jpのネームサーバーはexample.jpへの問い合わせには委任情報として、example.jpのネームサーバー情報（ns1.example.jp）を応答します。

このように、親が応答する委任情報は子が登録したネームサーバー情報です。そのため、もし子が間違った情報を登録してしまうと、親は間違った委任情報を応答することになり、名前解決ができなくなってしまいます（**図3-9**)。

名前解決をする人が階層構造をたどれるようにするためには、

- 子が親に正しいネームサーバー情報を登録する
- 親が子から受け取ったネームサーバー情報を委任情報として正しく応答する

ことが必要です。これは、DNSを円滑に動かすための重要な基本事項です。

図3-8　親は子が登録したネームサーバー情報を委任情報として応答する

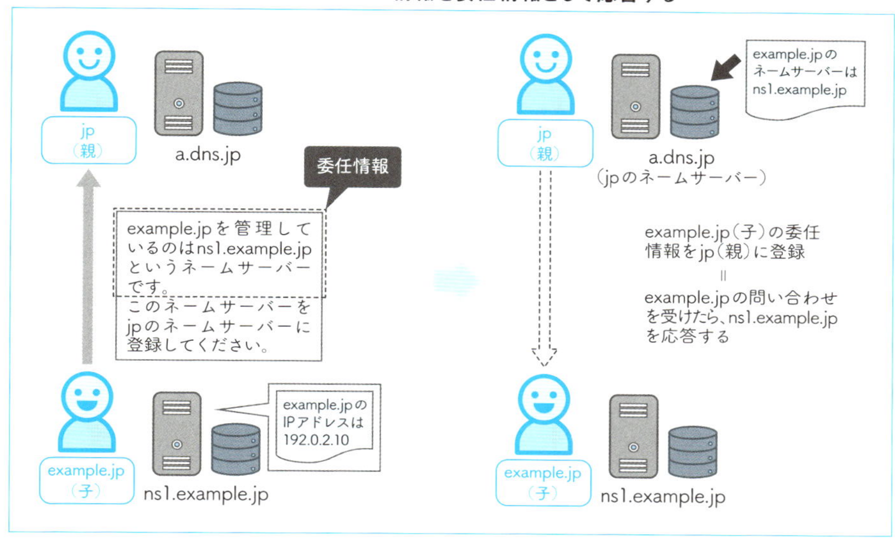

図3-9　子が間違ったネームサーバー情報を登録すると、名前解決ができなくなる

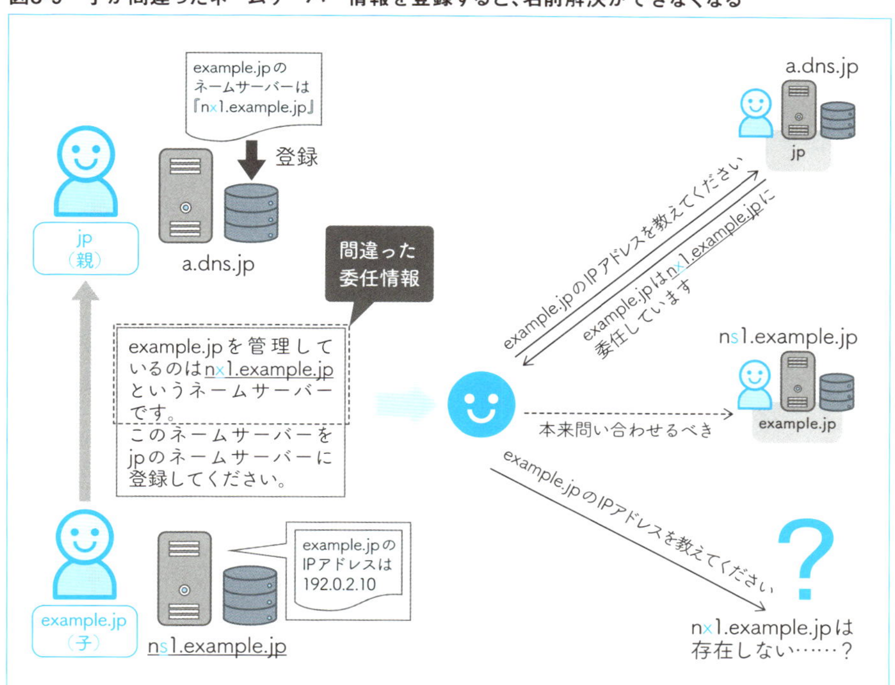

CHAPTER3
Basic
Guide to
DNS

04 名前解決における委任の重要性

名前解決の仕組みがもたらすメリット

DNSの名前解決は、親から子への委任によって作られる階層構造をたどることで行われます。この仕組みはDNSにおいて、いくつかのメリットをもたらしています。以下、それぞれのメリットについて見ていきましょう。

・1）ゾーンごとの分散管理を実現できる

階層化と委任によって、管理する範囲を分散できます。階層構造を導入してそれぞれの階層の管理を委任することで、委任元は委任先の委任情報のみを管理すればよくなり、委任先は自分が委任された部分の階層を管理すればよくなります（**図3-10**）。

DNSでは、委任によって管理を任された範囲を**ゾーン**と呼びます（1章05の「DNSにおける階層化と委任の仕組み」（p.20）を参照）。階層化と委任により、ゾーンごとの分散管理が実現されます。

図3-10　階層化と委任により、ゾーンごとの分散管理を実現できる

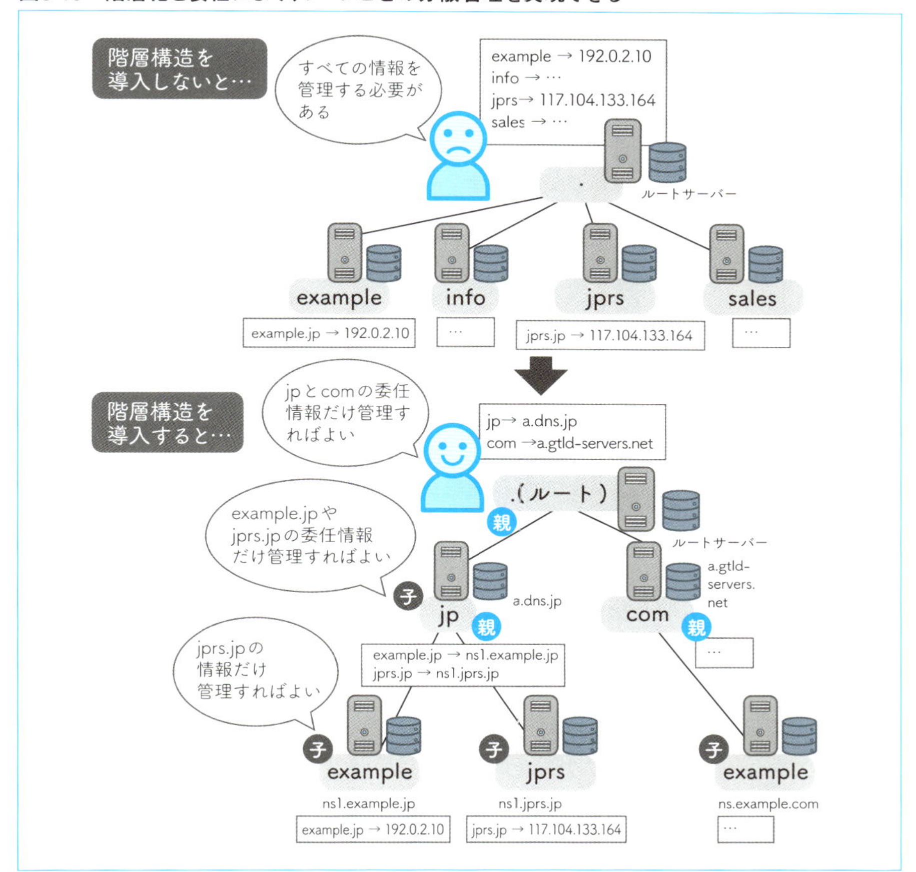

・2）ゾーンをどのように扱うかを、そのゾーンの管理者が決められる

委任されたゾーンは、委任先で管理されます。そのため、それぞれのゾーンを管理するポリシーを、それぞれのゾーンの管理者が決められるようになります。例えばjpゾーン（JPドメイン名）では、そのレジストリであるJPRSがポリシーを定めています（**図3-11**）。

jpのポリシーの例

- 登録者は、日本に住所を有する組織や個人であること
- 日本語ドメイン名として登録可能なラベルは、平仮名、片仮名、漢字、中点、仮名または漢字に準じるものであること

図3-11　ゾーンを管理するポリシーを、それぞれのゾーンの管理者が決められる

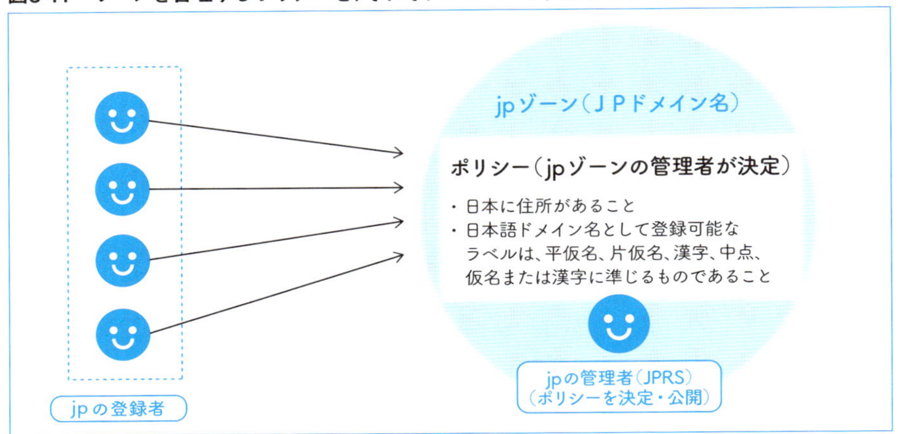

・3）あるゾーンにトラブルが発生しても、その影響範囲を局所化できる

あるゾーンにトラブルが発生した場合に影響が及ぶのはそのゾーンの中だけで、他のゾーンには影響が及びません。例えば、**図3-12**でjpのネームサーバーが応答しなくなり、名前解決ができなくなった場合、影響が及ぶのはjpとそのサブドメインのみで、jpと同じ階層にいるcomやnet、それらのサブドメインには影響が及びません。

図3-12　あるゾーンにトラブルが発生しても、その影響範囲を局所化できる

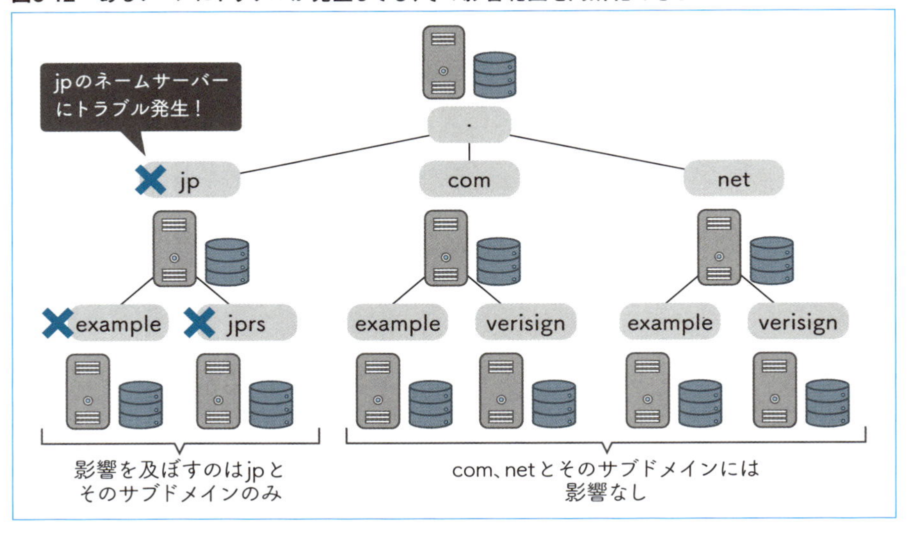

実際のインターネットにおける委任関係

実際のインターネットにおける委任関係は、ドメイン名の階層ごとに異なります。

階層の頂点となるルートゾーンはICANNが管理運用の責任を持ち、IANAが管理します（2章05「ドメイン名のグローバルな管理体制」（p.48）を参照）。そして、ICANN/IANAから委任されたTLDレジストリが、それぞれのTLDを管理します。

TLDの委任は、それぞれのTLDレジストリがルートを管理するICANN/IANAとの関係を構築することで成立します。TLDレジストリはそれぞれのTLDのドメイン名登録に関するポリシーを策定・公開します（2章01の「レジストリの役割」（p.27）を参照）。

2LDの委任は、TLDレジストリとドメイン名を登録する組織や個人との間で成立します。なお、レジストリによっては、3LDや4LDでドメイン名の登録を受け付ける場合もあります。例えばJPドメイン名の属性型ドメイン名では、3LDで登録を受け付けています（本章のコラム「JPドメイン名の種類」（p.70）を参照）。

どのレベルで登録を受け付けるかは、それぞれのTLDレジストリが登録ポリシーとして決定します。前項で説明したように、それぞれのゾーンを管理するポリシーはそれぞれのゾーンの管理者が決められるため、ゾーンごとに柔軟な管理を行うことができます。

また3章03の「委任情報の登録」（p.64）で説明したとおり、子が親に正しいネームサーバー情報を登録することと、親が子から受け取ったネームサーバー情報を委任情報として正しく応答することは、DNSを円滑に動かすための重要な基本事項です。このように、実際のインターネットでは関係を構築する組織間、あるいは組織と個人の関係が、DNSにそのまま反映されることになります。

COLUMN JPドメイン名の種類

JPドメイン名には大きく4つの種類があります。

●1）汎用JPドメイン名

「○○○.jp」のように、個人でも組織でも、日本に住所があれば誰でも登録できるJPドメイン名で、登録できるドメイン名の数に制限はありません。漢字や平仮名などを用いた日本語ドメイン名も登録できます。

●2）都道府県型JPドメイン名

「○○○.aomori.jp」、「○○○.東京.jp」のように、全国47都道府県の名称を含むJPドメイン名で、個人でも組織でも、日本に住所があれば誰でも登録できます。登録できるドメイン名の数に制限はありません。漢字や平仮名などを用いた日本語ドメイン名も登録できます。

●3）属性型JPドメイン名

co.jp（企業）、ac.jp（大学ほか）など、組織の種別ごとに区別されたドメイン名で、1つの組織が登録できるドメイン名は1つだけです。**表3-1**に属性型の9つの種類を紹介します。

表3-1 属性型JPドメイン名の種類

属性型JPドメイン名	組織種別
○○○.ac.jp	大学など高等教育機関
○○○.ad.jp	日本ネットワークインフォメーションセンター（JPNIC）会員
○○○.co.jp	企業
○○○.ed.jp	小中高校など初等中等教育機関
○○○.go.jp	政府機関

属性型JPドメイン名	組織種別
○○○.gr.jp	任意団体
○○○.lg.jp	地方公共団体
○○○.ne.jp	ネットワークサービス
○○○.or.jp	企業以外の法人組織

●4）地域型JPドメイン名

○○○.chiyoda.tokyo.jpのように、市区町村名と都道府県名で構成されたドメイン名で、個人でも登録できます。1つの組織・個人が登録できるドメイン名は1つだけです。

※現在、地域型JPドメイン名の新規登録は受け付けていません。

基礎編

Basic
Guide to
DNS

CHAPTER4 DNSの構成要素と具体的な動作

この章では、DNSを形作る3つの構成要素に注目し、それぞれの役割と具体的な動作について説明します。

この章では、DNSに関する専門用語が多数登場します。それらの用語がDNSのどの部分を示すのか、どのような動きをするのかを、きちんと把握しながら読み進めてください。

本章のキーワード

- スタブリゾルバー
- フルリゾルバー（フルサービスリゾルバー）
- 権威サーバー
- リゾルバー
- 名前解決要求
- アプリケーションプログラミングインターフェース（API）
- キャッシュ
- 権威（オーソリティ）
- 権威サーバー群
- ゾーンデータ
- リソースレコード
- ルートサーバー
- ヒントファイル
- ネガティブキャッシュ
- TTL
- 可用性
- ゾーン転送
- プライマリサーバー
- セカンダリサーバー
- RTT
- 正引き
- 逆引き

CHAPTER4
Basic Guide to DNS

01 3種類の構成要素とその役割

3章で説明したように、DNSの名前解決における役割分担は以下の3種類になります。

1) 情報が欲しい人
2) 情報が欲しい人からの依頼を受けて、名前解決をする人
3) 情報を提供する人

これら3種類がそのまま、DNSの基本の構成要素となります。DNSではこれらの構成要素をそれぞれ、

1) **スタブリゾルバー**
2) **フルリゾルバー（フルサービスリゾルバー）**
3) **権威サーバー**

と呼びます（**図4-1**）。**リゾルバー**（resolver）は「解決者」、つまり「名前解決するもの」を意味しており、スタブリゾルバーとフルリゾルバーの双方を示す用語としても使われます。

以降では、それぞれの構成要素の役割と具体的な動作について解説します。

図4-1　スタブリゾルバー、フルリゾルバー、権威サーバー

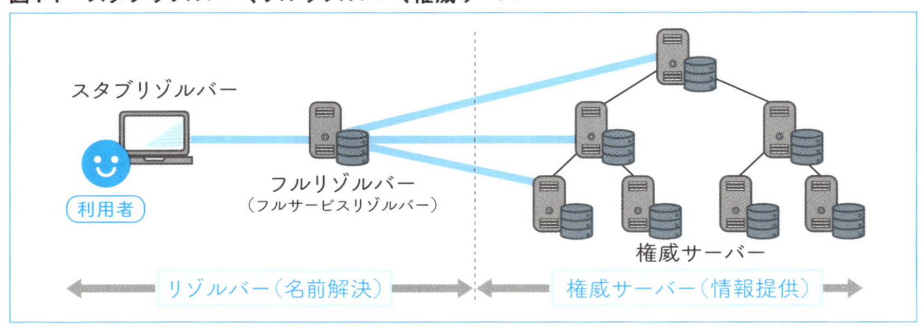

スタブリゾルバーの役割

インターネットを使うとき、利用者はパソコンやスマートフォンなどの機器を使います。そして、それらの機器で動作するWebブラウザやアプリなどが、サービスを提供するサーバー（サイト）にアクセスします。

1章で説明したように、Webブラウザやアプリが目的のサイトにアクセスするためには、アクセス先のIPアドレスを知るために名前解決をする必要があります。この名前解決の窓口となっているのが、スタブリゾルバーです。

スタブリゾルバーは、みなさんが使っているパソコンやスマートフォンなどの機器で動作し、Webブラウザやアプリなどから呼び出されます。スタブリゾルバーは自身では名前解決を行わず、あらかじめ設定されたフルリゾルバーに「私の代わりに名前解決をして、example.jpのIPアドレスを教えてください」という、名前解決の依頼を出します（**図4-2**）。

この、スタブリゾルバーからフルリゾルバーへ名前解決を依頼することを「**名前解決要求**」といいます。スタブ（stub）という言葉には「末端」という意味があり、利用者の機器で動作することを示しています。

スタブリゾルバーは、Webブラウザやアプリなどのプログラムに名前解決の

図4-2　スタブリゾルバーは利用者の機器で動作し、名前解決の窓口となる

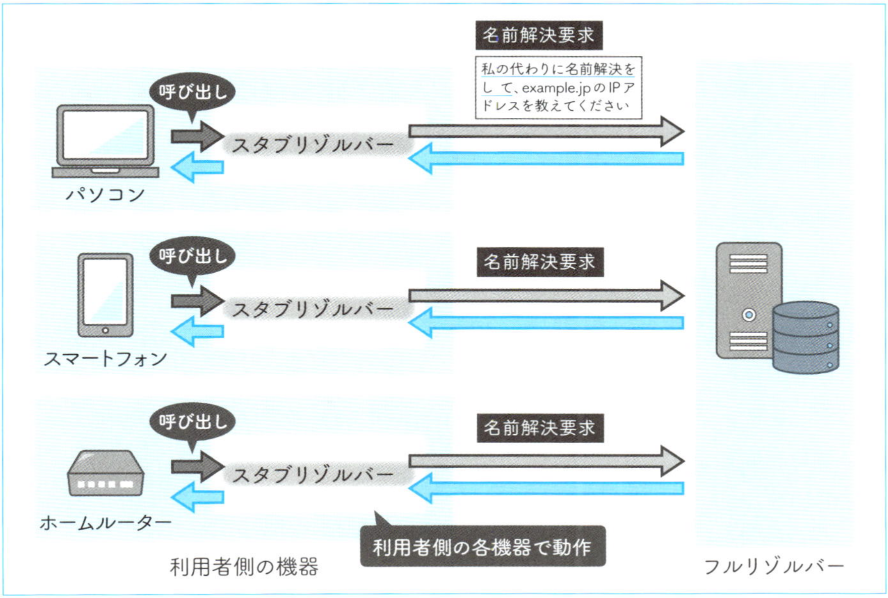

基礎編
CHAPTER4
01
3種類の構成要素とその役割

手段（**アプリケーションプログラミングインターフェース（API）**）を提供します。また、プログラム側で手間と時間がかかる名前解決を実行する必要がなくなり、それぞれのプログラムに組み込まれる処理の量を減らすことができます。

フルリゾルバーの役割

フルリゾルバーは、DNSにおいて名前解決を行う役割を担います。スタブリゾルバーから名前解決要求を受け付けて名前解決を行い、その結果をスタブリゾルバーに返します。

スタブリゾルバーから名前解決要求を受け付けたフルリゾルバーは、以下の2つを行います。

1）名前解決を実行する
2）名前解決の際に得られた情報を蓄える

この2つの役割について、見ていきましょう。

・1）名前解決を実行する

名前解決要求を受け付けたフルリゾルバーはまず、自分がそれまでに蓄えている情報の中から、受け付けた問い合わせの名前と種類の双方が一致しているものがあるかを調べます（名前と種類については3章01の「問い合わせと応答」（p.54）を参照）。一致しているものがあればそれをスタブリゾルバーへ応答し、なければ目的の情報を得るため、適切な権威サーバーに問い合わせます。

権威サーバーへの問い合わせは、3章01の「階層構造をたどるということ」（p.55）で説明した、DNSの階層構造をたどる形で行われます（**図4-3**）。

・2）名前解決の際に得られた情報を蓄える

名前解決の際、フルリゾルバーは権威サーバーからさまざまな応答を受け取ります。フルリゾルバーにはそれらの応答をしばらくの間蓄えておく仕組みがあり、これを「**キャッシュ**」と呼びます（3章02の「名前解決の負荷と時間の軽減」（p.60）でも少し説明しました）。

図4-4では、フルリゾルバーはルートやjpの権威サーバーからは委任情報を、example.jpの権威サーバーからは目的の情報を受け取っています。フルリゾルバーはこれらの応答をキャッシュに蓄え、次回以降の名前解決に利用します。

図4-3 フルリゾルバーの役割① 名前解決を実行する

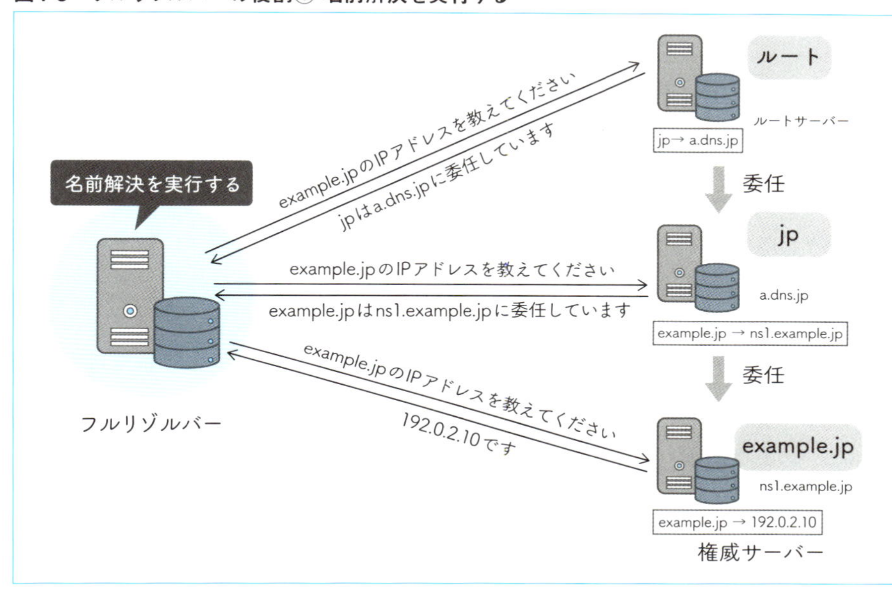

図4-4 フルリゾルバーの役割② 名前解決で得られた情報を蓄える

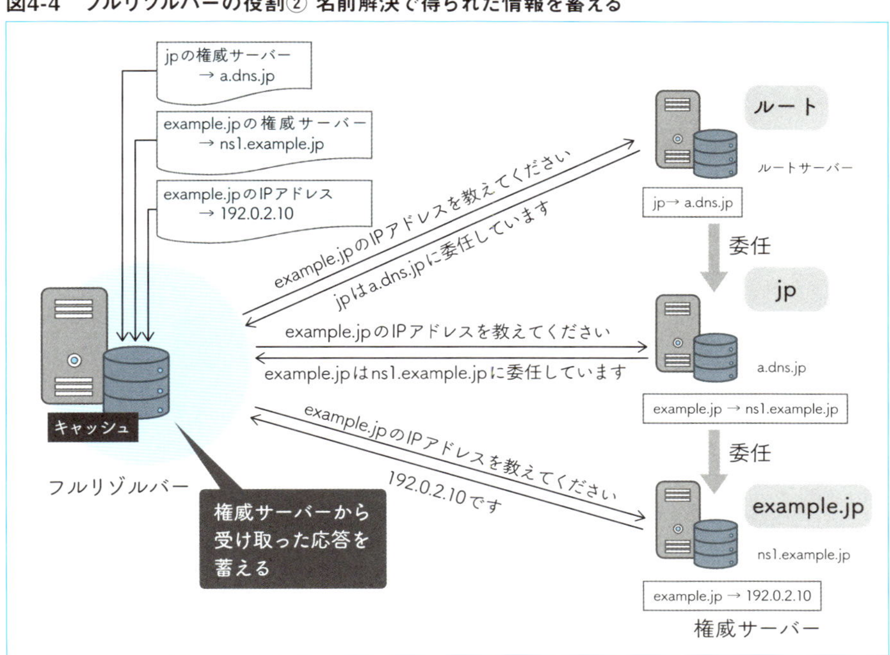

名前解決要求を受け取ったフルリゾルバーは、キャッシュされている情報を調べます。もしその中に目的の情報や名前解決に使える委任情報があれば、その分権威サーバーへの問い合わせを省略でき、名前解決にかかる負荷と時間を軽減できます。

キャッシュについては、本章の後半（4章03）で説明します。

権威サーバーの役割

権威サーバーは自分が委任を受けたゾーンの情報と、自分が委任しているゾーンの委任情報を保持します。**3章までの説明で「ネームサーバー」と呼んでいたサーバーが、権威サーバーです。**

権威サーバーはフルリゾルバーからの問い合わせを受けて、自分が保持している情報を応答します。フルリゾルバーとは異なり、その情報がない場合に他のサーバーに問い合わせることはしません。権威サーバーは自分が管理権限を持っている、すなわちそのゾーンの**権威（オーソリティ）**を持つ情報と、委任情報のみを応答します。

権威サーバーは階層化と委任により、ルートを頂点とした階層構造を構成します。以降、本書では階層構造を構成する権威サーバーをまとめて「**権威サーバー群**」と呼ぶことにします（**図4-5**）。

図4-5　権威サーバーは自分が保持している情報を応答する

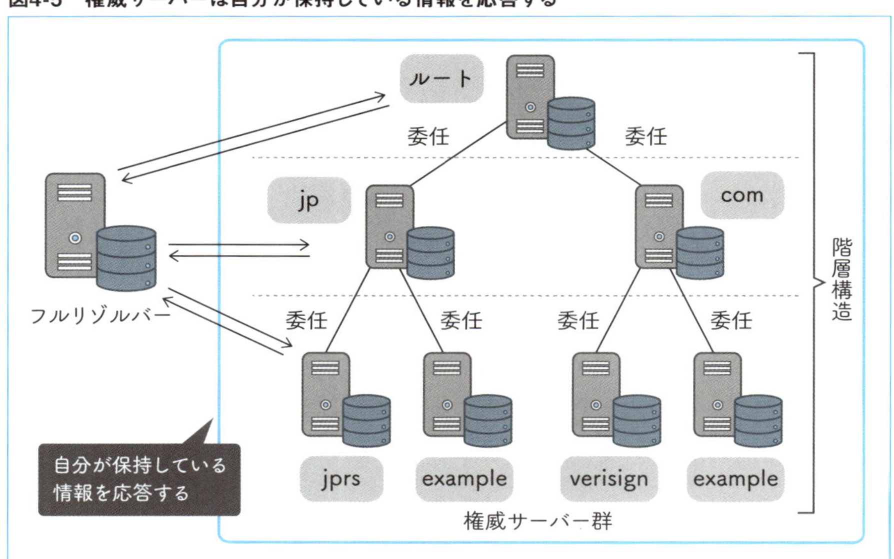

スタブリゾルバーやフルリゾルバーは問い合わせの際、知りたい情報の名前(ドメイン名）と種類（タイプ）を指定します（3章01の「問い合わせと応答（p.54)」を参照)。権威サーバーはこれら2つの情報をもとに、自分が保持している情報の中から、目的の情報を見つけ出します。なお、実際のDNSではドメイン名とタイプに加え、ネットワークの種類（**クラス**）も指定されます。詳しくは本章のコラム「DNSのクラス」(p.77）をご覧ください。

権威サーバーはそのゾーンの設定内容（**ゾーンデータ**）を「**リソースレコード**」という形で保持します。リソースレコードは、「ドメイン名」「タイプ」「クラス」の3つの情報の組み合わせで構成されます。

COLUMN　DNSのクラス

DNSが開発された1980年代当時の状況から、DNSはIP（1章を参照）以外の通信にも対応できるように、ネットワークの種類として「クラス」を指定できるようになっています。その後、インターネットの広がりとともに、インターネットを表す「IN」以外のクラスは使われなくなりました。現在ではIN以外のクラスは、いくつかのDNSサーバーソフトウェアでサーバーのバージョンやホスト名を確認するといった、特殊な用途のために使われています。

リソースレコードの構成

リソースレコードの構成を、例を使って説明します。リソースレコードの詳細については実践編で説明しますので、ここでは大まかに「リソースレコードはこんなふうになっているのだな」というイメージを持ってください。

図4-6は、jprs.jpのIPv4アドレスを名前解決したときの、jprs.jpの権威サーバーが返す応答の一部です（digコマンドの出力結果。digコマンドについては8章を参照)。

図4-6　リソースレコードの例

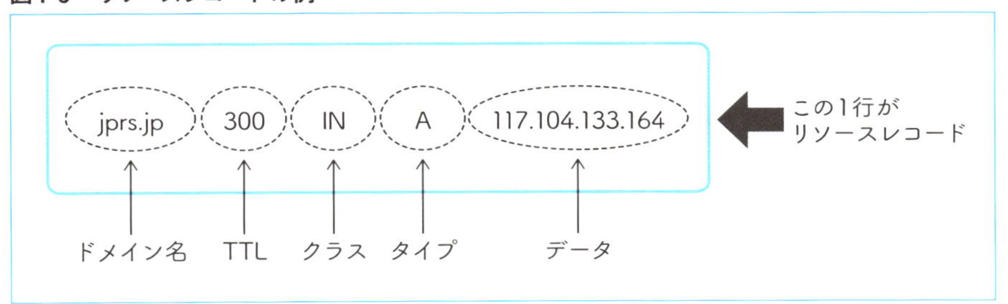

図4-6の応答の1行が、1つのリソースレコードです。この応答の文字列や数字の意味は、**表4-1**のとおりです。

表4-1　リソースレコードの意味

項目	意味
ドメイン名	問い合わせで指定したドメイン名。**図4-6**の例ではjprs.jpを指定しているので「jprs.jp」が入っています。
TTL	Time To Live。そのリソースレコードをキャッシュしてもよい時間が、秒単位で入ります。**図4-6**の例では「300秒（5分）」になっています。TTLについては、4章03の「キャッシュとネガティブキャッシュ」（p.87）で説明します。
クラス	ネットワークの種類。インターネットを意味する「IN」が入っています。本章では以降、クラスを省略して説明します。
タイプ	情報の種類。どんな情報が知りたいかによって、ここの内容が変わります。**図4-6**の例ではIPv4アドレスを表す「A」が入っています。詳細は次項を参照。
データ	クラスとタイプによって異なる、リソースレコードのデータ。**図4-6**の例ではjprs.jpのIPv4アドレスである「117.104.133.164」が入っています。

リソースレコードのタイプ

ここでは、よく使われるリソースレコードのタイプについて、読み方とその目的を紹介します（**表4-2**）。

表4-2　よく使われるリソースレコードのタイプ・読み方と指定される内容

タイプ（読み方）	指定される内容
A（エー）	そのドメイン名のIPv4アドレスを指定
AAAA（クワッドエー）	そのドメイン名のIPv6アドレスを指定
NS（エヌエス）	そのゾーンの権威サーバーのホスト名を指定
MX（エムエックス）	そのドメイン名宛ての電子メールの配送先と優先度を指定

権威サーバーが応答するリソースレコードは、問い合わせのドメイン名とタイプによって決まります。例えば「jprs.jpのAリソースレコード（IPv4アドレス）を教えてください」という問い合わせを受けたjprs.jpの権威サーバーは、jprs.jpのAリソースレコードのデータである「117.104.133.164」を応答します。同様に「jprs.jpのAAAAリソースレコード（IPv6アドレス）を教えてください」という問い合わせには、jprs.jpのAAAAリソースレコードのデータである「2001:218:3001:7::b0」を応答することになります（**図4-7**）。

図4-7　権威サーバーは問い合わせのドメイン名とタイプに対応する応答を返す

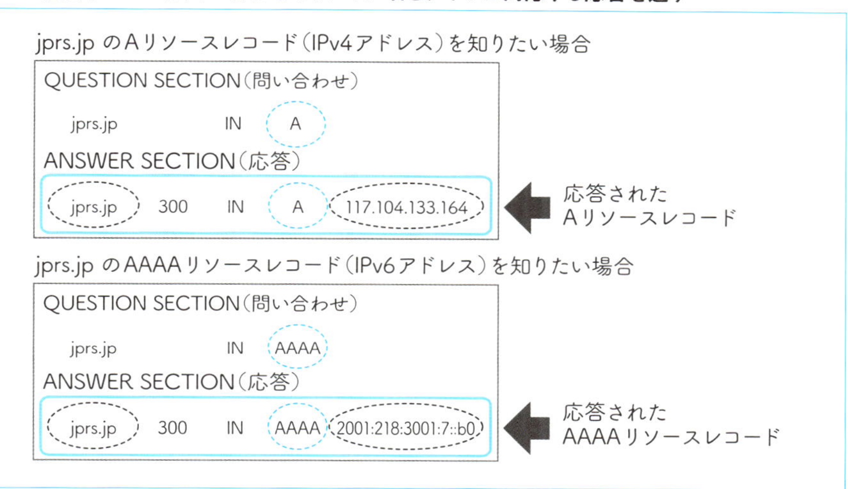

COLUMN　統一されていない名称に注意

本節で、DNSを構成する基本構成要素として「スタブリゾルバー」「フルリゾルバー」「権威サーバー」の3種類を紹介しました。しかし、これらの名称は統一されておらず、文献や、著者の違い・注目する機能などにより、さまざまな名称で呼ばれています。そのため、混乱を招きやすく、DNSを理解する際の妨げになりやすいので、注意が必要です。

現在、主に使われている名称を以下に示します。

構成要素	現在使われている別の名称（主なもの）
スタブリゾルバー	DNSクライアントなど
フルリゾルバー	キャッシュDNSサーバー、参照サーバー、ネームサーバー、DNSサーバーなど
権威サーバー	権威DNSサーバー、ゾーンサーバー、ネームサーバー、DNSサーバーなど

このような状況からDNSに関する文献や資料などを読む場合、それぞれの用語がどの構成要素を示しているかを、きちんと理解することが重要です。

特に、「DNSサーバー」「ネームサーバー」はDNSサービスを提供するサーバーの名称として用いられることから、フルリゾルバーと権威サーバーのどちらにも使われたり、双方を表すために使われたりする場合もあります。そのため、前後の文脈や文書の内容などからどちらを指しているか、あるいは両方を指しているのかを、常に意識する必要があります。また、自分がDNSについて説明する場合、説明を受ける人が混乱しないように心掛けて用語を使うことも大切です。

本書で使用している「スタブリゾルバー」「フルリゾルバー（フルサービスリゾルバー）」「権威サーバー」という名称とその意味は、DNSの用語を定義しているRFC 8499で定められています。そのため、本書ではこの名称の使用を推奨します。

CHAPTER4
Basic Guide to DNS

02 構成要素の連携による名前解決

ここでは、DNSの3種類の構成要素（スタブリゾルバー、フルリゾルバー、権威サーバー）がどのように連携して名前解決を行うかを、Webブラウザで「jprs.jp」にアクセスする場合を例に説明していきます。

なお、以降の説明ではこのフルリゾルバーは名前解決を初めて実行するため、キャッシュには何も入っていない状態であると仮定します。

・1）スタブリゾルバーの呼び出し

利用者がWebブラウザのアドレスバーに「jprs.jp」と入力したり、jprs.jpへのリンクをクリックしたりすることで、Webブラウザはスタブリゾルバーを呼び出し、「jprs.jpのIPアドレスを教えてください」という依頼を送ります（**図4-8**）。

図4-8　スタブリゾルバーの呼び出し

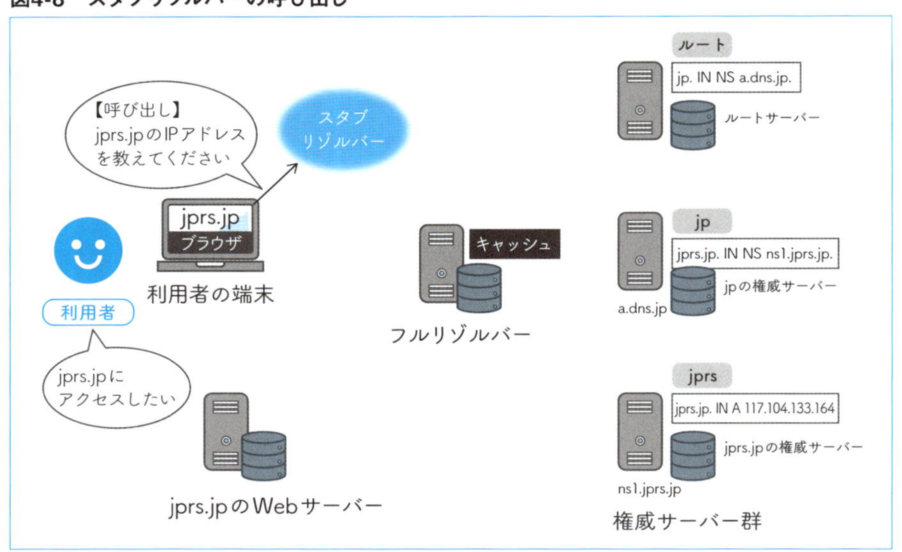

・2）スタブリゾルバーからフルリゾルバーへの問い合わせ

Webブラウザから呼び出されたスタブリゾルバーは、フルリゾルバーに「**私の代わりに名前解決をして**、jprs.jpのIPアドレスを教えてください」と問い合わせます。これを「名前解決要求（前節を参照）」といいました（**図4-9**）。

図4-9　スタブリゾルバーからフルリゾルバーへの問い合わせ

・3）フルリゾルバーからルートゾーンの権威サーバーへの問い合わせと応答

スタブリゾルバーから名前解決要求を受け付けたフルリゾルバーは、階層構造の頂点に当たるルートゾーンの権威サーバーに「jprs.jpのIPアドレスを教えてください」と問い合わせます。DNSではルートゾーンの権威サーバーを「**ルートサーバー**」と呼びますので、以降の説明では、ルートサーバーという用語を使います。

ルートサーバーは問い合わせに対し委任情報として、jpの権威サーバー「a.dns.jp」を応答します。

応答を受け取ったフルリゾルバーはルートサーバーが応答したリソースレコード「jpの権威サーバーはa.dns.jpである」という情報を、キャッシュに蓄えます（**図4-10**）。

図4-10　フルリゾルバーからルートサーバーへの問い合わせと応答

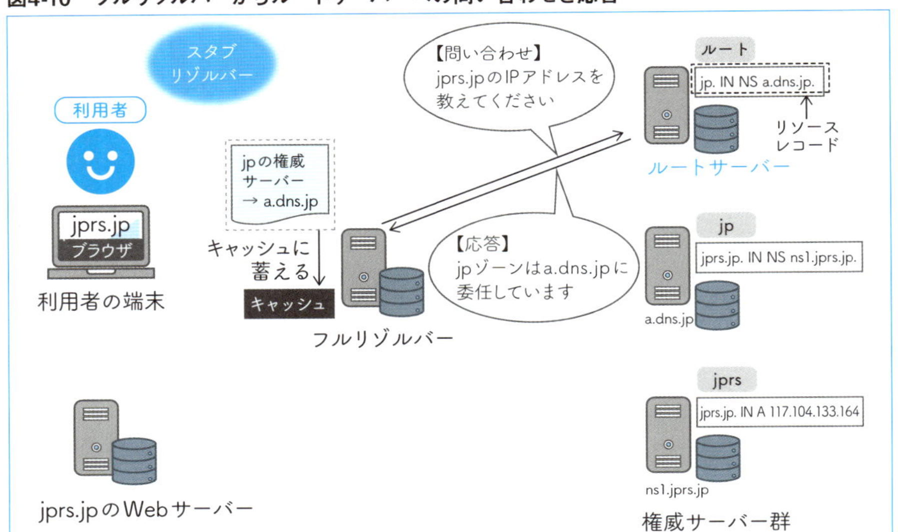

・4）フルリゾルバーから jp の権威サーバーへの問い合わせと応答

フルリゾルバーは、ルートサーバーから受け取った委任情報に書かれているjpの権威サーバーに、「jprs.jpのIPアドレスを教えてください」と問い合わせます。

jpの権威サーバーは問い合わせに対し委任情報として、jprs.jpの権威サーバー「ns1.jprs.jp」を応答します。

応答を受け取ったフルリゾルバーは先ほどと同様、「jprs.jpの権威サーバーはns1.jprs.jpである」という情報を、キャッシュに蓄えます（**図4-11**）。

・5）フルリゾルバーから jprs.jp の権威サーバーへの問い合わせと応答

フルリゾルバーは、jpの権威サーバーから受け取った委任情報に書かれているjprs.jpの権威サーバーに、「jprs.jpのIPアドレスを教えてください」と問い合わせます。

jprs.jpのIPアドレスはjprs.jpが管理するゾーン情報に、リソースレコードとして格納されています。そのため、jprs.jpの権威サーバーは、「jprs.jpのIPアドレスは117.104.133.164である」というリソースレコードを応答します。

応答を受け取ったフルリゾルバーは先ほどと同様、「jprs.jpのIPアドレスは117.104.133.164である」という情報を、キャッシュに蓄えます（**図4-12**）。

図4-11　フルリゾルバーからjpの権威サーバーへの問い合わせと応答

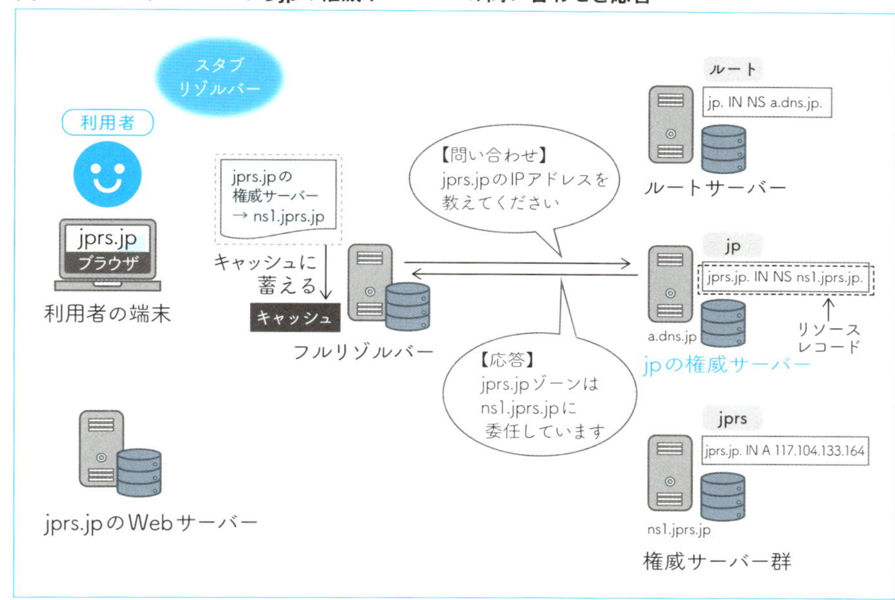

図4-12　フルリゾルバーからjprs.jpの権威サーバーへの問い合わせと応答

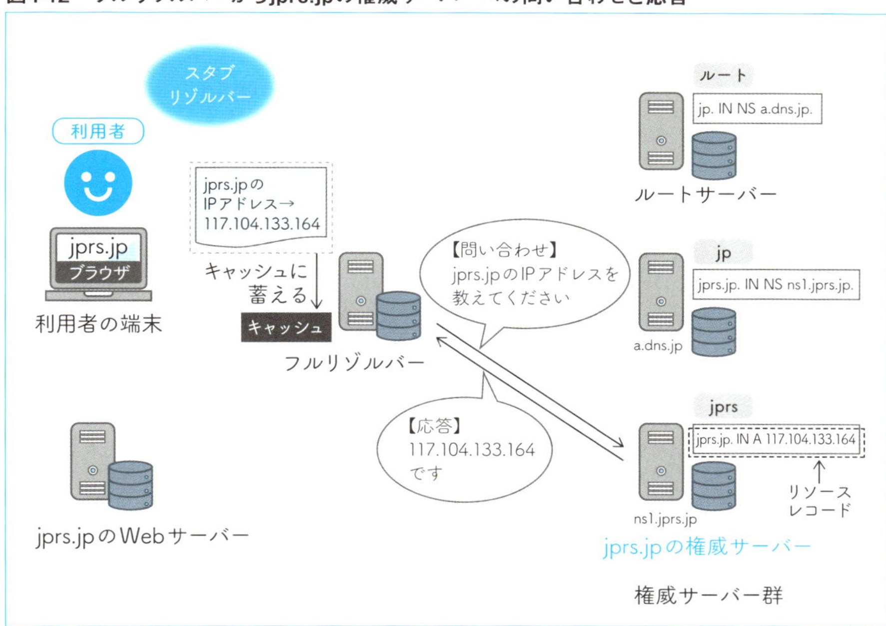

・6）フルリゾルバーからスタブリゾルバーへの応答

目的の情報——この例では「jprs.jpのIPアドレスは117.104.133.164です」という情報——を受け取ったフルリゾルバーは問い合わせ元のスタブリゾルバーに、その情報を応答します（**図4-13**）。

図4-13　フルリゾルバーからスタブリゾルバーへの応答

・7）スタブリゾルバーから名前解決結果を受け取り

フルリゾルバーから応答を受け取ったスタブリゾルバーは、呼び出し元のWebブラウザにjprs.jpのIPアドレス「117.104.133.164」を返します（**図4-14**）。

これで、Webブラウザはjprs.jpのIPアドレスがわかりました。

・8）Webサーバーへのアクセスと Webページの表示

スタブリゾルバーからjprs.jpのIPアドレス「117.104.133.164」を受け取ったWebブラウザは、そのIPアドレスを指定してWebサーバーへアクセスします。その結果、利用者のWebブラウザにjprs.jpのWebページが表示されます（**図4-15**）。

図4-14　スタブリゾルバーから名前解決結果を受け取り

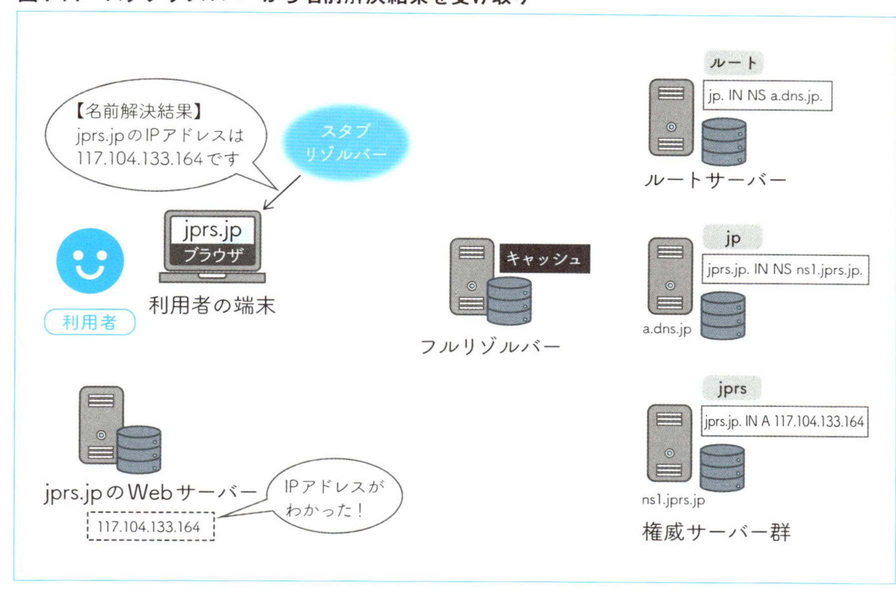

図4-15　Webサーバーへのアクセスとwebページの表示

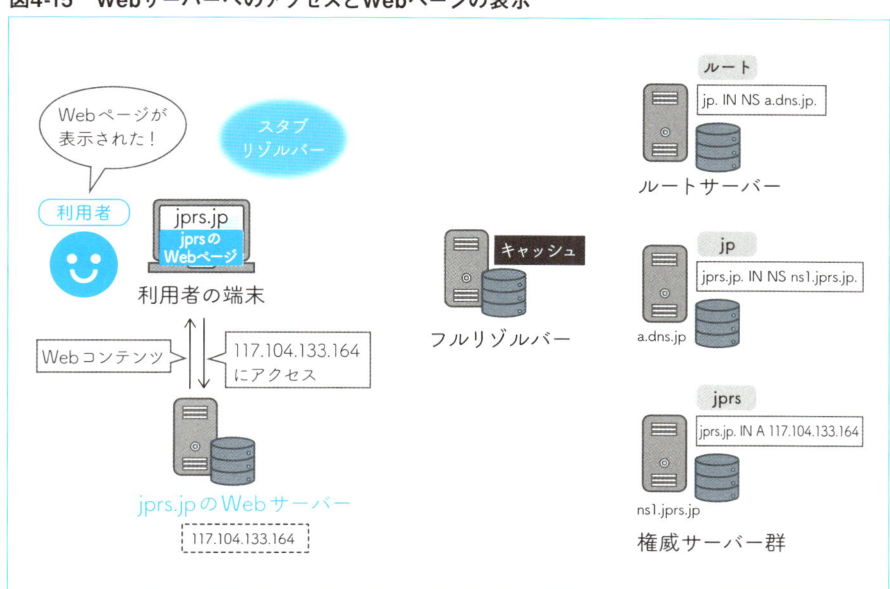

COLUMN ルートサーバーのIPアドレスはどうやって知る？

DNSでは、子の権威サーバーの情報（委任情報）は親が持ち、名前解決の際にその委任情報を親が応答します。では、階層構造の頂点に当たるルートサーバーの情報はどうやって知るのでしょうか。

実は、フルリゾルバーはルートサーバーの一覧を初めから持っており、その情報を使ってルートサーバーに問い合わせを行うのです。

しかし、ルートサーバーのIPアドレスは不変ではなく、運用上の都合で変更される場合があります。そのため、特定のタイミングで最新のルートサーバーの一覧を得るための仕組みが用意されています。

DNSでは初めから持っているルートサーバーの一覧を「**ヒントファイル**」、最新のルートサーバーの一覧を得るための仕組みを「**プライミング**」といいます。プライミングの詳細については、実践編で説明します。

COLUMN 名前解決要求と名前解決の実行の違い

名前解決の際、スタブリゾルバーはフルリゾルバーに「**私の代わりに名前解決をして**、○○のIPアドレスを教えてください」という問い合わせ（名前解決要求）を送ります。一方、フルリゾルバーが権威サーバーに送る問い合わせでは、単に「○○のIPアドレスを教えてください」という問い合わせを送ります。

この「私の代わりに名前解決をして」が問い合わせに付くか付かないかの違いは、DNSの動作を理解するうえでの重要なポイントです。特に、実践編で説明するDNSの動作確認やDNSのトラブルシューティングでは、これら2つを明確に区別して取り扱う必要があります。

今の段階では、

- スタブリゾルバーがフルリゾルバーに送る問い合わせ（名前解決要求）には、**「私の代わりに名前解決をして」が付いている**
- フルリゾルバーが権威サーバーに送る問い合わせ（名前解決の実行）には、**「私の代わりに名前解決をして」が付いていない**

ということを、頭に留めておいてください。

CHAPTER4
Basic Guide to DNS

03 DNSの処理の効率化と可用性の向上

キャッシュとネガティブキャッシュ

ここでは、DNSの処理の効率を高める仕組みであるキャッシュの取り扱いについて、もう少し掘り下げて見てみましょう。

キャッシュは、名前解決の際に権威サーバー群から受け取った応答の内容をしばらくの間蓄えておく仕組みです。フルリゾルバーはキャッシュされた内容を次回以降の名前解決で使い、名前解決の効率化を図ります。

図4-16のように、フルリゾルバーは初回の名前解決ではjprs.jpのIPアドレスを探すために、権威サーバー群に繰り返し問い合わせを行う必要がありますが、応答をキャッシュすることで2回目以降は同じ内容の問い合わせを行う必要がなくなり、名前解決に要する負荷と時間を軽減できます。

図4-16　フルリゾルバーはキャッシュを使って名前解決の効率化を図る

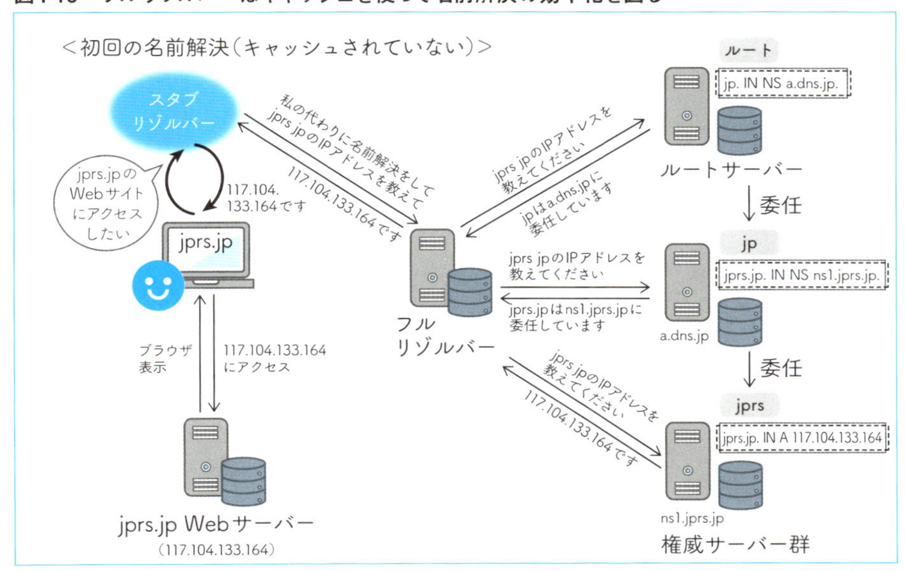

次ページに続く➡

図4-16 続き

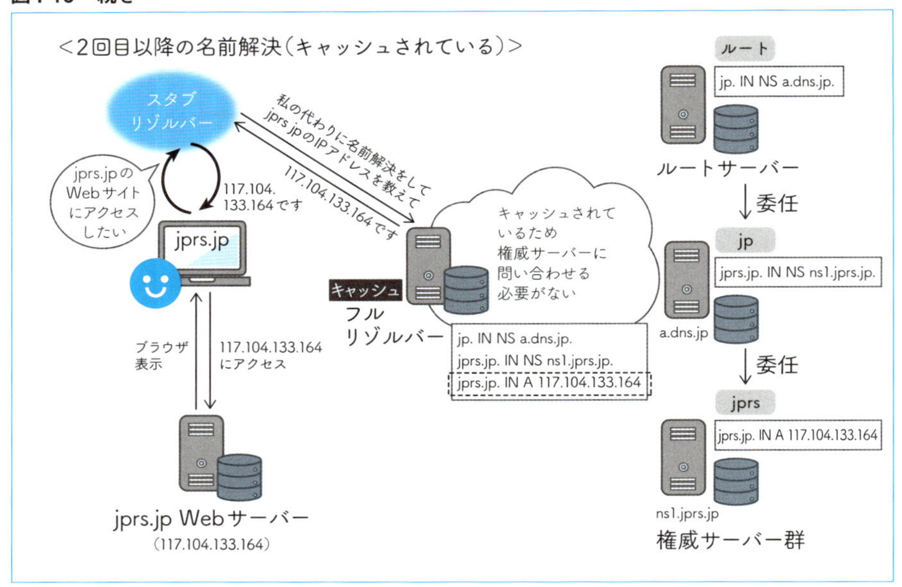

・「存在しない」という結果もキャッシュする 〜ネガティブキャッシュ

DNSが開発された当初、フルリゾルバーは名前解決で得られた最終結果と委任情報をキャッシュしていました。しかし、DNSを運用する中で、それだけでは不十分だということがわかってきました。

例えば、あるWebサイトにアクセスしようとしたら、何らかの理由でアクセスできなかった場合を考えます。この場合、利用者はWebサイトに再アクセスしようとして、Webブラウザを繰り返しリロードするかもしれません。

ここで、もしアクセスしようとした先のリソースレコード自体が存在しない場合、リロードするたびに存在しないドメイン名/タイプに対する名前解決要求が行われることになります。これらはすべて無駄な問い合わせとなるため、このような問い合わせが行われるのは効率がよくありません。

DNSではこれに対応するため、目的のリソースレコードが存在しなかったという結果もキャッシュすることにしました。これを「**ネガティブキャッシュ**」といい、同じ内容の2回目以降の名前解決要求には「その問い合わせに対応するリソースレコードはありませんでした」という応答を、すぐに返すようになっています(**図4-17**)。

図4-17　目的のリソースレコードが存在しなかった、という結果もキャッシュする

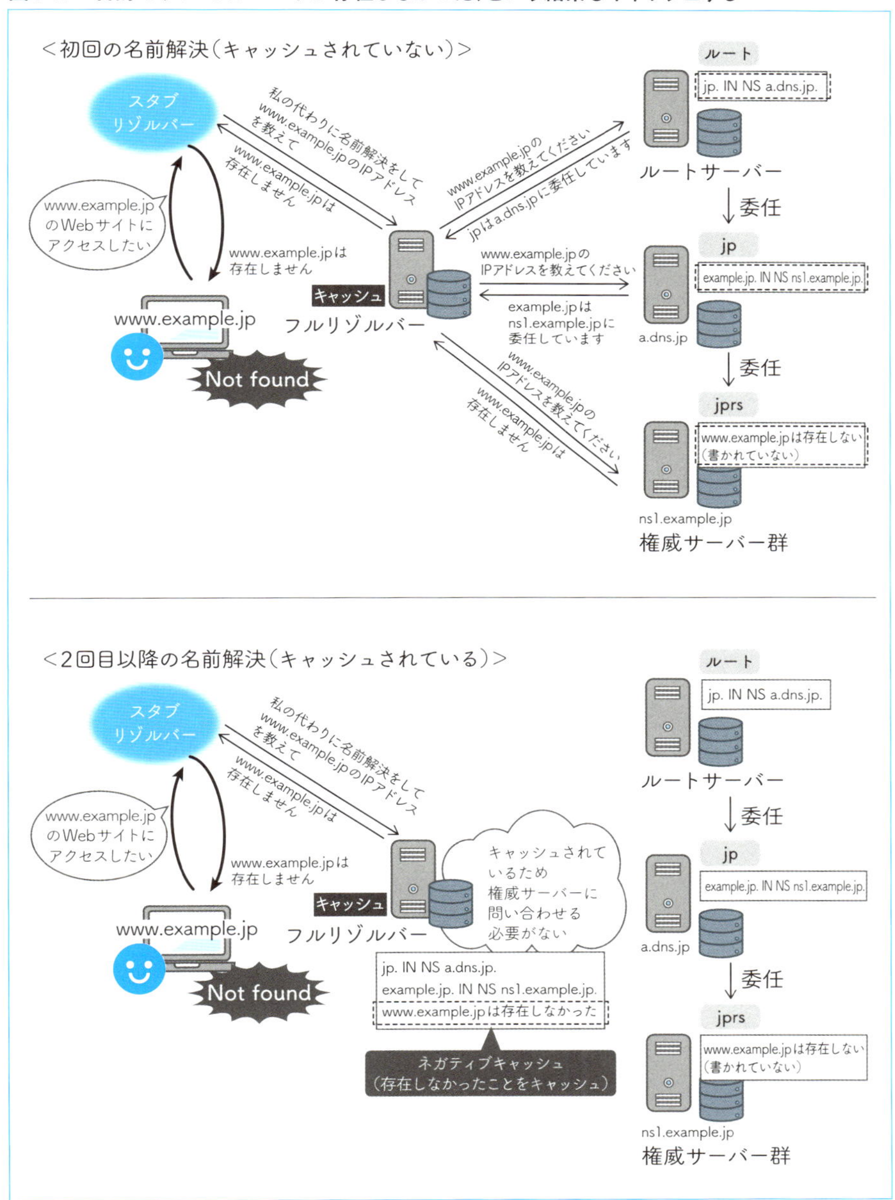

・キャッシュとネガティブキャッシュのメリット／保持してもよい時間

キャッシュとネガティブキャッシュの導入によりフルリゾルバーから権威サーバーへの問い合わせ回数が削減され、以下のメリットが得られます。

- フルリゾルバー、権威サーバーの負荷軽減
- 問い合わせから応答までの時間の短縮
- ネットワークトラフィックの軽減

キャッシュとネガティブキャッシュは、得られた応答を一時的に蓄えておく機能です。では、その時間は誰が決めているのでしょうか。実は、得られた応答をフルリゾルバーがキャッシュに保持してもよい時間はそれぞれのゾーンの管理者が決めることができ、リソースレコードごとに制御できます。この時間を「**TTL（Time To Live、ティーティーエル）**」といいます。

TTLはリソースレコードの中に含まれており、応答を受け取った側はそこに記述された時間（秒単位）だけキャッシュに保持してもよいことになります。**図4-18**では、「300秒（5分）」が、応答をキャッシュしてもよい時間となります。

TTLはキャッシュに保持された後、時間の経過とともに減少していきます。そしてこの数値が「0（ゼロ）」になると、そのリソースレコードのキャッシュは無効になり、蓄えていたjprs.jpのIPアドレスの情報が削除（クリア）されます。キャッシュがクリアされた後でjprs.jpのIPアドレスの問い合わせが来たら、再度jprs.jpの権威サーバーに問い合わせて、結果を入手します。

なお、ネガティブキャッシュのTTLについては、6章04の「ゾーンそのものに関する情報 ～ SOAリソースレコード」（p.123 ～ 124）を参照してください。

図4-18　リソースレコードをキャッシュに保持してもよい時間はTTLで制御される

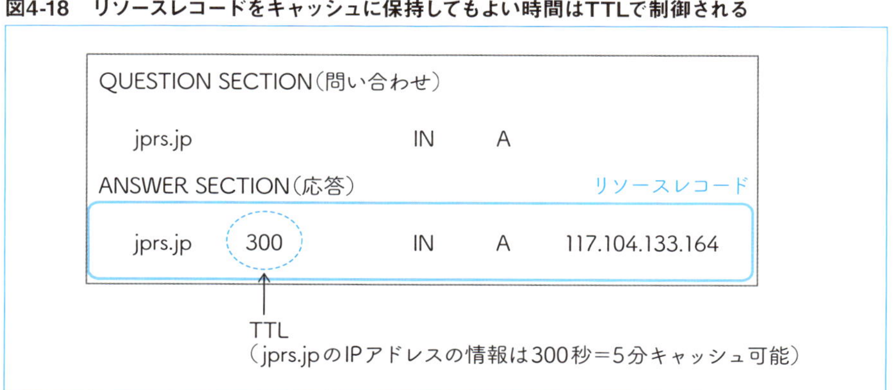

複数台の権威サーバーを設置する

可用性（availability）は、システムやサービスを利用できる割合を計る尺度です。あるシステムやサービスの可用性が高ければ、利用者はそのシステムやサービスを安心して利用できます。

DNSには、可用性を高めるためのさまざまな仕組みが準備されています。ここで説明する複数台の権威サーバーの設置によるアクセスの冗長化と分散化も、可用性を高めるための仕組みのひとつです。

・権威サーバー間でのゾーンデータのコピー

ここまでの説明ではわかりやすさを優先するため、あるゾーンを管理する権威サーバーは1台でした。しかし、権威サーバーが1台だとそのサーバーが何らかの理由でダウンした場合、そのゾーンの情報を提供できなくなってしまいます。また、権威サーバー1台当たりの処理能力にも限界があります。

そのため、DNSには同じゾーンデータを持つ権威サーバーを複数台設置し、フルリゾルバーからのアクセスを分散させる仕組みがあります。以下では、この仕組みの概要を説明します（詳細は実践編で説明します）。

図4-19　同じゾーンデータを持つ権威サーバーを複数台設置して可用性を高める

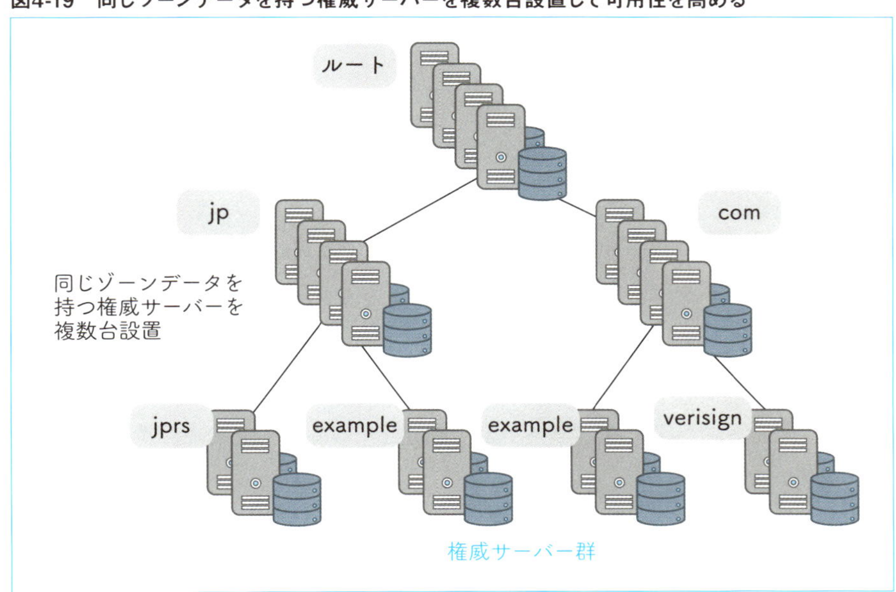

図4-19のように、同じゾーンデータを持つ権威サーバーを複数台設置すると、どの権威サーバーに問い合わせても同じ応答を得ることができます。DNSではこの仕組みを「**ゾーン転送**」で実現できます。

ゾーン転送ではゾーンデータを持つ権威サーバーがコピー元となり、コピー先の権威サーバーはコピー元からゾーンデータを受け取ります。コピー元となる権威サーバーを「**プライマリサーバー**」、コピー先となる権威サーバーを「**セカンダリサーバー**」といいます（**図4-20**）。

図4-20　プライマリサーバーのゾーンデータをセカンダリサーバーにコピーする（ゾーン転送）

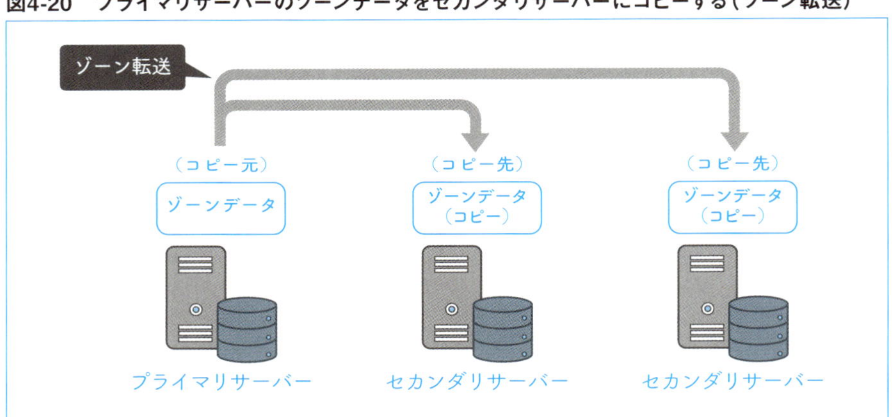

権威サーバーを複数台設置した場合、親に登録される委任情報に複数台の権威サーバーを記載します。**図4-21**ではjpの権威サーバーとしてa.dns.jp ～ h.dns.jpの8台を設置し、それらすべてが同じゾーンデータを持ち、同じ応答を返すように設定しています*1。

この仕組みを採用することで、以下のようなメリットが生まれます。

- 一部の権威サーバーがダウンしても、他の権威サーバーで補うことができる（冗長性の確保）
- フルリゾルバーからのアクセスを、複数台の権威サーバーで分担できる（負荷の分散）

＊**1**　実際のjpではそれぞれの権威サーバーがさらに多重化されており、権威サーバーの合計台数はさらに多くなります。

図4-21　親に登録される委任情報に複数台の権威サーバーを記載する

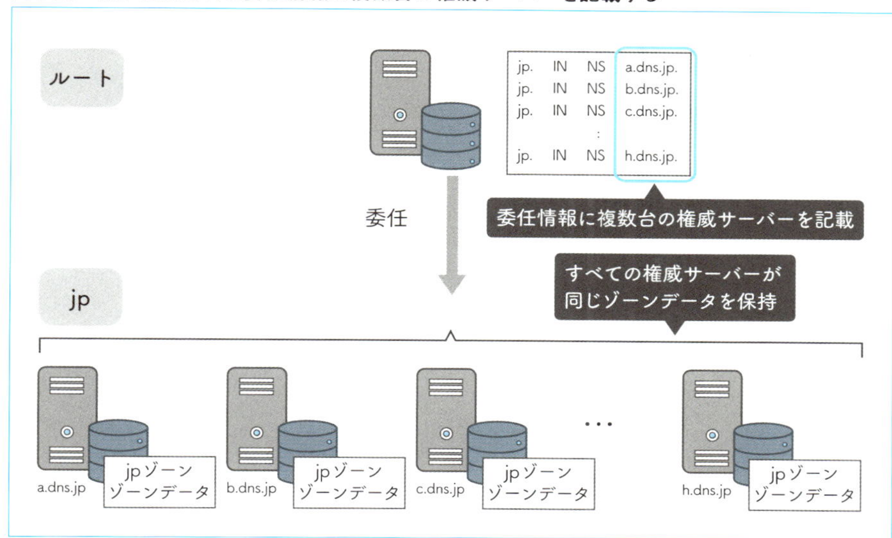

・フルリゾルバーにおける権威サーバーの選択

では、権威サーバーが複数ある場合、フルリゾルバーはどの権威サーバーにアクセスするのがよいでしょうか。

通信では、問い合わせを送ってから応答が返るまでの時間が短いほうが、全体の効率がよくなります。この時間を「**RTT（Round Trip Time、アールティティ）**」といいます（**図4-22**）。

多くのフルリゾルバーは問い合わせる権威サーバーが複数ある場合、それらのRTTをチェックし、RTTがより短かった権威サーバーに優先的に問い合わせます（**図4-23**）。こうすることで、名前解決にかかる時間の短縮を図っています。

図4-22　問い合わせを送ってから応答が返るまでの時間がRTT

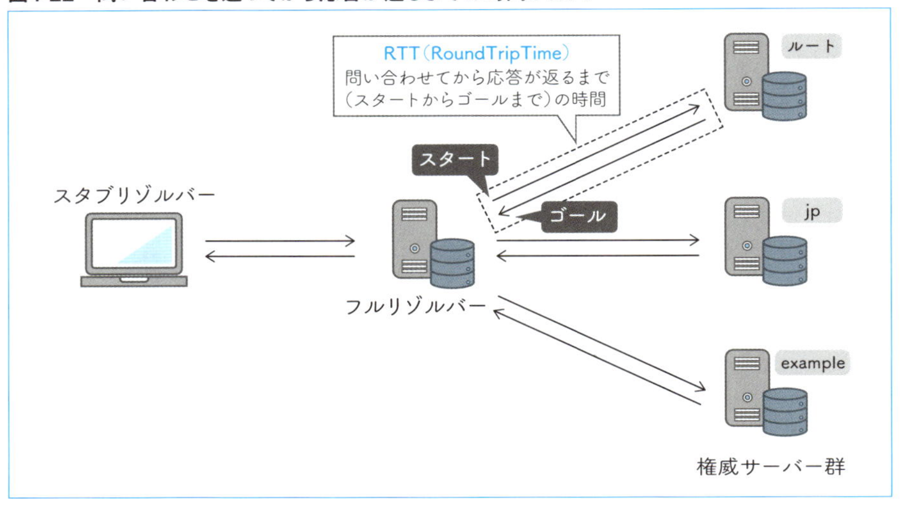

図4-23　RTTが短い権威サーバーに優先的に問い合わせて名前解決の時間短縮を図る

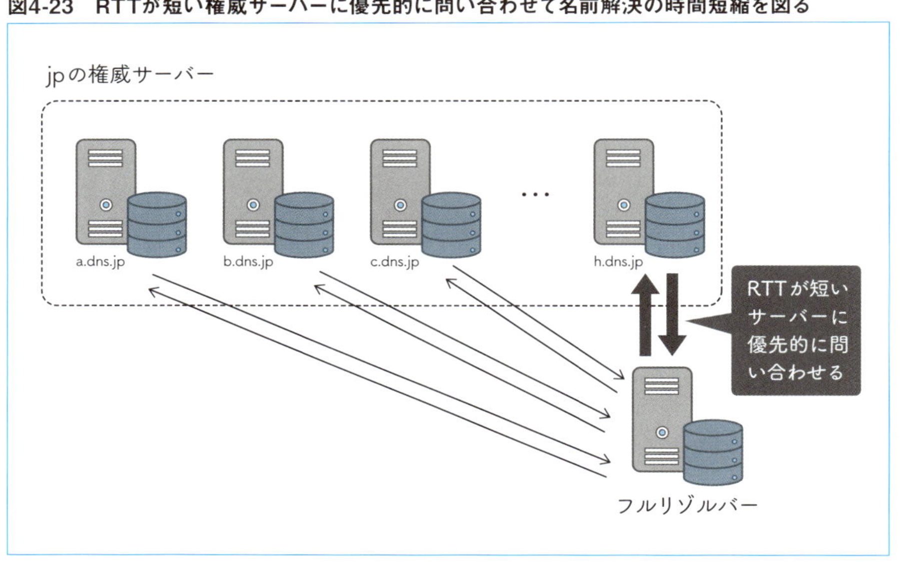

CHAPTER4
Basic
Guide to
DNS

04 正引きと逆引き

ここまで、「ドメイン名に対応するIPアドレスを検索する」場合の流れを説明してきました。DNSではこれを「**正引き**」といいます。DNSにはこの逆の「IPアドレスに対応するドメイン名を検索する」機能もあり、これを「**逆引き**」といいます（**図4-24**）。

逆引きは利用者からのアクセスを受けた側が、アクセス元を確認する際に使います。

図4-24　正引きと逆引き

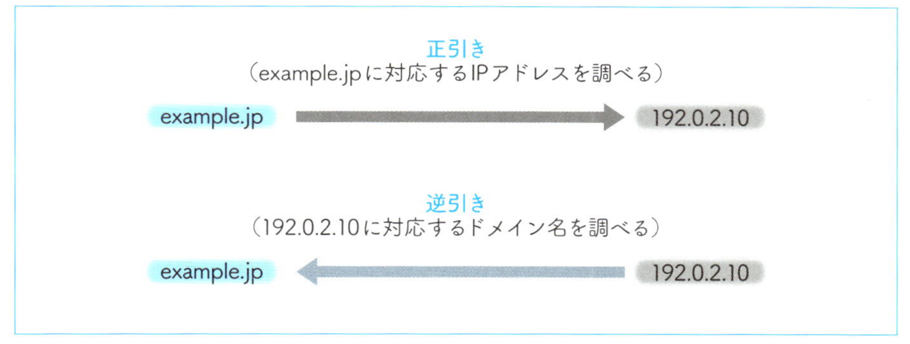

逆引きDNSの設定例は、アドバンス編で紹介します。

実践編

Practical
Guide to
DNS

CHAPTER5
自分のドメイン名を設計する

この章では、最初に実践編の各章で説明する内容を紹介します。次にDNSを動かす際に事前に考えるべきドメイン名とDNSの設計について、具体的な例を使って説明します。

本章のキーワード

- ドメイン名と DNS の設計
- 管理・運用要件
- 親ゾーン
- 子ゾーン
- NS リソースレコード
- A リソースレコード
- AAAA リソースレコード
- MX リソースレコード

CHAPTER5
Practical Guide to DNS

＜実践編の読み方＞

DNSを動かすために必要なこと

前章までは基礎編として、DNSの構成要素はスタブリゾルバー、フルリゾルバー、権威サーバーの3つであり、それぞれの構成要素がそれぞれの役割を果たすことで動作するシステムであることを説明しました。DNSを安定運用するには、それぞれの構成要素が連携して、円滑に動くことが必要です。

ここからの実践編では、DNSの構成要素を動かして、以下を実現する方法について学んでいきます。

自分のドメイン名を、インターネットで使えるようにする

権威サーバーを動かすことで、自分のドメイン名をインターネットで使えるようにします。

インターネットで使われているドメイン名を、自分が使えるようにする

フルリゾルバーとスタブリゾルバー、特に**フルリゾルバーを動かす**ことで、インターネットで使われているドメイン名を自分が使えるようになります。

DNSを動かし続け、可用性を高める

権威サーバーやフルリゾルバーは一度動かせばよいのではなく、**問題なく動いているかを確認したり、外部からの攻撃に備えたりして、動かし続ける**必要があります。

自分のドメイン名を、インターネットで使えるようにする

自分のドメイン名をインターネットで使えるようにするには、自身のゾーンを管理する権威サーバーを動かす必要があります。

権威サーバーを動かすには、以下の２つのステップが必要です。

1）自分のドメイン名をどう管理するかを設計する

2）自分のゾーンを管理する権威サーバーを設定・公開・運用する

前者は本章の次節から、後者は6章「自分のドメイン名を管理する ～権威サーバーの設定～」で説明します。

インターネットで使われているドメイン名を、自分が使えるようにする

インターネットで使われているドメイン名を自分が使えるようにするには、自組織の利用者が使うフルリゾルバーを動かし、名前解決サービスを提供する必要があります。

フルリゾルバーの設定・公開・運用については、7章「名前解決サービスを提供する ～フルリゾルバーの設定～」で説明します。

DNSを動かし続け、可用性を高める

権威サーバーやフルリゾルバーは他者（権威サーバーはフルリゾルバー、フルリゾルバーはスタブリゾルバー）にサービスを提供しているため、サービスを動かし続ける、つまり、可用性（4章03「DNSの処理の効率化と可用性の向上」（p.87）を参照）を高めることが必要です。

DNSを動かし続けるには、定期的・継続的な動作確認が必要です。動作確認の方法には、コマンドを使ったヘルスチェックやトラブルシューティング、外部のチェックサイトの利用などがあります。これらは8章「DNSの動作確認」で説明します。

また、近年、DNSを狙ったさまざまなサイバー攻撃が発生しており、DNSの可用性を脅かす大きな脅威となっています。DNSの特性を利用してサイバー攻撃の効果を高める、つまり、DNSをサイバー攻撃の手段として利用する事例も報告されています。

DNSを安定運用するにはこれらの内容について理解し、対策しなければなりません。DNSを狙ったサイバー攻撃の概要と対策は、9章「DNSに対するサイバー攻撃とその対策」で説明します。

最後に、権威サーバーとフルリゾルバーそのものの信頼性向上やDNSが提供する情報の信頼性向上のために考慮すべき項目について、10章「よりよいDNS運用のために」で説明します。

CHAPTER5
Practical Guide to DNS

02 ドメイン名を設計するための基本的な考え方

ここから、自分のドメイン名を設計する方法について説明していきます。

ここでいう設計とは、何かを動かすために必要な項目や機能を事前に検討・整理し、そのための準備を整えることです。自分のドメイン名をインターネットで使えるようにしたいと思ったとしても、いきなり具体的な設定を始めるわけにはいきません。具体的な設定を始める前に「ドメイン名をどのような形でどう管理したいのか」を十分に考え、はっきりさせておく必要があります。

例えば、Webによるサービス提供を主な事業とする企業が利用者に提供するサービスを数多く運用しており、1つの階層では管理しきれないほどの大量のホストが組織内にある場合、サービスごとにサブドメインを設定して管理を分割することが考えられます。また、企業などのドメイン名の利用方法として、ある部門に自分たちが扱うサービスのドメイン名を独自に管理したいという要望がある場合、そのサービスのためのサブドメインを委任したり、そのサービス専用のドメイン名を新規に登録したりすることなどが考えられます。

このような、ドメイン名とDNSを設計するために必要な組織内の要望を集め、それらの要望を実現するための要件やルールを決める作業には、十分な時間をかけましょう。ここでは、ドメイン名の設計に影響を及ぼすサブドメインの作成と利用についてイメージしやすいように、以下に具体例とその対応例をいくつか示します。

・【具体例 1】運用しているサービスやサーバーの数が少ない

例えば、外部に公開するサービスがWebサイトとメールのみで、サーバーも数台しか運用していない場合には、サブドメインを作成せず、階層構造を持たないフラットな管理をするという対応になることが多いでしょう（**図5-1**）。

図5-1　サブドメインを作成せず、階層構造を持たないフラットな管理をする

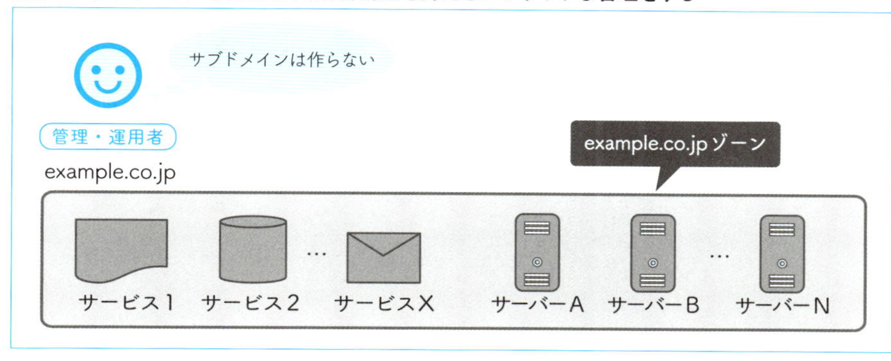

・【具体例 2】ある部門に独自のサブドメインを使いたいという要望があり認めることになったが、ドメイン名の管理は分割せず、システム部門が全体を管理する

例えば、部門専用のシステムがあり、サブドメインを作成してそのシステムを区別できるようにする場合には、その部門専用のサブドメインを作るが、委任はしないといった対応となるでしょう（**図5-2**）。

図5-2　サブドメインを作成するが、委任はしない

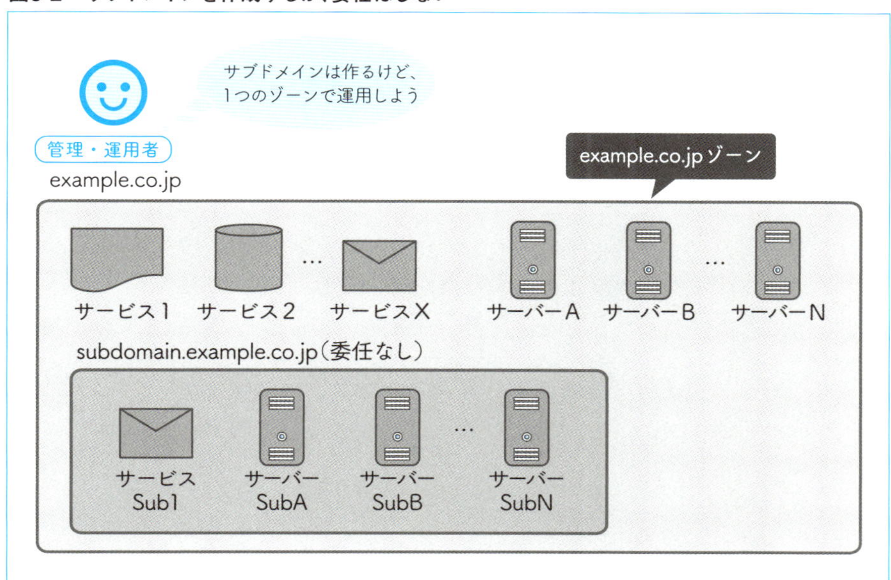

・【具体例 3】ある部門で独自のサブドメインを使ってサービスサイトの運営をすることになり、そのサービスサイトのサブドメインの管理もその部門に任せることになった

この場合は、そのサービス専用のサブドメインを作り、ゾーンの管理を委任することで、その部門がそのサブドメインを管理できるようにします（**図5-3**）。

図5-3　サブドメインを作成し、ゾーンの管理を委任する

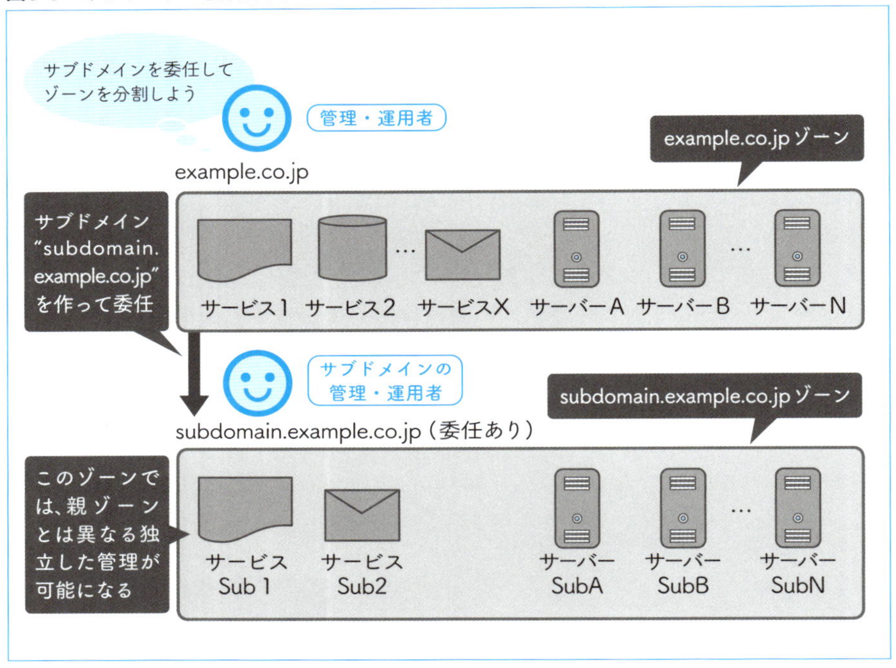

次節ではこれらの例を参考に、あなたがその会社（EXAMPLE社）のシステム部門の担当者になったという前提で、ドメイン名とDNSの設計について説明します。

CHAPTER5
Practical Guide to DNS

EXAMPLE社を例にした設計・構築

ドメイン名とDNSの具体的な設計を見ていきましょう。ここでは、以下のシナリオを想定しています。

- あなたはEXAMPLE社のシステム部門でサーバーとネットワークの管理をしている
- このたび、EXAMPLE社では独自のドメイン名「example.co.jp」を登録し、そのドメイン名を使って、全社的な管理をすることになった

EXAMPLE社全体のドメイン名を管理するためにどのような項目を考え、どう設計を進めていけばよいのかについて、例を使って順に説明していきます。

ドメイン名をどう管理・運用するかを定める

まず、このドメイン名を使って実現したいことを考えましょう。会社としてexample.co.jpをどう管理し、最終的にどんな状態にしたいか、社内の要望を踏まえて検討し、リストにします（**図5-4**）。

図5-4　EXAMPLE社の管理・運用要件

＜EXAMPLE社の管理・運用要件＞

(1) 会社のドメイン名としてexample.co.jpを登録し、システム部門で管理する
(2) www.example.co.jpという名前でWebサイトを公開し、
「ユーザー名@example.co.jp」というメールアドレスを使えるようにする
(3) 社内の各部門のために、サブドメインを用意する。現時点では、営業部門・サポート部門・広報部門のためのサブドメインを用意する
(3.1) 営業部門とサポート部門のサブドメインは、それぞれの部門に管理を委任する
(3.2) 広報部門のサブドメインはシステム部門で管理し、委任しない

この**図5-4**のリストが、example.co.jpの設計を進めるうえでの**管理・運用要件**となります。

以降ではこのリストの内容に従って、ドメイン名とDNSを設計していきます。

(1) 会社のドメイン名としてexample.co.jpを登録し、システム部門で管理する

今回の例ではシステム部門がexample.co.jpを管理するため、example.co.jpでどのような情報を扱いどう運用するかは、管理・運用要件に従い、システム部門が決めることになります。また、example.co.jpのゾーン情報を公開するための権威サーバーを用意し、インターネットからアクセスできるようにする必要があります*1。

ここでは、example.co.jpを登録し、インターネットからアクセスできるようにするために必要な項目を、ゾーンと委任の観点から説明します*2。

jpゾーンの管理者がEXAMPLE社にexample.co.jpというサブドメインを委任する形になるため、具体的には以下のように進みます（2章04「ドメイン名を使えるようにする」（p.44）を参照）（**図5-5**）。

図5-5 jpゾーンの管理者がEXAMPLE社にexample.co.jpというサブドメインを委任

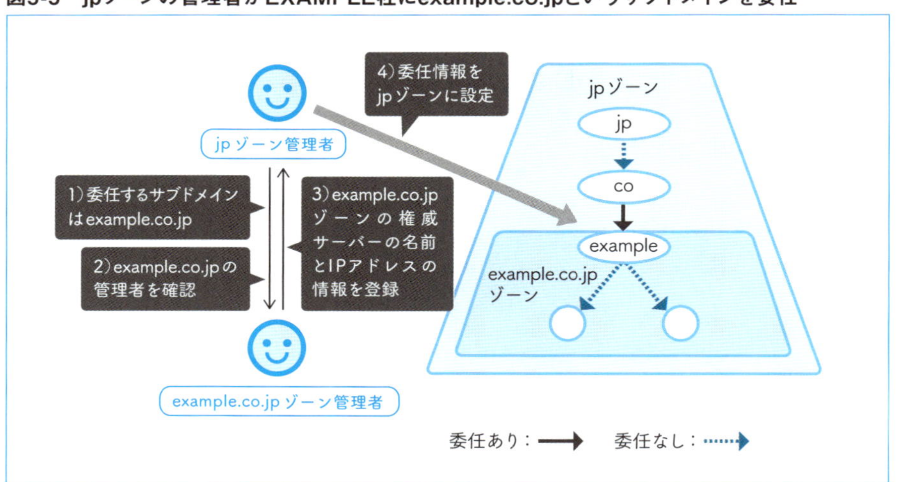

＊1 ― 2章のコラム「外部サービスの利用」（p.47）で紹介したように、自分で権威サーバーを構築するのではなく、外部サービスを利用する方法もあります。

＊2 ― example.co.jpゾーンの中身、つまり、ゾーンに記述する**リソースレコード**の具体的な内容については、6章以降で説明します。

1）jpが委任するサブドメインはexample.co.jpである
2）委任元（jp）は、EXAMPLE社のシステム部門の管理者（あなた）がexample.co.jpの管理者であることを確認する
3）委任元は、委任先の管理者であるあなたからexample.co.jpゾーンの権威サーバーの名前とIPアドレスの情報を受け取る＊3
4）委任元はjpゾーンにexample.co.jpの委任情報を設定する

なお、1章05の「DNSにおける階層化と委任の仕組み」(p.20) で説明したとおり、委任元と委任先は親と子の関係にあります。DNSでは、親子それぞれが管理するゾーンのことを、「**親ゾーン**」、「**子ゾーン**」と呼びます。今回の例では、jpゾーンが親ゾーン、example.co.jpゾーンが子ゾーンとなります（**表5-1**）。

表5-1　今回の例での委任元と委任先の関係

	委任元	委任先
関係	親	子
ゾーンの呼び方	親ゾーン	子ゾーン
具体例	jp	example.co.jp

委任先であるEXAMPLE社から見た場合、委任を受けるために必要な情報を委任元に渡して、委任情報を設定してもらうことになります。子ゾーンへの委任は、親ゾーンの管理者が「対象のサブドメイン（今回の例ではexample.co.jp）を、委任情報を受け取った委任先に委任してよい」と判断したうえで設定されます。この、委任を受けるための情報を委任元（jp）に提供することも、委任先の管理者（あなた）の役割のひとつです。

DNSにおいて、jpゾーンからexample.co.jpゾーンを委任し、名前解決が正しく行われる状態を作るには、委任に関する情報がjpゾーン、example.co.jpゾーンの両方で正しく扱われている必要があります。具体的には、example.co.jpゾーンの権威サーバーの情報が委任元と委任先の両方のゾーンで正しく設定され、かつ、指定されたサーバーが正しく動作している必要があります（**図5-6**）。

もし、委任情報が正しく設定されない場合、親ゾーンであるjpゾーンの権威サーバーがexample.co.jpゾーンの委任を案内できなくなってしまいます。この場合、

＊**3**—レジストラ（指定事業者）経由で受け取ります。

図5-6　jpゾーンの権威サーバーがexample.co.jpゾーンの委任を案内できるようにする

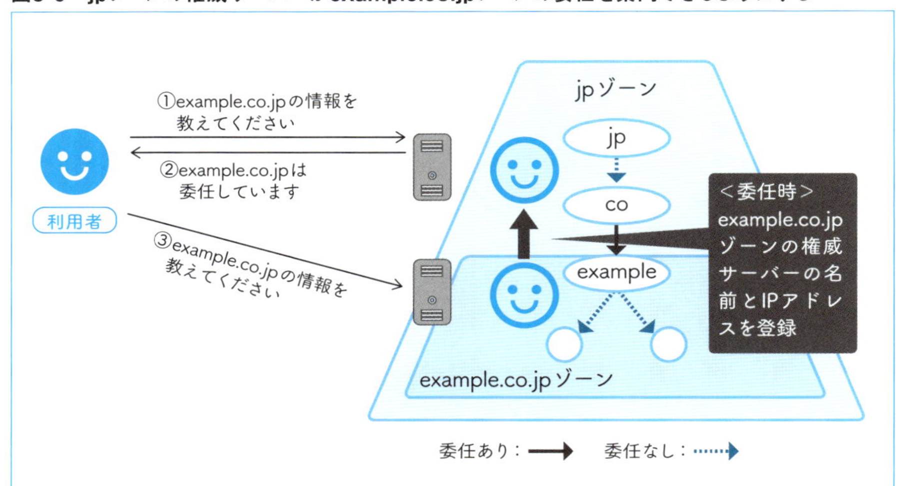

委任先であるexample.co.jpの権威サーバーを正しく設定し、動作させていたとしても、example.co.jpを利用できない状況になってしまいます（3章03の「委任情報の登録」（p.64）を参照）。

また、運用上の都合でexample.co.jpの権威サーバーのホスト名やIPアドレスを変更しなくてはならなくなった場合、委任元（jp）の委任情報を更新する必要があります。その際に委任情報を委任元に伝え、正しい委任情報を維持することも、委任先の管理者（あなた）の重要な役割のひとつです。

そして、example.co.jpのサブドメインを作って別の部門に委任する場合、あなたは委任元の立場になり、委任先の管理者に同じことをしてもらう必要があります。DNSにおける名前解決が正しく動くようにするためには、どの階層で行う委任であっても、その原理に変わりはありません。

委任情報は**NSリソースレコード**によって設定します。

DNSでは、親ゾーンと子ゾーンの双方に、同じ内容のNSリソースレコードを設定する必要があります。親ゾーンに設定されるNSリソースレコードはそのドメイン名が委任されていることを示し、委任先の権威サーバーを案内するために使われます。そして、子ゾーンでも同じNSリソースレコードを設定し、自身のゾーンの権威サーバーを指定します。

本章のそれぞれリソースレコードの具体的な内容については、6章で説明します。

（2）www.example.co.jpという名前でWebサイトを公開し、「ユーザー名@example.co.jp」というメールアドレスを使えるようにする

example.co.jpゾーンがjpゾーンから委任されることで、example.co.jpドメインをどのように管理するかは、example.co.jpの管理者に任されることになります。ここでは、Webとメールを例にとり、権威サーバーにどのような情報を設定するのかを簡単に説明します（**図5-7**）。

まず、EXAMPLE社の公式Webサイトとして、www.example.co.jpというWebサーバーを公開する場合を考えます。そのためにはWebサーバーを用意した後、example.co.jpの権威サーバーにwww.example.co.jpというドメイン名を用意し、IPアドレスの情報を設定する必要があります。

IPはIPv4とIPv6の2種類があるため、必要に応じて**Aリソースレコード**（IPv4アドレス）と**AAAAリソースレコード**（IPv6アドレス）を設定します。これで、

図5-7　example.co.jpで動かすサービスに応じて、権威サーバーにリソースレコードを設定する

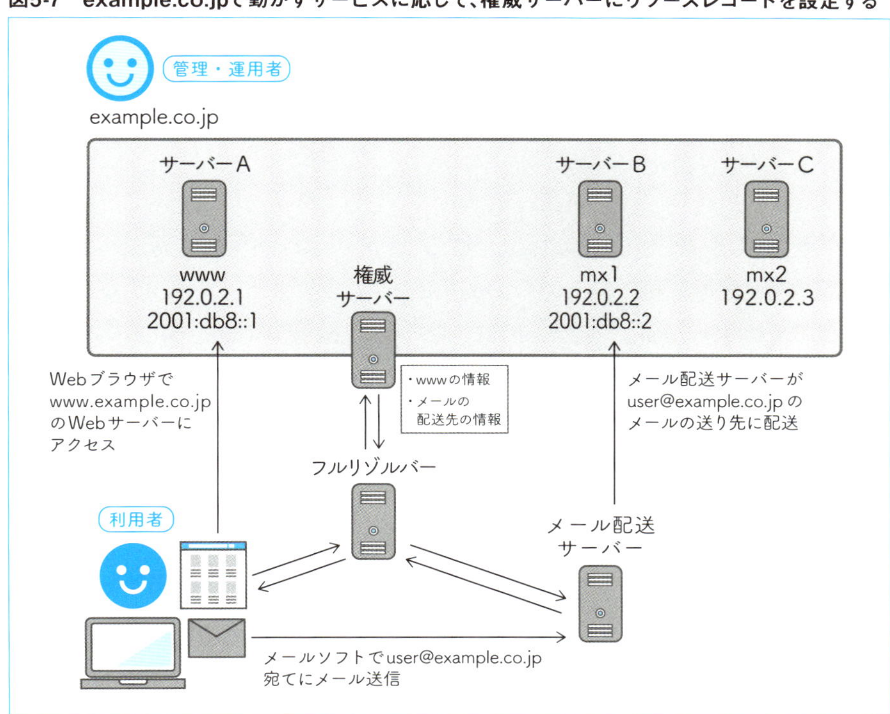

権威サーバーはフルリゾルバーにwww.example.co.jpのIPアドレスを教えることができるようになり、EXAMPLE社の公式Webサイトを公開できます。

次に、EXAMPLE社の社員が「ユーザー名@example.co.jp」というメールアドレスを使えるようにするための設定をします。そのためにはexample.co.jpのメールサーバーを用意した後、指定したドメイン名のメールを受け取れるようにするための情報をexample.co.jpの権威サーバーに設定する必要があります。

メールの宛先は、MXリソースレコードとして設定します。メールサーバーを自分のドメイン名で設定する場合、そのメールサーバーのIPアドレス、つまりAやAAAAも、先ほどのWebサーバーと同じように設定する必要があります。

図5-7に示したように、「ユーザー名@example.co.jp」宛てのメールが送られると、メールを配送するプログラムがDNSでexample.co.jpのMXリソースレコードを問い合わせ、メールの送信先を見つけます。そして、送信先のメールサーバーのIPアドレスを再度DNSに問い合わせ、そのメールサーバーにメールを配送します。

このように、example.co.jpで動かすサービスに対応する形で、example.co.jpの権威サーバーに必要な情報を設定していくことが、管理者（あなた）の仕事のひとつとなります。ここで紹介したWebやメール以外にもドメイン名はさまざまな用途で使われるため、それに応じたリソースレコードをexample.co.jpゾーンに設定していくことになります。

(3) 社内の各部門のために、サブドメインを用意する

EXAMPLE社の社内はさまざまな部門に分かれています。社内からの要請で、営業部門・サポート部門・広報部門については、example.co.jpのサブドメインを用意することになりました。DNSの設計の中には、サブドメイン名をどうするかということも含まれます。

サブドメインには、それぞれ異なるラベルを付ける必要があります。このラベルの付け方も設計の一環です。部門の名前、略称、用途、番号など、何を用いてもよいですが、使う人が見たときにわかりやすいものを使い、管理する側にとってもわかりやすいようにすることが望ましいでしょう。こうした名前付けには、何らかのルールを設けることが有効です。ここでは、各部門の英語表記をもとにした、**表5-2**のラベルを使うことにします。

表5-2 EXAMPLE社における各部門のラベル

部門名	英語表記	ラベル
営業部門	Sales Division	sales
サポート部門	Support Division	support
広報部門	Public Relations Division	info

・(3.1) 営業部門とサポート部門のサブドメインは、それぞれの部門に委任する

サブドメインを作った場合、それをどう運用するかを決めるのもドメイン名の管理者(あなた)の仕事です。自分で運用を行うか、各部門に管理を委任するかでDNSの設計が異なってきます。

サブドメインの管理をその部門に任せるのであれば、それぞれの部門に委任します。jpからexample.co.jpの委任を受けたときと同様、適切な委任先に委任するために必要な作業を実施してもらう必要があります。

つまり、example.co.jpのサブドメインを委任するには、委任するサブドメインを決め、委任先の管理者を確認し、その管理者から委任先のゾーン情報を提供する権威サーバーの情報を受け取る必要があります。ここでは、sales.example.co.jpを営業部門に、support.example.co.jpをサポート部門に委任するため、それぞれの委任先の管理者を確認し、委任先の権威サーバーの情報を受け取ることになります。

サブドメインを委任した場合、委任先の運用状況の変更に対応する形で委任情報を更新できるようにしておく必要があります。**つまり、システム部門がexample.co.jpのレジストリの役割を担うことになります。**委任に関する親と子の関係はどの階層でも同じで、円滑な運用を実現するための重要な要素です(**図5-8**)。

・(3.2) 広報部門のサブドメインは委任しない

作成したサブドメインを委任せず、自分で運用することもできます。その場合は、委任しない部門が出してくるリクエストにより、ゾーンの内容を自分で管理することになります。

EXAMPLE社では、広報部門が使うinfo.example.co.jpがこれに当たります。info.example.co.jpというサブドメインに、広報部門専用のWebサーバー www.info.example.co.jpを用意したり、メーリングリストを運営するためにメールサーバーml.info.example.co.jpでメールを受け取れるようにするなど、どんなラベルをどん

図5-8　サブドメインを委任する場合は、委任元がレジストリの役割を担う

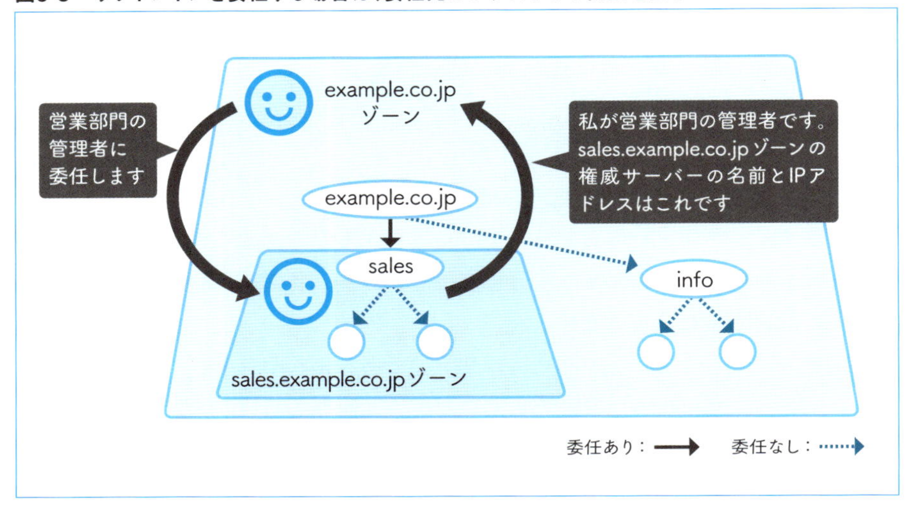

な用途で使い、どう設定するかといった情報を広報部門から受け取り、example.co.jpゾーンに設定することが管理者（あなた）の仕事になります。

サブドメインを委任する場合と委任しない場合の分担の違いについて、**表5-3**にまとめます。

表5-3　サブドメインを委任する場合と委任しない場合の分担の違い

サブドメインで実施する事項	委任する場合（この例ではサポート部門）	委任しない場合（この例では広報部門）
設定するドメイン名を決める	サポート部門が行う	広報部門が行う
ドメイン名の用途を決める	サポート部門が行う	広報部門が行う
ドメイン名の用途に応じた設定をする	サポート部門が行う	システム部門が行う
権威サーバーを運用する	サポート部門が行う	システム部門が行う

広報部門から見た場合、自身が利用したい内容についてシステム部門に逐一依頼する形となります。しかし、ゾーンの管理や権威サーバーの運用の責任を負わずに済むという点は、メリットとも取れます。

以上、ドメイン名とDNSの設計について、EXAMPLE社を例として説明しました。ドメイン名とDNSを管理するために必要な項目とその考慮点について、具体的なイメージをつかんでいただけたのではないでしょうか。

実践編

Practical
Guide to
DNS

CHAPTER6

自分のドメイン名を管理する〜権威サーバーの設定〜

この章では、自分のドメイン名を管理するために必要な、権威サーバーの設定について説明します。

本章のキーワード

・ゾーンの管理　・ゾーン転送　・AXFR
・IXFR　・DNS NOTIFY　・SOAリソースレコード
・SERIAL　・ゾーンカット　・ゾーン頂点
・絶対ドメイン名　・相対ドメイン名
・完全修飾ドメイン名（FQDN）　・NSリソースレコード
・グルーレコード　・Aリソースレコード　・AAAAリソースレコード
・MXリソースレコード　・CNAMEリソースレコード
・TXTリソースレコード　・SPF
・リソースレコードセット（RRset）　・ゾーンファイル
・PTRリソースレコード

CHAPTER6
Practical Guide to DNS

01 ドメイン名の管理者が管理する範囲と権威サーバー

この章では、5章で学んだドメイン名とDNSの設計をふまえて、自分のゾーンを管理する権威サーバーを設定する方法について説明していきます。

基礎編で説明したように、ドメイン名の管理者は自分のドメイン名のゾーンと、自分が委任したゾーンの委任情報を管理します。これが、ドメイン名の管理者が管理する範囲です。本章の説明では、管理対象のドメイン名を「example.jp」とします。

委任されたドメイン名は、委任先が自らの利用の都合に合わせて管理できます(**図6-1**)。例えば、www.example.jpというWebサーバーを用意してもよいですし、mail.example.jpというメールサーバーを用意してもよいです。また、委任されたドメイン名にサブドメインを作ることもできます。info.example.jpというサブド

図6-1　example.jpゾーンの管理の例

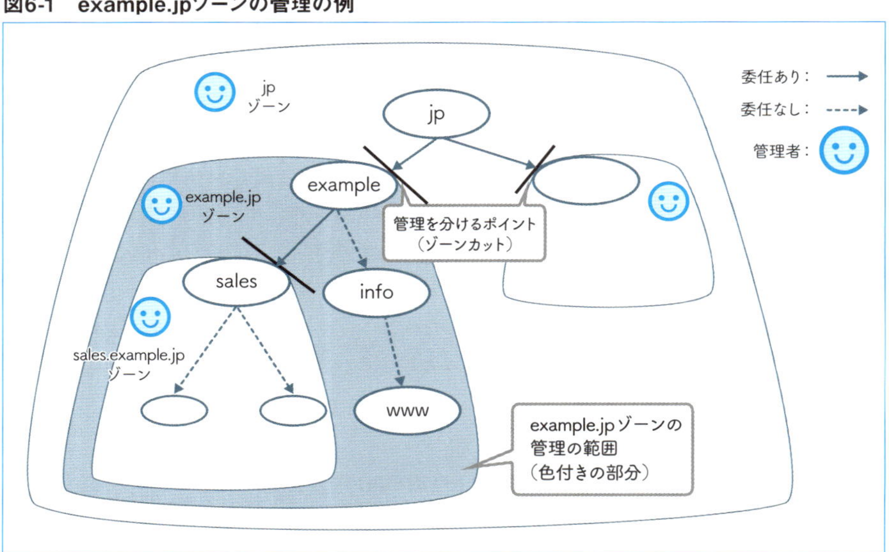

メインを作り、そのサブドメインにwww.info.example.jpというWebサーバーを作るといったことも可能です。これらの情報はすべてリソースレコードとして、ゾーンに設定されます。

作成したサブドメインを、別の管理者に委任することもできます。sales.example.jpというサブドメインを作って別の管理者に委任した場合、sales.example.jpの管理はexample.jpから分離されます。つまり、www.sales.example.jpというWebサーバーのドメイン名はexample.jpの管理者ではなく、委任を受けたsales.example.jpの管理者が作成することになります。この場合、「sales.example.jpというサブドメインを○○に委任している」という情報（委任情報）までが、example.jpが管理する範囲になり、ゾーンに設定されます。

このように、ドメイン名はサブドメインの作成と他者への委任によって別のゾーンに分割され、複数の管理者により分散管理されます。分割されたゾーンは、それぞれの管理者が運用する権威サーバーにより、インターネットに公開されます。

5章で説明したように、ドメイン名を円滑に運用するためには親子間での委任を正しくつなぎ、それぞれのゾーンデータを正しく設定する必要があります（**図6-2**）。

図6-2　親子間での委任を正しくつなぎ、それぞれのゾーンデータを正しく設定する

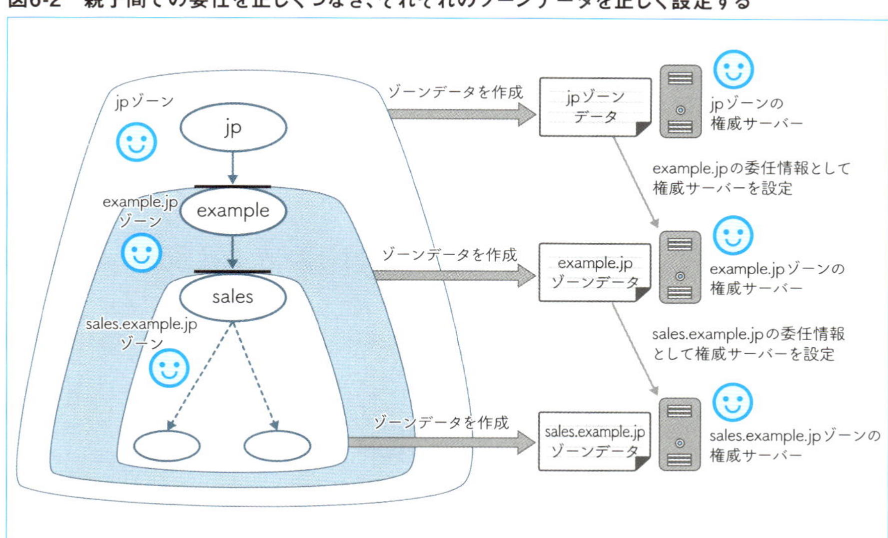

CHAPTER6
Practical
Guide to
DNS

02 権威サーバーの可用性

ここでは、4章で説明したゾーン転送による権威サーバーの可用性の向上について、詳しく説明します。

DNSには、権威サーバーを冗長化する仕組みが初めから含まれています。あるゾーンを管理する権威サーバーを複数台設置することがこれに当たります。権威サーバーはDNSの仕組みとしては1台だけでもかまいませんが、冗長化による可用性の向上のために複数台設定することが推奨されています。

プライマリサーバーとセカンダリサーバー

4章03の「複数台の権威サーバーを設置する」(p.91)で説明したように、ゾーン転送においてコピー元となる権威サーバーがプライマリサーバーです。プライマリサーバーからゾーンデータのコピーを受け取る権威サーバー、つまり、コピー先となるサーバーがセカンダリサーバーです(**図6-3**)。

図6-3　プライマリサーバーとセカンダリサーバーでゾーンデータを共有

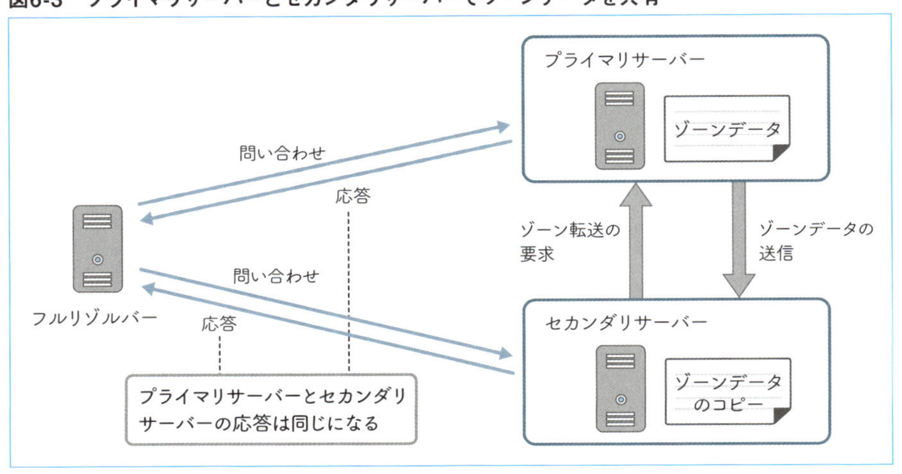

ゾーン転送は、プライマリサーバーがセカンダリサーバーからゾーン転送の要求を受け、プライマリサーバーが要求されたゾーンデータをそのセカンダリサーバーに送るという手順で行われます。セカンダリサーバーはプライマリサーバーから受け取ったゾーンデータを使って、フルリゾルバーからの問い合わせに応答します。

ゾーン転送によって、プライマリサーバーとセカンダリサーバーは同じゾーンデータを共有します。よって、プライマリサーバーとセカンダリサーバーは、そのゾーンに対する問い合わせに対して、同じ応答をします。この、同じ応答をするという点は重要で、フルリゾルバーから見た場合、プライマリサーバーとセカンダリサーバーに区別はありませんし、区別をする必要もありません。実際、権威サーバーを設定するNSリソースレコードには、プライマリサーバーとセカンダリサーバーを区別するための情報は存在しません。

ゾーン転送の仕組み

ゾーン転送には、ゾーンのすべての情報を送る「**AXFR**（Authoritative Transfer)」と、あるバージョンからの差分のみを送る「**IXFR**（Incremental Transfer)」の2種類があります（**図6-4**）。サイズの大きなゾーンになればなるほ

図6-4　2種類のゾーン転送

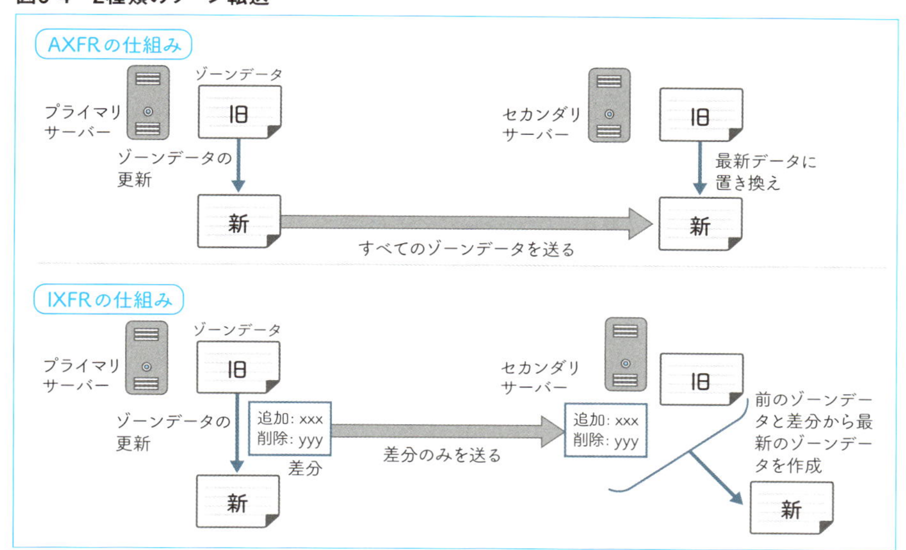

ど、AXFRによるゾーン転送には時間と負荷がかかります。特に理由がない限り、セカンダリサーバーはIXFRを用いた差分情報によるゾーン転送を要求することが望ましいです。

プライマリサーバーでゾーンデータが更新されると、プライマリサーバーは「**DNS NOTIFY**」と呼ばれる仕組みを用いて、ゾーンデータの更新があったことをセカンダリサーバーに通知します。この際、DNS NOTIFYを送るセカンダリサーバーのリストをプライマリサーバーに事前に登録しておきます[*1]。

セカンダリサーバーはDNS NOTIFYを受け取ると、プライマリサーバーに対して該当するゾーンの**SOAリソースレコード**を問い合わせます。得られたSOAリソースレコードの**SERIAL**の値と自身の持つゾーンデータのSOAリソースレコードのSERIALの値を比較し、得られたSERIALの値が自身の持つ値よりも大きい、つまり、プライマリサーバーが新しいゾーンデータを持っていることが確認できた場合、プライマリサーバーにゾーン転送を要求して、最新のゾーンデータに更新します（**図6-5**）[*2]。

DNS NOTIFYとIXFRを組み合わせることで、プライマリサーバーとセカンダリサーバー間のゾーンデータの同期を、短時間かつ低負荷で実現できます。

図6-5　更新の通知からゾーンデータ更新までの流れ

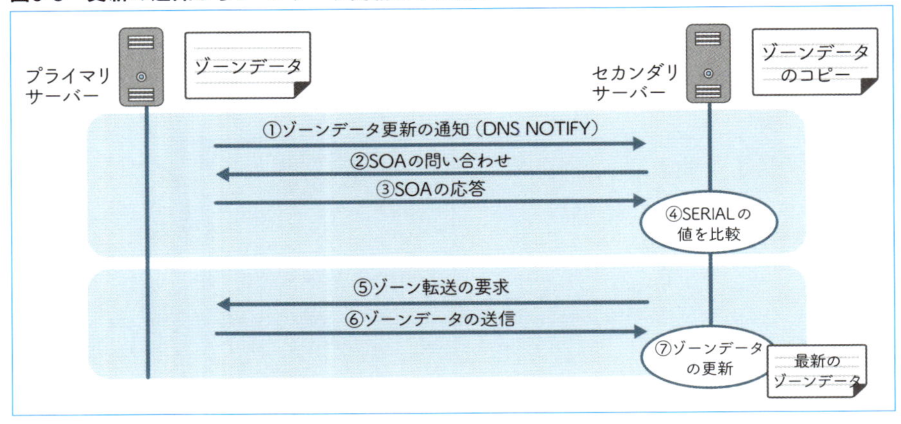

＊**1** — DNSサーバーソフトウェアの種類によっては、自分が持つゾーンデータのNSリソースレコードからDNS NOTIFYを送るセカンダリサーバーのリストを自動作成するものがあります。しかし、設定ファイルにセカンダリサーバーのリストを書き、権威サーバーが変更された際にリストをきちんとメンテナンスするほうが、より安定してゾーン転送を運用できます。

＊**2** — SOAリソースレコードの内容とSERIALの値については、6章04「ドメイン名の管理と委任のために設定する情報」（p.120）で説明します。

プライマリサーバーとセカンダリサーバーの配置

利用者からのアクセスが多いドメイン名やルートサーバーなど、冗長性の確保のために多数の権威サーバーを公開する必要がある場合、プライマリサーバーをセカンダリサーバーへのゾーン転送のコピー元としてだけ使い、利用者からの問い合わせは受け付けないように構成することがあります（**図6-6**）。

これにより、プライマリサーバーの負荷を低減し、かつマスターとなるデータを持つサーバーへのアクセスを制限できます。不特定多数の利用者からのアクセスを遮断し、そのIPアドレスを外部には秘密にすることでマスター情報を管理するサーバーに対するサイバー攻撃のリスクを減らすことができ、セキュリティの向上も図れます。

また、プライマリサーバーとセカンダリサーバーは異なる場所、異なるネットワークに別々に置くことが推奨されています。サーバーが1台だとそのサーバーの障害でサービス提供ができなくなるのと同様、単一の場所やネットワークではそのネットワークに障害が発生した場合、設置されているすべての権威サーバーがアクセス不能になり、サービスが提供できなくなることが懸念されるからです。

図6-6　プライマリサーバーをゾーン転送のコピー元としてだけ使う方法

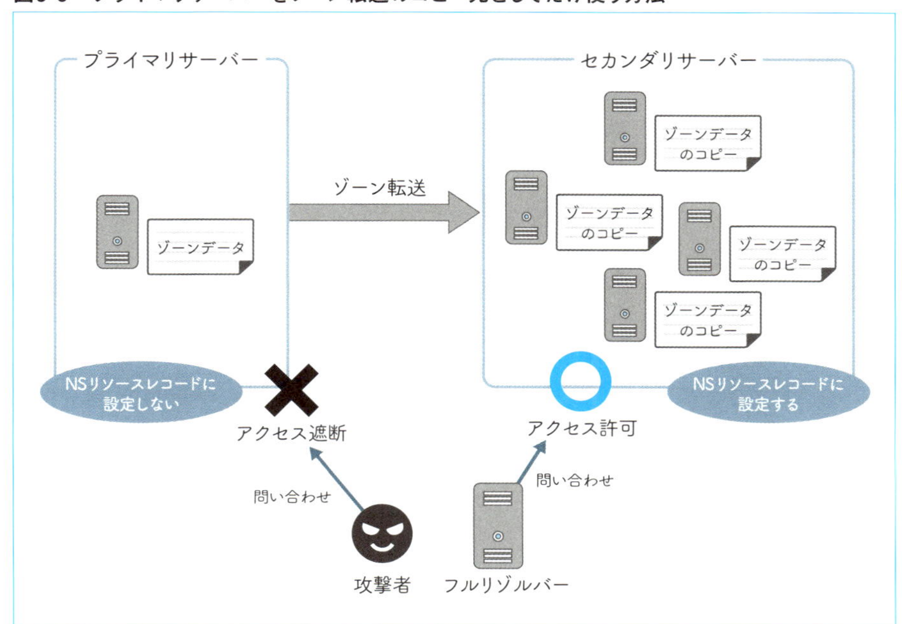

CHAPTER6
Practical Guide to DNS

03 権威サーバーが応答する情報

権威サーバーは管理者が設定したゾーンデータを読み込み、フルリゾルバーからの問い合わせに応答することでサービスを提供します（**図6-7**）。

4章01の「権威サーバーの役割」（p.76）で説明したように、権威サーバーはゾーンデータをリソースレコードの形で保持します。

リソースレコードは、ドメイン名に関連付けられた情報です。リソースレコードには多くの種類があり、タイプによって区別されます。リソースレコードのタイプは、DNSに何の情報を設定するかによって使い分けられます。

リソースレコードの表記フォーマット

リソースレコードをテキスト形式で表現する際のフォーマットは、以下のようになります。

リソースレコードの表記フォーマット

```
ドメイン名　TTL　クラス　タイプ　データ
```

図6-7　権威サーバーは管理者が設定したゾーンデータを読み込み、問い合わせに応答する

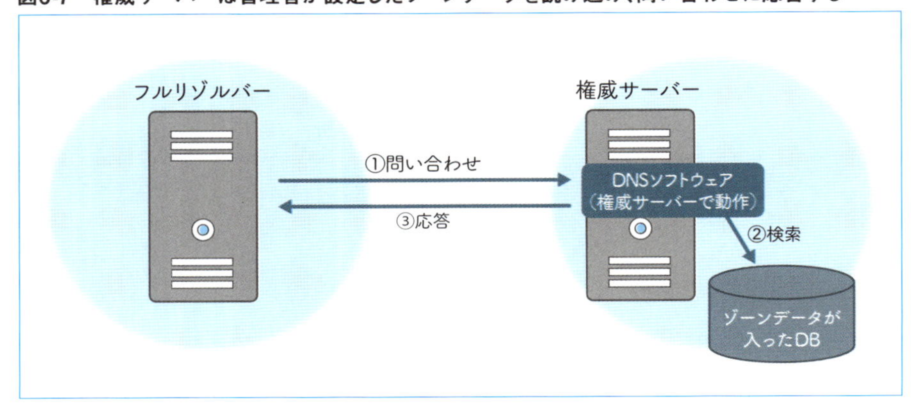

また、以下のように記述を省略できます。

- TTLとクラスは省略できる
- 同じドメイン名に複数のリソースレコードを設定する場合、2行目以降はドメイン名を省略できる

本書では、説明に応じて適宜省略した表現を用いています。

フルリゾルバーからの問い合わせは、ドメイン名と知りたい情報のクラスとタイプを指定して送られてきます。権威サーバーは自身が管理するゾーンデータを確認し、問い合わせに対応するリソースレコードが見つかった場合、応答として返します。よって、権威サーバーのゾーンデータには、管理者が提供したい情報をすべて設定しておく必要があります。

本章で説明するリソースレコード

次節から、さまざまなリソースレコードのタイプと記述方法について説明していきます。本章で説明するリソースレコードは**表6-1**のとおりです。

表6-1　本章で説明するリソースレコード

タイプ	内容	参照
SOAリソースレコード	ゾーンの管理に関する基本的な情報	6章04
NSリソースレコード	委任に関する情報	6章04
Aリソースレコード	ドメイン名に対するIPv4アドレス	6章05
AAAAリソースレコード	ドメイン名に対するIPv6アドレス	6章05
MXリソースレコード	メール配送に関する情報	6章05
CNAMEリソースレコード	ドメイン名に対する正式名	6章05
TXTリソースレコード	任意の文字列	6章06
PTRリソースレコード	IPアドレスに対するドメイン名	コラム「逆引きを設定するためのPTRリソースレコード」(p.136)

CHAPTER6
Practical Guide to DNS

04 ドメイン名の管理と委任のために設定する情報

ここでは、ドメイン名の管理と委任のために設定する、SOAリソースレコードとNSリソースレコードについて説明します。

ゾーンそのものに関する情報 ～ SOAリソースレコード

委任により分割されたゾーンの境目を**ゾーンカット**といい、ゾーンカットの子ゾーン側では、ゾーンカットのドメイン名を**ゾーン頂点**といいます。例えばjpがexample.jpを委任しているとき、example.jpというドメイン名は、example.jpゾーンのゾーン頂点となります（本章の**図6-1**（p.112）を参照）。

ゾーン頂点には、**SOAリソースレコード**を設定します。SOAはStart of Authority、つまり権威の開始を意味しており、委任されたゾーンを管理する際に必要な情報を設定します。

SOAリソースレコードのフォーマットと記述例は、以下のようになります。

SOAリソースレコードのフォーマット

```
ドメイン名    TTL   IN   SOA    MNAME RNAME SERIAL REFRESH RETRY EXPIRE MINIMUM
```

SOAリソースレコードの記述例(；以降はコメントを表す)

```
①     example.jp.     IN SOA      (
②         ns1.example.jp.                 ; MNAME
③         postmaster.example.jp.          ; RNAME
④         2018013001                      ; SERIAL
⑤         3600                            ; REFRESH
⑥         900                             ; RETRY
⑦         604800                          ; EXPIRE
⑧         3600                            ; MINIMUM
⑨         )
```

それぞれの情報の意味は以下のとおりです。見出しの後ろの丸数字は行番号に対応しています。

・example.jp. ……①

このゾーンのドメイン名です。ここでは、**絶対ドメイン名**で記載しています。末尾に"."を付けるのを忘れないようにしてください。絶対ドメイン名については、本章の以下のコラム「絶対ドメイン名、相対ドメイン名、完全修飾ドメイン名が存在する理由」を参照してください。

COLUMN　絶対ドメイン名、相対ドメイン名、完全修飾ドメイン名が存在する理由

ドメイン名の表記方法には複数の形式があり、記載する場面に応じてそれぞれが使い分けられています。

● **絶対ドメイン名（absolute domain name）**

ドメイン名をTLDまで省略なく表記し、末尾にルートを表す"."を付けたドメイン名です。末尾に"."があることで、絶対ドメイン名であることが判別できます。

絶対ドメイン名は表記としては長くなりますが、ルートからのすべてのラベルを含むドメイン名であることを間違いなく表記できるというメリットがあります。

例：www.example.jp.

● **相対ドメイン名（relative domain name）**

ドメイン名を省略して表記したものです。ベースとなるドメイン名が定まっている状態で、そのドメイン名からの相対位置で話をする場合に利用されます。

相対ドメイン名はベースとなるドメイン名が定まっている状態であれば、ドメイン名を短くした形で表記できます。また、ベースとなるドメイン名を指定せずに、そのゾーン内のドメイン名であることを示す場合にも使われます。

例：example.jpの話をしている状態における、"www"や"mx1"など

● **完全修飾ドメイン名（FQDN、fully qualified domain name）**

TLDまでのすべてのラベルを含むドメイン名です。絶対ドメイン名と異なり、末尾に"."を付けるかどうかは、記載を行う場面によって使い分けられます。

URLやメールアドレスの表記など、すべてのラベルを含む情報を必ず書くことが前提となる場合、末尾の"."を付けないことが一般的です。

例：www.example.jp

絶対ドメイン名と相対ドメイン名は表記上の違いがあるため、混在して使うことがありますが、完全修飾ドメイン名を他の表記方法と混在して使うことはほとんどありません。

・IN SOA ……①

クラスとタイプです。

クラスには**IN**（Internet、インターネット）を設定します。DNSのクラスについては4章のコラム「DNSのクラス」（p.77）を参照してください。

タイプにはこの項で説明している、SOAを設定しています。

なお、クラスの前にTTLを書くことができますが、ここでは省略しています。

・MNAME ……②

そのゾーンのプライマリサーバーのホスト名です。

・RNAME ……③

そのゾーンの管理者のメールアドレスです。このメールアドレスは、利用者がそのゾーンの管理者に連絡を取りたい場合に使うことになります。RNAMEに設定するメールアドレスは、「@」を「.」に置き換えて設定します。例えば「postmaster@example.jp」を設定する場合、RNAMEには「postmaster.example.jp.」と記述します。メールアドレスを表現している値ですが、絶対ドメイン名で記載する場合、末尾に"."を付けるのを忘れないようにしてください。

続く3つの数値は、ゾーン転送の挙動をコントロールするための情報です。

・SERIAL ……④

ゾーンデータのシリアル番号が入ります。セカンダリサーバーは、自身が持つゾーンデータのシリアル番号より大きいシリアル番号を持つゾーンがあることを確認すると、ゾーン転送を要求してゾーンデータの更新を行います。

今回の例では、ゾーンデータを更新した年（4桁）、月（2桁）、日（2桁）に、その日における更新回数（2桁）をつなげた形式を用いています。

ゾーンデータを更新した場合、前のSERIALの値よりも大きな数になるように値を更新します*1。プログラムによってゾーンデータを管理する場合は、コンピューターの時刻表現のひとつであるUNIX時間を用いることもあります。

・REFRESH ……⑤

ゾーンデータの更新を自発的に始めるまでの時間です。セカンダリサーバーは、前回の確認からここで設定された時間が経過すると、DNS NOTIFYによる通知を受けていなくても、ゾーンデータの更新がないかを確認します。現在持ってい

＊1—SERIALの値を小さくする方法は、RFC 1982に記載されています。本書では説明を省略します。

るものよりも新しいゾーンデータが見つかった場合、ゾーン転送を試みます。

SOAリソースレコードに設定される時間は秒単位で設定します。今回の例では、3,600秒（1時間）となります。

・RETRY ……⑥

ゾーンデータの更新が失敗した際に、再度更新を試みるまでの時間です。更新の失敗が続く場合、さらにここで設定された時間を待ったうえで更新を試み、成功するまで繰り返します。

今回の例では、900秒（15分）となります。

・EXPIRE ……⑦

ゾーンデータの更新の失敗が続く場合、成功するまで繰り返しますが、ここで設定した時間をかけても成功しなかった場合、持っているゾーンデータを期限切れにします。ゾーンデータが期限切れになると、セカンダリサーバーはゾーンデータを持たない状態になり、該当するゾーンに関する問い合わせに対し、適切な応答ができなくなります。この状態になった場合、権威サーバーとして問い合わせに応答するという役割を果たせなくなりますが、ゾーンデータの更新ができないという異常な状態において、古すぎるデータが利用され続けることを防ぎます。

今回の例では、604,800秒（7日）となります。

次の情報はフルリゾルバーに対して、応答した情報の扱いを設定するものです。

・MINIMUM ……⑧

ここで設定する値は、フルリゾルバーが問い合わせを行ったドメイン名/タイプが存在しない旨の応答を権威サーバーから受け取った際に、存在しないという情報、つまり、4章03の「キャッシュとネガティブキャッシュ」（p.87）で説明したネガティブキャッシュを保持してよい時間（ネガティブキャッシュのTTL）です。

存在するドメイン名/タイプに対する応答には個別にTTLが付与され、フルリゾルバーはTTLの設定内容により、応答をキャッシュします。これに対し、存在しないドメイン名/タイプについては、一律このSOAリソースレコードのMINIMUMで設定される値の期間、存在しないという情報がキャッシュされます。

今回の例では、3,600秒（1時間）となります。

なお、ネガティブキャッシュのTTLとして実際に使われるのは、**SOAリソースレコード自身のTTLとSOAのMINIMUMのうち、小さいほうの値**となります。

ここまで、SOAリソースレコードについて説明しました。このように、SOAリソースレコードにはゾーンの管理に関する基本的な情報が設定されています。

委任に関する情報 ～ NSリソースレコード

委任に関する情報は、**NSリソースレコード**で設定します。NSリソースレコードは、ゾーンカットの親側と子側の双方のゾーンに設定する必要があります。例えばjpがexample.jpを委任しているとき、jpゾーンとexample.jpゾーンの双方で設定します（本章の**図6-1**（p.112）を参照）。

NSリソースレコードのフォーマットと、example.jpゾーンにおける記述例を以下に示します。この記述例には、jpゾーンから委任を受けたexample.jpのゾーン頂点に設定する自分のゾーンのNSリソースレコード（記述例（1））と、sales.example.jpというサブドメインを作り委任している親ゾーンとしての「example.jpから委任したsales.example.jpの委任情報」（記述例(2)）という2種類のNSリソースレコードがある点に注意してください。

NSリソースレコードのフォーマット

```
ドメイン名    TTL    IN    NS    権威サーバーのホスト名
```

記述例(1) example.jpのゾーン頂点に設定する自分のゾーンのNSリソースレコード

```
①    example.jp.              IN NS    ns1.example.jp.
②    example.jp.              IN NS    ns2.example.jp.
③    ns1.example.jp.          IN A     192.0.2.11
④    ns2.example.jp.          IN A     198.51.100.21
```

※フォーマットの説明にはTTLがありますが、ここでは省略しています。以降の記述例も同様です。

記述例(2) example.jpから委任したsales.example.jpのNSリソースレコード

```
⑤    sales.example.jp.        IN NS    ns1.sales.example.jp.
⑥    sales.example.jp.        IN NS    ns2.sales.example.jp.
⑦    ns1.sales.example.jp.    IN A     192.0.2.31
⑧    ns2.sales.example.jp.    IN A     198.51.100.41
```

NSリソースレコードでは、ゾーンを管理する権威サーバーのホスト名を設定します。ゾーンを管理する権威サーバーが複数ある場合、①②や⑤⑥のように、それらをすべて列挙します。複数の権威サーバーを設定するとき、設定されている順番はDNSの動作に影響しません。権威サーバーが応答するとき、NSリソースレコードの順番は決まっておらず、変わることがあります。また、NSリソースレコードで設定する権威サーバーについては、必要に応じてそのIPアドレスをAリソースレコードやAAAAリソースレコードで設定します（③④や⑦⑧）。

委任を受けたゾーンに設定するNSリソースレコードは、そのゾーンの権威サーバーとしてゾーンの管理者が正式に設定した情報（権威を持つ情報）として扱われます。記述例（1）の①②がこれに当たり、example.jpゾーンの設定が権威を持ちます。

一方、example.jpゾーンにおいてサブドメインsales.example.jpのNSリソースレコードを設定する場合は、サブドメインの管理者から委任情報として受け取った、委任先の権威サーバーの情報を記述します。この情報は、sales.example.jpが委任されていることを示していますが、このNSリソースレコード自身は権威を持つ情報としては扱われません。権威を持つ情報はここで設定された権威サーバーが管理するsales.example.jpゾーン、つまり、委任先のゾーンに設定されており、その権威サーバーに問い合わせをしたときに初めて得られます。記述例(2)の⑤⑥がこれに当たり、example.jpゾーンの設定は権威を持ちません。

また、委任先の権威サーバーのホスト名が委任先のゾーンのものである場合、NSリソースレコードに加えてそのIPアドレスを示すA/AAAAリソースレコードも「**グルーレコード**」として設定する必要があります（本章のコラム「グルーレコードが必要な理由」（p.126）を参照）。記述例（2）の⑦⑧がグルーレコードとなります（設定例（1）の③④は自分のゾーンの情報であり、グルーレコードではありません）。グルーレコードも、権威を持たない情報となります。

NSリソースレコードとグルーレコードによって、委任があることと、委任先の権威サーバーを特定するための情報が設定され、ドメイン名のツリー構造の分散管理ができるようになります。

COLUMN グルーレコードが必要な理由

サブドメインを委任する場合、委任元のゾーンに委任先の権威サーバーの情報をNSリソースレコードとして登録します。このとき、NSリソースレコードには権威サーバーのホスト名を書きます。しかし、実際にフルリゾルバーが委任先の権威サーバーにアクセスする場合にはサーバーのIPアドレスを知る必要があるため、NSリソースレコードに記載されたサーバーのドメイン名の名前解決が必要になります。

ここで、NSリソースレコードに記載された名前が委任先で管理されている場合を考えてみてください。権威サーバーのIPアドレスを知ろうとしても、委任先の権威サーバーにアクセスしないと名前解決ができないため、どうやっても情報が得られないことになります。

この問題を解決するのがグルーレコードです。グルー（glue）は接着剤を意味しており、本来であればゾーンの範囲にない、NSリソースレコードに記載されているホスト名のIPアドレスを委任に付随する情報として設定しておくためのものです。この情報はNSリソースレコードをフルリゾルバーに応答する際に、DNS応答のAdditionalセクション（8章で説明）に入れて返されます。フルリゾルバーはグルーレコードの情報を使うことで、NSリソースレコードに記載されている権威サーバーのIPアドレスを知ることができ、名前解決を続けることができるようになります。

なお、グルーレコードは本来その名前を管理するゾーンとは異なる権威サーバーが答えているため、権威を持たない情報として扱われます。

CHAPTER6
Practical
Guide to
DNS

サービスを提供するために設定する情報

DNSではドメイン名をどう使いたいかによって、ゾーンに設定する情報が変わってきます。ここでは、サービスを提供するために設定するリソースレコードの中から、Aリソースレコード、AAAAリソースレコード、MXリソースレコード、CNAMEリソースレコードを紹介します。

www.example.jpという名前でWebサイトを公開する

ここでは、www.example.jpという名前でWebサイトを公開する場合を考えます。利用者がWebサーバーにアクセスできるようにするためには、WebサーバーのIPアドレスを知る必要があります。そのため、それを教えられるように、そのゾーンの権威サーバーにこの情報を設定します。

ここで行うのは、example.jpゾーンに「www.example.jp」というドメイン名を用意し、IPアドレスの情報を設定することです。IPにはIPv4とIPv6の2種類があるため、必要に応じて**Aリソースレコード**と**AAAAリソースレコード**を設定します。該当するドメイン名に複数のIPアドレスが付けられている場合は、AリソースレコードまたはAAAAリソースレコードを複数個設定します。

Aリソースレコードのフォーマットは、以下のようになります。

Aリソースレコードのフォーマット

```
ドメイン名    TTL    IN    A    IPv4 アドレス
```

AAAAリソースレコードのフォーマットは、以下のようになります。

AAAAリソースレコードのフォーマット

```
ドメイン名    TTL    IN    AAAA    IPv6 アドレス
```

記述例は以下のようになります。

www.example.jpにA/AAAAを1つずつ設定する例

```
①    www.example.jp.     IN    A       192.0.2.1
②    www.exmaple.jp.     IN    AAAA    2001:db8::1
```

www2.example.jpにA/AAAAをそれぞれ複数設定する例

```
③    www2.example.jp.    IN    A       192.0.2.100
④    www2.example.jp.    IN    A       192.0.2.200
⑤    www2.example.jp.    IN    AAAA    2001:db8::100
⑥    www2.example.jp.    IN    AAAA    2001:db8::200
```

AリソースレコードやAAAAリソースレコードを設定することでwww.example.jpを名前解決できるようになり、Webサイトを公開する準備が整います。なお、Aリソースレコード、AAAAリソースレコードはWebサーバーでの利用に限ったものではなく、IPアドレスを設定するすべての場合に使われます。

user@example.jpというメールアドレスを使えるようにする

次に、「user@example.jp」というメールアドレスを使えるようにすることを考えます。設定したドメイン名のメールを受け取れるようにするための情報も、そのゾーンの権威サーバーに設定します。

具体的には、そのドメイン名を宛先とするメールの配送先のメールサーバーのホスト名の一覧を、優先順位を付けて設定します。そのために使われるのが**MXリソースレコード**です。メールサーバーのホスト名が自分の管理するゾーン内のものである場合、そのメールサーバーのIPアドレス（A/AAAAリソースレコード）も併せて設定します。

MXリソースレコードのフォーマットと記述例は、以下のようになります。

MXリソースレコードのフォーマット

```
ドメイン名    TTL    IN    MX    優先度（数値）    ホスト名
```

MXリソースレコードの記述例

```
①    example.jp.        IN    MX      10   mx1.example.jp.
②    example.jp.        IN    MX      20   mx2.example.jp.
③    mx1.example.jp.    IN    A       192.0.2.2
④    mx1.example.jp.    IN    AAAA    2001:db8::2
⑤    mx2.example.jp.    IN    A       192.0.2.3
```

user@example.jp宛てのメールが送られると、メールを配送するプログラムがDNSを使用してexample.jpのMXリソースレコードを検索し、メール送信先のリストを見つけます。MXリソースレコードにはメールサーバーの優先順位が符号なしの数値で設定されており、リストの中で最も小さい値のメールサーバーから順に、メールの配送を試みます。また、配送を行う際は、メールサーバーのホスト名を名前解決し、そのIPアドレスにメールを配送します。

外部のサービスを自社のドメイン名で利用する

アクセスが多く、大量のトラフィックを処理する必要がある大規模なWebサイトを運用している場合、すべてのシステムを自社で構築するのは容易ではありません。このような場合、そういったサービスを提供する外部のサービスを利用する場合があります。Webサイトであれば、CDN（Content Delivery Network）サービスを利用することがあるでしょう。CDNは、世界中に広がる数多くのデータ配送用のサーバーを使い、利用者に近いサーバーからコンテンツを効率よく配送するための仕組みです。このような外部サービスを利用するための方法のひとつとして、**CNAME（Canonical Name）リソースレコード**を使う方法があります。CNAMEリソースレコードはドメイン名の正式名を指定するためのリソースレコードで、ホスト名に別名を付ける手段として使われます。

CNAMEリソースレコードのフォーマットと記述例は以下のようになります。

CNAMEリソースレコードのフォーマット

```
ドメイン名　　TTL　　IN　　CNAME　　正式名
```

CNAMEリソースレコードの記述例

```
①　　www.sales.example.jp.　　　　IN　　CNAME　　cdn.example.com.
```

フルリゾルバーは、問い合わせたドメイン名にCNAMEリソースレコード、つまり、別名に対応する正式名が設定されていることがわかると、設定された正式名について、再度名前解決を行います。そして、その結果を元の問い合わせの応答として応答します。

上の記述例は、営業部門に委任したsales.example.jpのゾーンで、外部のCDNサービスを利用してwww.sales.example.jpを運用する際の設定例です。www.sales.example.jpにはCNAMEリソースレコードで正式名としてcdn.example.comを設定しています。cdn.example.comはexample.jpとは別のゾーンの情報です。フルリゾルバーは、www.sales.example.jpのIPアドレスの問い合わせに対してCNAMEリソースレコードを受け取ると、正式名として指定されているcdn.example.comの名前解決を行います。名前解決によってIPアドレスが得られれば、元の問い合わせに対してCNAMEリソースレコードとIPアドレスの情報の双方を返します。

CNAMEリソースレコードを使うことで、外部サービスを提供しているcdn.example.comというサーバーを、www.sales.example.jpというドメイン名で利用することができます。また、cdn.example.comは外部サービス提供者が管理しているドメイン名ですので、サービス提供者の都合でIPアドレスが変更された場合に、CNAMEリソースレコードの設定を変更する必要がなくなります。

なお、CNAMEリソースレコードは外部のドメイン名を指定するときに使うだけでなく、同じゾーンの別のドメイン名を指定することもできます。

CNAMEリソースレコードを使う場合、以下の点に注意が必要です。

・CNAMEリソースレコードを設定したドメイン名には、CNAME以外のリソースレコードを設定してはならない

【間違った設定例】
ゾーン頂点に他のリソースレコードと一緒にCNAMEリソースレコードを設定しようとしている

```
@ IN SOA ... 略
  IN NS ns1.example.jp.
  IN CNAME www.example.jp.
```

・あるドメイン名にCNAMEリソースレコードを設定する場合、複数のCNAMEリソースレコードを設定してはならない（別のドメイン名に同じ正式名を設定することは可能）

【間違った設定例】
複数のサーバーをCNAMEリソースレコードで指定してWebサービスを提供しようとしている

```
www.example.jp. IN CNAME web1.example.jp.
                IN CNAME web2.example.jp.
```

CHAPTER6
Practical
Guide to
DNS

リソースレコードを使って メッセージを伝える

ゾーンデータとして設定するリソースレコードには、これまで説明してきたもの以外にも多くの種類があります。ここでは、なりすましメール対策などに使われる**TXTリソースレコード**について説明します。

ドメイン名に対応するテキストを設定する

ドメイン名には、任意のテキストを文字情報として追加することができます。このとき使われるのが、TXTリソースレコードです。

TXTリソースレコードのフォーマットと記述例は、以下のようになります。

TXTリソースレコードのフォーマット

```
ドメイン名    TTL    IN    TXT    任意の文字列
```

TXTリソースレコードの記述例

```
①    example.jp.  IN    TXT      "EXAMPLE Co., Ltd."
②    example.jp.  IN    TXT      "v=spf1 +mx -all"
```

①ではexample.jpのドメイン名に対し、EXAMPLE社の会社名を書いています。②では、**SPF**（Sender Policy Framework）と呼ばれる、なりすましメール対策のための送信ドメイン認証で使う情報を設定しています。TXTリソースレコードは任意の文字列を設定できることから、特定の記述方法に沿った内容を設定することで、ドメイン名を用いた他の技術に使われる情報の設定や伝達にも利用されています。

CHAPTER6
Practical Guide to DNS

07 リソースレコードセット（RRset）

ここまで、いくつかのリソースレコードを紹介してきましたが、1つのドメイン名に対して、同じクラス、同じタイプの複数のリソースレコードを設定している例がありました。これを**リソースレコードセット（RRset）**と呼びます。リソースレコードセットは同じドメイン名、タイプ、クラスを持ち、データが異なるリソースレコードの集合です（**図6-8**）。

リソースレコードセットは必ずひとまとめの集合として扱われ、問い合わせに一致するリソースレコードすべてを、リソースレコードセットの形で応答します。なお、リソースレコードセットを構成する各リソースレコードの並び順は固定されておらず、不定となります。

図6-8の④にあるように、リソースレコードセットは必ずしも複数のリソースレコードを指す言葉ではありません。数とは関係なくドメイン名に対し、同じクラス、同じタイプのリソースレコードすべてがリソースレコードセットとなります。

図6-8　リソースレコードセット（RRset）の例

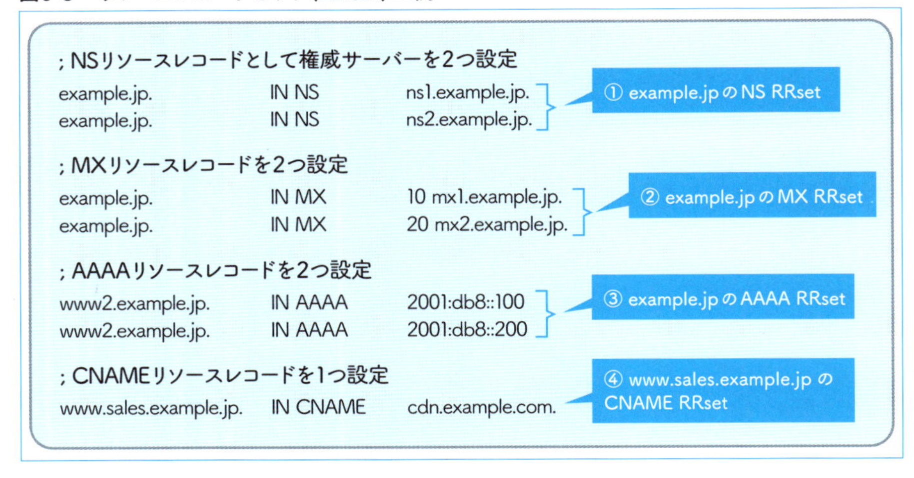

CHAPTER6
Practical
Guide to
DNS

ゾーンファイルへのリソースレコードの設定

ここでは、リソースレコードを権威サーバーに設定する方法を説明します。権威サーバーが読み込む**ゾーンファイル**は、そのゾーンのリソースレコードの内容をまとめたものになります（**図6-9**）。

図6-9　ゾーンファイルの例

```
① example.jp.             IN SOA (
②     ns1.example.jp.                            ; MNAME
③     postmaster.example.jp.                     ; RNAME
④     2018013001                                 ; SERIAL
⑤     3600                                       ; REFRESH
⑥     900                                        ; RETRY
⑦     604800                                     ; EXPIRE
⑧     3600                                       ; MINIMUM
⑨     )
⑩ example.jp.             IN      NS      ns1.example.jp.
⑪ example.jp.             IN      NS      ns2.example.jp.
⑫ sales.example.jp.       IN      NS      ns1.sales.example.jp.
⑬ sales.example.jp.       IN      NS      ns2. sales.example.jp.
⑭ www.example.jp.         IN      A       192.0.2.1
⑮ www.example.jp.         IN      AAAA    2001:db8::1
⑯ www2.example.jp.        IN      A       192.0.2.100
⑰ www2.example.jp.        IN      A       192.0.2.200
⑱ www2.example.jp.        IN      AAAA    2001:db8::100
⑲ www2.example.jp.        IN      AAAA    2001:db8::200
⑳ example.jp.             IN      MX      10      mx1.example.jp.
㉑ example.jp.             IN      MX      20      mx2.example.jp.
㉒ mx1.example.jp.         IN      A       192.0.2.2
㉓ mx1.example.jp.         IN      AAAA    2001:db8::2
㉔ mx2.example.jp.         IN      A       192.0.2.3
㉕ web.example.jp.         IN      CNAME   www.example.jp.
㉖ example.jp.             IN      TXT     "EXAMPLE Co., Ltd."
㉗ example.jp.             IN      TXT     "v=spf1 +mx -all"
㉘ ns1.example.jp.         IN      A       192.0.2.11
㉙ ns2.example.jp.         IN      A       198.51.100.21
㉚ ns1.sales.example.jp.   IN      A       192.0.2.31
```

```
㉛ ns2.sales.example.jp.    IN      A              198.51.100.41
㉜ ; ゾーンファイル内のコメント
```

ゾーンファイルの書き方はRFCで定められており、権威サーバーのプログラムの種類によらず、基本的に共通の書式が使えます。

ゾーンファイルには、セミコロン";"を使ってコメントを記述できます。また、SOAリソースレコードのように1行が長くなる場合、カッコを使用して継続行を記述することが可能です。ゾーンファイルにおける"("から")"までの記述は、1行であるとみなされます。

ゾーンファイルには、省略のためのルールがあります。

1) 前行と同じドメイン名は省略できる
2) 前行と同じクラスは省略できる
3) $TTLディレクティブを設定することでゾーン内のデフォルトTTLが設定され、各リソースレコードでのTTL記載を省略できる
4) $ORIGINディレクティブでゾーンファイル中のオリジン（相対ドメイン名を設定した際に補完されるドメイン名）を設定できる
5) オリジンと同じドメイン名は"@"で設定できる
6) ドメイン名のフィールドの末尾が"."でない場合は相対ドメイン名となり、$ORIGINディレクティブで設定されたドメイン名が末尾に補完される

また、以下のルールがあります。

7) $INCLUDEディレクティブを用いると、設定されたファイルをゾーンファイルの中に読み込むことができる

これらを利用すると、先ほどのゾーンファイルは**図6-10**のように記述できます。

図6-10　省略したゾーンファイルの例

```
①      $ORIGIN    example.jp.
②      $TTL       3600
③      @          IN SOA (
④                 ns1.example.jp.           ; MNAME
⑤                 postmaster.example.jp.    ; RNAME
⑥                 2018013001                ; SERIAL
⑦                 3600                      ; REFRESH
⑧                 900                       ; RETRY
```

```
⑨                604800                    ; EXPIRE
⑩                3600                      ; MINIMUM
⑪                )
⑫                NS                        ns1
⑬                NS                        ns2
⑭                MX                        10    mx1
⑮                MX                        20    mx2
⑯                TXT                       "EXAMPLE Co., Ltd."
⑰                TXT                       "v=spf1 +mx -all"
⑱    sales       NS                        ns1.sales
⑲                NS                        ns2.sales
⑳    www         A                         192.0.2.1
㉑                AAAA                      2001:db8::1
㉒    www2        A                         192.0.2.100
㉓                A                         192.0.2.200
㉔                AAAA                      2001:db8::100
㉕                AAAA                      2001:db8::200
㉖    mx1         A                         192.0.2.2
㉗                AAAA                      2001:db8::2
㉘    mx2         A                         192.0.2.3
㉙    web         CNAME                     www
㉚    ns1         A                         192.0.2.11
㉛    ns2         A                         198.51.100.21
㉜    ns1.sales   A                         192.0.2.31
㉝    ns2.sales   A                         198.51.100.41
㉞    ; ゾーンファイル内のコメント
```

なお、セカンダリサーバーにはゾーンファイルを設定しません。セカンダリサーバーは起動時にゾーンファイルが存在しない場合、プライマリサーバーからゾーン転送によりゾーンデータをコピーします。

COLUMN　逆引きを設定するためのPTRリソースレコード

4章04「正引きと逆引き」(p.95) で説明したように、DNSにはIPアドレスに対応するドメイン名を検索する機能もあります。これを「逆引き」といいます。DNSでは逆引きを、特定のドメイン名の階層構造を用いてIPアドレスを表現することで実現しています。

逆引きを検索する際、フルリゾルバーはIPアドレスを特定の形式で逆順にして生成したドメイン名を使って問い合わせを行います。以下に、IPv4およびIPv6アドレスにおける逆引きDNSの記述例を示します（**図6-11**）。

- IPv4の場合：IPアドレスの表記を逆順にしたうえで「in-addr.arpa.」を最後に付け加える（例：192.0.2.3 → 3.2.0.192.in-addr.arpa.）
- IPv6の場合：ニブル（4ビット）ごとに区切ったIPアドレスをドットで連結し、逆順にしたうえで「ip6.arpa.」を最後に付け加える（例：2001:db8::1 → 1.0.0.0.0.0.0.0.0.0.0.0.0.0.0.0.0.0.0.0.0.0.0.0.8.b.d.0.1.0.0.2.ip6.arpa.）

図6-11　IPv4およびIPv6アドレスにおける逆引きDNSの記述例

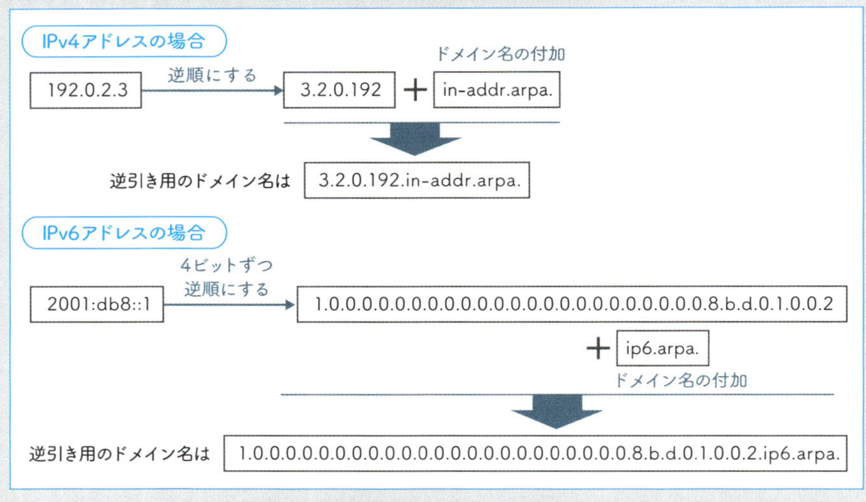

これらのドメイン名に逆引きのための**PTRリソースレコード**を設定することで、IPアドレスに対応するドメイン名を設定できるようになります。

PTRリソースレコードのフォーマットは、以下のようになります。

PTRリソースレコードのフォーマット

```
ドメイン名　　TTL 値　　IN　　PTR　　ドメイン名
```

PTRリソースレコードの記述例

```
3.2.0.192.in-addr.arpa.     IN        PTR       ptr1.example.jp.
1.0.0.0.0.0.0.0.0.0.0.0.0.0.0.0.0.0.0.0.0.0.0.0.8.b.d.0.1.0.0.2.ip6.arpa. ⇒
      IN       PTR       ptr2.example.jp.
```

（⇒は改行せずに1行であることを表す）

実践編

Practical
Guide to
DNS

CHAPTER7
名前解決サービスを提供する〜フルリゾルバーの設定〜

この章では、名前解決サービスを提供する、フルリゾルバーの設定とパブリックDNSサービスについて説明します。

本章のキーワード

- 名前解決サービス
- ヒントファイル
- プライミング
- グローバル IP アドレス
- プライベート IP アドレス
- フォワーダー
- DNS リフレクター攻撃
- オープンリゾルバー
- パブリック DNS サービス

CHAPTER7
Practical Guide to DNS

01 フルリゾルバーの重要性

フルリゾルバーは、利用者の機器で動作するスタブリゾルバーから名前解決要求を受け付け、名前解決を行い、結果を返します(4章01の「フルリゾルバーの役割」(p.74) を参照)。つまり、フルリゾルバーは、利用者と権威サーバーの間に立って必要な情報を調べるという役割を担うことになります (**図7-1**)。

Webブラウザやメールソフトなどのプログラムは、名前解決の結果を使ってWebサーバーへの接続や、メールの配送を実施します。そのため、それらのプログラムで名前解決ができなくなってしまうと、Webやメールのサービスを利用できない状態になってしまいます。

4章02「構成要素の連携による名前解決」で説明したように、プログラムはス

図7-1　フルリゾルバーは利用者と権威サーバーの間に立って必要な情報を調べる

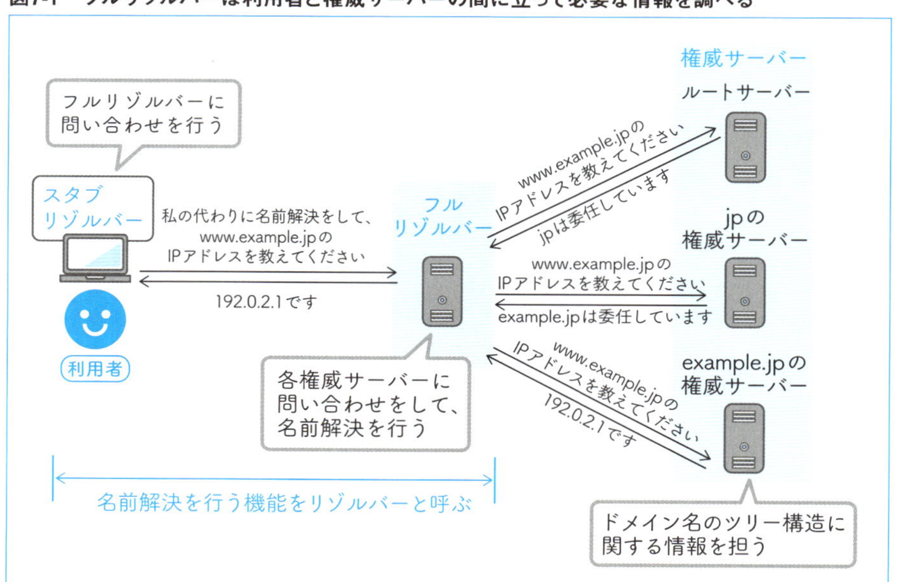

タブリゾルバーを呼び出して名前解決を依頼し、スタブリゾルバーはフルリゾルバーに名前解決を要求します。そのため、もしフルリゾルバーの名前解決サービスが止まってしまった場合、そのフルリゾルバーを使っているすべてのスタブリゾルバー、つまり、プログラムの名前解決ができなくなり、結果としてほとんどのインターネットサービスが利用できない状態になってしまいます。このように、フルリゾルバーの名前解決も権威サーバーと同様に止めることができない、つまり、高い可用性が求められる重要なサービスということになります。

COLUMN　ヒントファイルとプライミング

4章のコラム「ルートサーバーのIPアドレスはどうやって知る？」（p.86）で説明した**ヒントファイル**と**プライミング**について、もう少し詳しく見てみましょう。

多くのフルリゾルバーはヒントファイルと呼ばれる、ルートサーバーのホスト名とIPアドレスが記載されたファイルを、初回の名前解決を始める前に読み込みます。ヒントファイルにはルートゾーンのNSリソースレコード、ルートサーバーのAリソースレコード、AAAAリソースレコードの一覧が記載されています。本書の執筆時点におけるヒントファイルの内容の一部を、**図7-2**に示します。

図7-2　ヒントファイルの内容の一部

```
;       This file holds the information on root name servers needed to
;       initialize cache of Internet domain name servers
;       (e.g. reference this file in the "cache  .  <file>"
;       configuration file of BIND domain name servers).
;
;       This file is made available by InterNIC
;       under anonymous FTP as
;           file                /domain/named.cache
;           on server           FTP.INTERNIC.NET
;       -OR-                    RS.INTERNIC.NET
;
;       last update:     July 09, 2018
;       related version of root zone:     2018070901
;
; FORMERLY NS.INTERNIC.NET
;
.                        3600000      NS    A.ROOT-SERVERS.NET.
A.ROOT-SERVERS.NET.      3600000      A     198.41.0.4
A.ROOT-SERVERS.NET.      3600000      AAAA  2001:503:ba3e::2:30
;
; FORMERLY NS1.ISI.EDU
;
.                        3600000      NS    B.ROOT-SERVERS.NET.
B.ROOT-SERVERS.NET.      3600000      A     199.9.14.201
B.ROOT-SERVERS.NET.      3600000      AAAA  2001:500:200::b
（中略: C.ROOT-SERVERS.NET～L.ROOT-SERVERS.NETの情報が記述されている）
;
; OPERATED BY WIDE
;
.                        3600000      NS    M.ROOT-SERVERS.NET.
M.ROOT-SERVERS.NET.      3600000      A     202.12.27.33
M.ROOT-SERVERS.NET.      3600000      AAAA  2001:dc3::35
; End of file
```

次ページに続く➡

フルリゾルバーはヒントファイルの内容を使って、ルートサーバー自身にルートゾーンのNS リソースレコードを問い合わせて応答をキャッシュし、以降の名前解決ではこの内容を使います。これをプライミングといいます(**図7-3**)。ルートサーバーから受け取った応答のキャッシュが満了した場合、フルリゾルバーは再度プライミングを実行します。

図7-3　プライミングの流れ

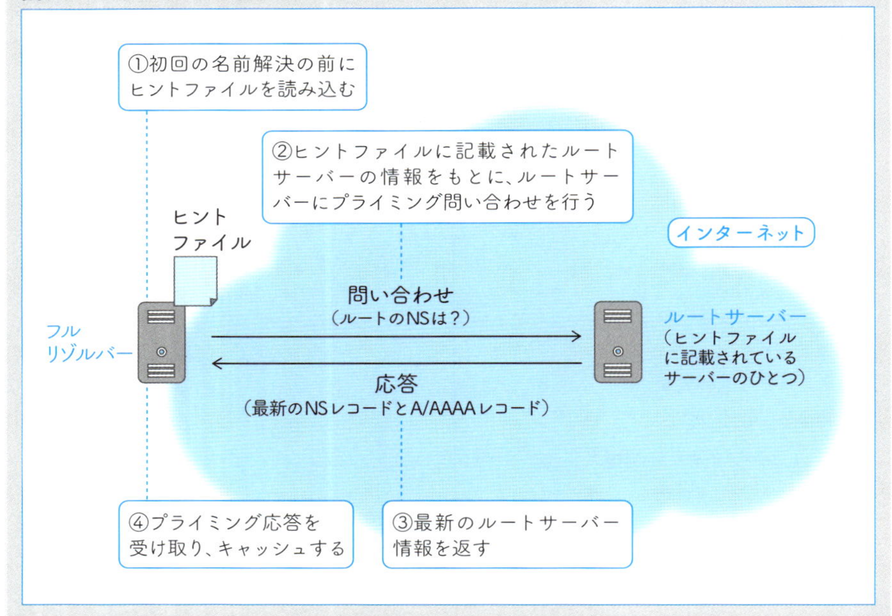

ルートサーバーのIPアドレスが変更された場合、公開されているヒントファイルの設定内容も変更されます。フルリゾルバーの管理者はそれを入手し、自分の管理するフルリゾルバーに設定する必要があります。

最新のヒントファイルは、以下のURLで公開されています。

URL https://www.internic.net/domain/named.root

現在のルートサーバーの運用では変更から6カ月以上は以前のIPアドレスでもサービスを継続しているため、ヒントファイルの更新を必要以上に急ぐ必要はありません。しかし、変更作業を忘れないように注意しましょう。

CHAPTER7
Practical
Guide to
DNS

02 フルリゾルバーの設置と運用

ここでは、組織内にフルリゾルバーを設置・運用する際の留意点について説明します。また、組織内に限らず、インターネット上で誰でも使えるようにしたフルリゾルバーであるパブリックDNSサービスについても説明します。

フルリゾルバーの設置

組織内でフルリゾルバーを運用する場合、サーバーをどこに設置すればよいでしょうか。

フルリゾルバーはインターネット上に設置された権威サーバー群に問い合わせを送るため、**グローバルIPアドレス**を割り当てることが一般的です（本章のコラム「グローバルIPアドレスとプライベートIPアドレス」(p.142) を参照)。また、なるべくインターネットとの接続点に近い場所に設置し、名前解決に必要な通信時間を短縮できるようにするのがよいでしょう。

また、フルリゾルバーはスタブリゾルバー、つまり利用者からの問い合わせを受け付け、結果を返す必要があります。利用者とフルリゾルバーの間の通信時間を短縮するため、フルリゾルバーは利用者のネットワークからアクセスしやすい場所に設置するのが望ましいです。この点から、インターネット接続サービス事業者（ISP）やデータセンターサービスを提供する事業者は通常、顧客向けのフルリゾルバーを顧客用ネットワーク内に設置しています。

COLUMN グローバルIPアドレスとプライベートIPアドレス

グローバルIPアドレスは、インターネットで通信相手を識別・指定するために使われるIPアドレスです。グローバルIPアドレスを通信元と通信先の両方で使うことで接続相手を一意に決めることができ、データのやりとりができるようになります。

これに対し、**プライベートIPアドレス**と呼ばれるIPアドレスが存在します。プライベートIPアドレスは、インターネット上に存在しないことが保証されており、組織内で自由に使えるIPアドレスです。

プライベートIPアドレスは、社内ネットワークのようにインターネットと直接通信しないネットワーク（プライベートネットワーク）で使います（**図7-4**）。

図7-4 グローバルIPアドレスとプライベートIPアドレス

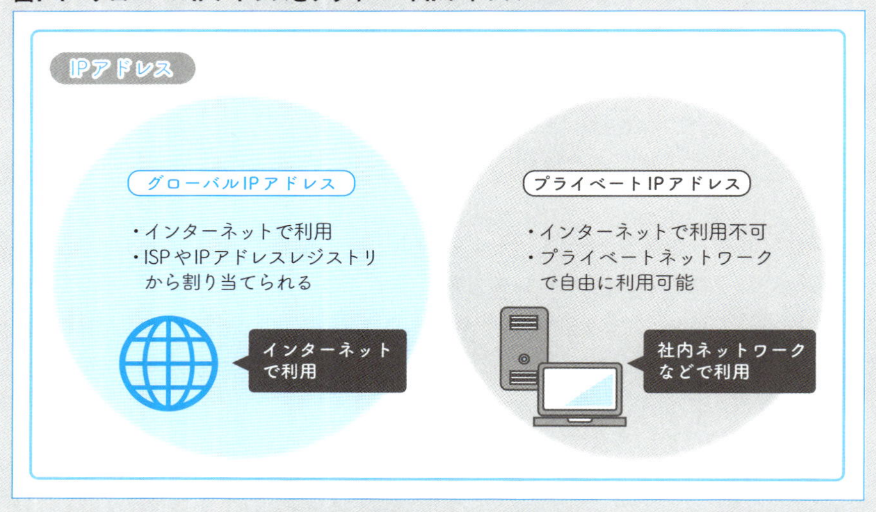

社内システムなど、外部のネットワークと直接通信する必要がないネットワークを構成する場合は、そのネットワークにはプライベートIPアドレスを割り当て、外部のネットワークと直接通信する部分にのみグローバルIPアドレスを割り当てるという運用が一般的です。このようにすることで、社内システムを拡張・変更する場合にはプライベートIPアドレスを自らの判断で割り当てたり変更したりすることが可能になり、設計や運用の自由度が高まります。

プライベートIPアドレスはRFC 1918で定められており、以下の3つのIPv4アドレスブロックがプライベートネットワーク用に予約されています。

- 10.0.0.0 ～ 10.255.255.255（10.0.0.0/8）
- 172.16.0.0 ～ 172.31.255.255（172.16.0.0/12）
- 192.168.0.0 ～ 192.168.255.255（192.168.0.0/16）

COLUMN　DNSのフォワーダー

4章でDNSの基本構成要素として、スタブリゾルバー、フルリゾルバー、権威サーバーの3つを説明しました。DNSにはこれらに加え「**フォワーダー（forwarder）**」と呼ばれる第4の構成要素があります。フォワーダーはスタブリゾルバーとフルリゾルバーの間に配置され、問い合わせと応答を中継する形で動作します。

フォワーダーはスタブリゾルバーからDNS問い合わせを受け取り、自身のIPアドレスでフルリゾルバーに問い合わせを転送します。そして、フルリゾルバーから応答を受け取り、その応答をスタブリゾルバーに応答します。このため、スタブリゾルバーから見た場合、フォワーダーとフルリゾルバーは同じ機能を備えているように見えます（**図7-5**）。

身近なフォワーダーの例として、ホームルーター（家庭用ルーター）があります。多くのホームルーターはフォワーダーの機能を備えており、ホームネットワークに接続された機器のスタブリゾルバーから問い合わせを受け付け、接続先ISPのフルリゾルバーに転送します。

図7-5　DNSのフォワーダー（ホームルーターの機能を使う例）

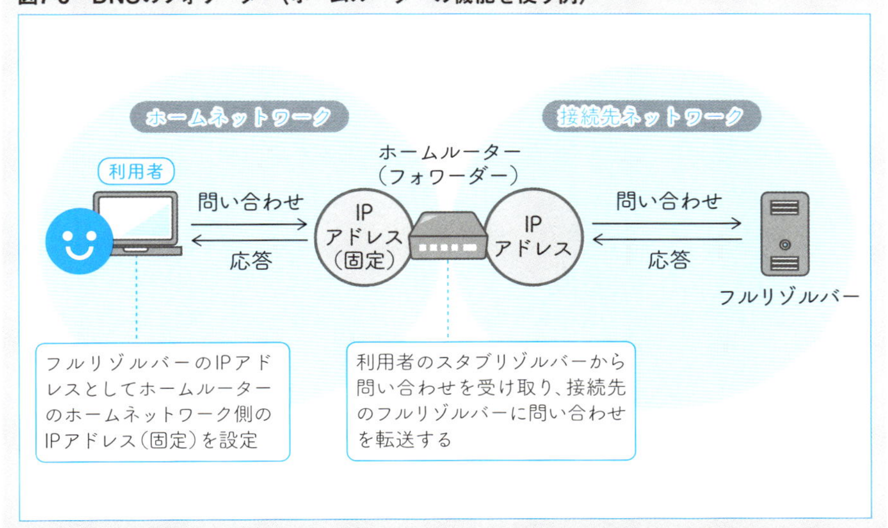

DNSフォワーダーの使用には、以下のようなメリットがあります。

1）機能が限られている機器で、フルリゾルバー相当の機能を簡易に提供できる
2）あるネットワーク内の利用者が使うフルリゾルバーが変更されたり複数のISPを使い分けたりする際、そのネットワーク内のDNS設定を変更する必要がなくなる

4章のコラム「統一されていない名称に注意」（p.79）で説明したように、フォワーダーもDNSプロキシーなど、別の名称で呼ばれることがあることに注意が必要です。

フルリゾルバーの可用性

7章01「フルリゾルバーの重要性」(p.138) で説明したように、フルリゾルバーが提供する名前解決サービスは高い可用性が求められる、重要なサービスです。そのため、これを提供するシステムは、冗長化により可用性を高めることが強く推奨されます。

6章02「権威サーバーの可用性」(p.114) では、あるゾーンを管理する権威サーバーを複数台指定できることを説明しました。フルリゾルバーにも、それと同様の仕組みがあります。

一般的なスタブリゾルバーでは、問い合わせ先のフルリゾルバーを複数台指定することができるようになっています (**図7-6**)。複数台のフルリゾルバーが指定された場合、多くのスタブリゾルバーでは設定に書かれた順に問い合わせを送り、最初に問い合わせを送ったフルリゾルバーから応答が得られなかった場合、次のフルリゾルバーに同じ問い合わせを送ります。

このように、フルリゾルバーにおいても複数台のサーバーによる冗長化によって、可用性を高められるようになっています (**図7-7**)。これを利用することで、障害発生時にすべてのフルリゾルバーが利用不可能になり名前解決サービスが停止する危険性を低減できます。

多くのISPでは、利用者に提供するフルリゾルバーを複数 (2台以上) 設置しています。これらのフルリゾルバーは権威サーバーの場合と同様、物理的・ネットワー

図7-6　Windows 10の設定画面

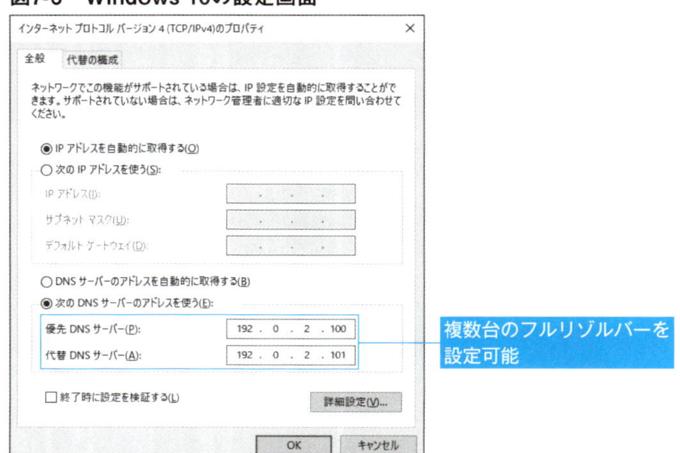

図7-7　フルリゾルバーを冗長化して可用性を高める

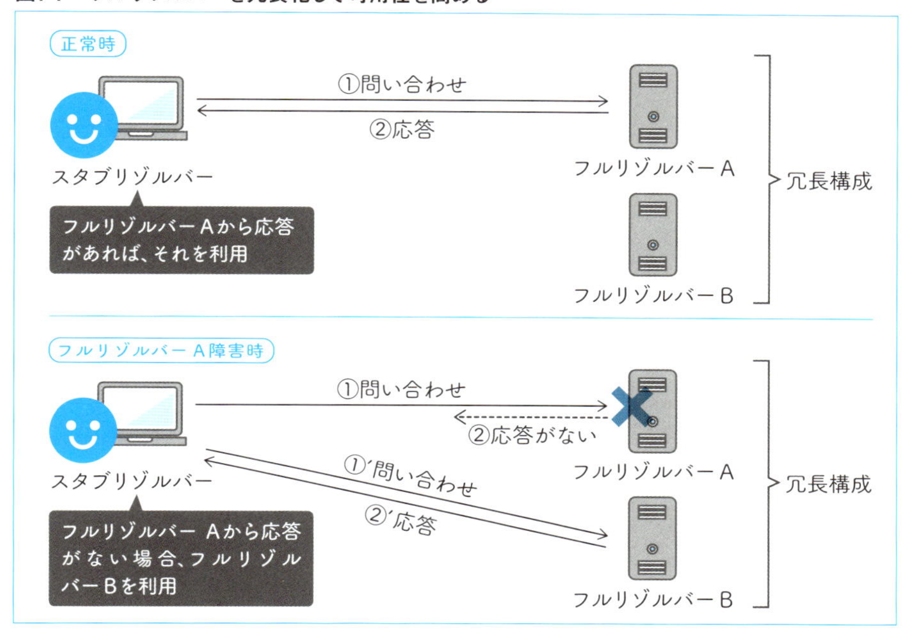

ク的に異なる形で構築されることが望ましいです。また、利用者側における可用性の向上の手段として、インターネット上で提供されるパブリックDNSサービスを組み合わせることも考えられます（7章02の「パブリックDNSサービス」（p.149）を参照）。

フルリゾルバーにおけるアクセス制限

・フルリゾルバーと権威サーバーのサービス対象の違い

通常、組織内に設置されるフルリゾルバーは組織内のネットワークにのみ名前解決サービスを提供すればよく、インターネット上に名前解決サービスを提供する必要はありません。これはインターネット接続サービスやデータセンターサービスを提供する事業者が設置するフルリゾルバーでも同様であり、それぞれの顧客向けネットワークにのみ名前解決サービスを提供すれば十分です。

一方、権威サーバーはインターネットのフルリゾルバーに広く公開する必要があるため、通常はサービスの範囲を限定せず、すべてのネットワークからの問い合わせを受け付ける状態で公開されます。

このように、DNSのサービスを提供するサーバーであってもフルリゾルバーと権威サーバーでは、サービスの種類・対象・設定すべきアクセス制限の内容に違いがあることに注意が必要です。なお、本件の詳細については11章05「サーバーの種類とアクセス制限の設定」(p.246) で説明します。

・フルリゾルバーにおけるアクセス制限

フルリゾルバーの機能は、さまざまなプログラムから呼び出されるスタブリゾルバーからの依頼を受け、名前解決サービスを提供することです。しかし、フルリゾルバーの設定の不備によってこの機能が悪用され、サイバー攻撃の踏み台として利用されることがあります。

例えば、送信元IPアドレスを攻撃対象のIPアドレスに偽装した名前解決要求をフルリゾルバーに大量に送り付け、フルリゾルバーからの大量の応答を攻撃対象に送り付ける「**DNSリフレクター攻撃**」と呼ばれる攻撃手法があります。

こうした行為からフルリゾルバーを守るための有効な対策として、フルリゾルバーが名前解決サービスを提供するネットワークを制限することが挙げられます。例えば、インターネット接続サービスやデータセンターサービスを提供する事業者がフルリゾルバーのサービス対象を顧客向けネットワークのみに限定するアクセスコントロールを実施することは、DNSリフレクター攻撃に対する有効な対策のひとつです (**図7-8**)。

DNSリフレクター攻撃については、9章で説明します。

図7-8　ISPなどではフルリゾルバーのサービス対象を自社の顧客に限定する

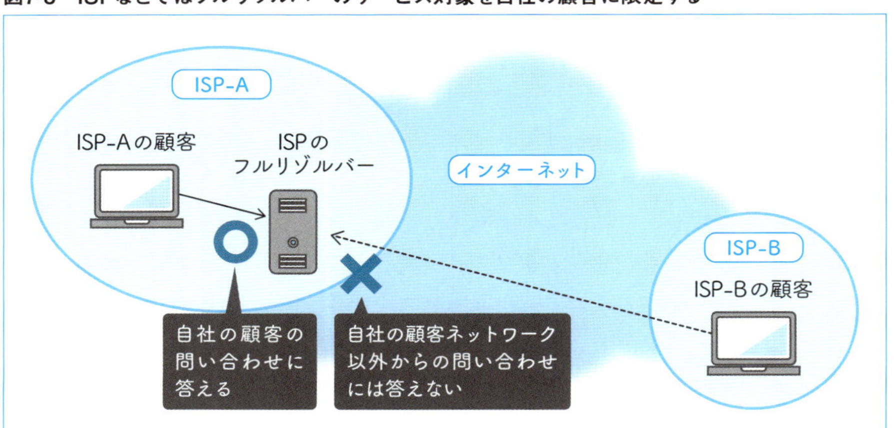

オープンリゾルバーの危険性

オープンリゾルバーは、アクセス制限が実施されておらず、インターネット上のどのネットワークからでも名前解決サービスを使えるようになっているフルリゾルバーのことです。「誰でも使える・ネットワーク全体に開かれている」ことから「オープン（Open）」と呼ばれています。

オープンリゾルバーには、管理者の意図に反して誰でも使えるようになってしまっているものと、管理者がさまざまなセキュリティ上の対策を実施したうえで、意図的に誰でも使えるようにしているパブリックDNSサービスと呼ばれるものがあります（パブリックDNSサービスについては、次項で説明します）。これらのうち、前者の管理者の意図に反してオープンリゾルバーの状態になってしまっているものには、深刻な危険性があります。

こうしたオープンリゾルバーには前述したDNSリフレクター攻撃の踏み台となるだけでなく、キャッシュポイズニングをはじめとするDNSを狙ったサイバー攻撃を受けやすくなるといったリスクがあります。また、DNSリフレクター攻撃の規模が大規模である場合、自身の運用しているシステムやネットワークが過負荷となり、攻撃の余波を受ける場合もあります。

このように、意図しない形で動作しているオープンリゾルバーは危険なものであることを認識し、そのような状態にならないよう、適切に運用する必要があります。

COLUMN　フルリゾルバーの運用の変遷

組織内で運用するフルリゾルバーにアクセス制限を実施し、オープンリゾルバーにしないということは、現在では当然とされていますが、過去には必ずしもそうではありませんでした。

1990年代から2000年代の初頭には、組織外からの利用を禁止していないフルリゾルバーがインターネット上に数多くありました。権威サーバーとフルリゾルバーの機能が双方とも有効に設定されるBINDというDNSソフトウェアがほぼ唯一の選択肢であったことや、性善説のインターネットがまだ残っており、フルリゾルバーが利用できない環境の利用者にフルリゾルバーを善意で提供する運用事例が存在したことなどが、その背景に挙げられます。

しかし、DNSリフレクター攻撃やキャッシュポイズニングの危険性が現実となり、オープンリゾルバーの危険性が広く伝えられるようになったことで、運用の常識が変化しました。フルリゾルバーは組織内のみにサービスを提供することが当然となり、オープンリゾルバーを撲滅する取り組みが行われるようになりました。以下はその取り組みの一例です。

オープンリゾルバ確認サイト（JPCERT/CCが運営）
URL http://www.openresolver.jp/

次ページに続く➡

こうした取り組みにより、オープンリゾルバーは一時期に比べ減少しました。それでも、古い設定や本章のコラム「欠陥を持つホームルーター」(p.148) で紹介しているホームルーターの存在などにより、現在でも少なくない数のオープンリゾルバーが確認されています。

このような中、誰でも利用可能という点に意味を見出し、さまざまなセキュリティ上の対策を施したうえで、意図的にオープンリゾルバーとして運用するパブリックDNSサービスが出現しました。パブリックDNSサービスについては7章02の「パブリックDNSサービス」(p.149) で説明しています。

COLUMN 欠陥を持つホームルーター

本章のコラム「DNSのフォワーダー」(p.143) で説明したように、多くのホームルーターはフォワーダーの機能を備えており、ホームネットワークに接続された機器のスタブリゾルバーからDNSの問い合わせを受け付け、接続先ISPのフルリゾルバーに転送します。

しかし、ホームルーターの中には適切なアクセス制限がされておらず、ホームネットワークに加え、外部ネットワークからの問い合わせも受け付け、接続先ISPのフルリゾルバーに転送してしまう欠陥を持つものが存在します (**図7-9**)。こうしたホームルーターはオープンリゾルバーの状態であり、かつ、ISP側から見た場合、利用者からの通常のアクセスと区別がつかないため、アクセスコントロールが難しいという問題があります。

この欠陥を持つホームルーターは世界中に存在しており、DNSリフレクター攻撃やランダムサブドメイン攻撃 (9章05の「ランダムサブドメイン攻撃」(p.210) を参照) の踏み台にされるなど、大きな問題になっています。

この問題の対策としては、欠陥を持つホームルーターの交換やファームウェアの更新、ISPネットワークにおけるIP53B (9章06の「ランダムサブドメイン攻撃への対策」(p.219) を参照) の実施などが挙げられます。

図7-9 欠陥を持つホームルーター

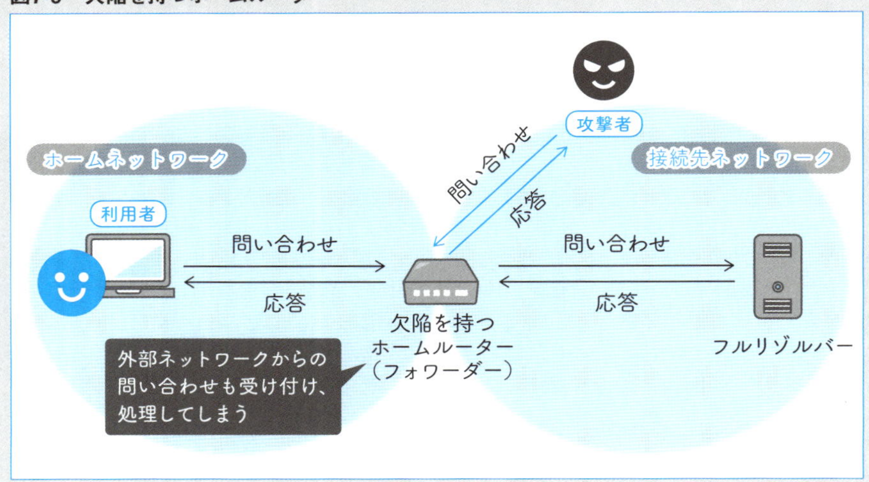

パブリックDNSサービス

代表的な**パブリックDNSサービス**には、Google Public DNS、Quad9、1.1.1.1などがあります。これらはそれぞれのサービス提供者が定める管理ポリシーの下、インターネット利用者に名前解決サービスを提供しています。

・Google Public DNS

URL https://developers.google.com/speed/public-dns/

Google Public DNSは、Googleが日々行っているWebサイトのクローリング（Web検索結果を表示するための情報収集）の効率を上げるために開発したフルリゾルバーを、利用者にサービス提供する形で公開したものです。8.8.8.8と8.8.4.4というIPアドレスでサービスを提供しており、覚えやすいIPアドレスでパブリックDNSサービスを提供するという、その後のトレンドの先駆けとなりました。

・Quad9

URL https://www.quad9.net/

Quad9はIBMとPacket Clearing House（PCH）が共同運用しており、セキュリティの高さをうたっています。具体的には、マルウェアの配布やフィッシングに使われているなどセキュリティ上の脅威が確認されたWebサイトのドメイン名の名前解決を迅速にフィルタリングすることで、利用者の保護を図っています。Quad9のネーミングは、サービスを提供している9.9.9.9というIPアドレスに由来しています。

・1.1.1.1

URL https://1.1.1.1/

1.1.1.1はCDNサービスなどを手掛けるCloudflareが運用しており、共同運用の形でアジア太平洋地域のIPアドレスレジストリであるAPNICが、IPアドレスを提供しています。利用者のプライバシー保護を売りにしており、使用履歴を記録に残さず、得られたアクセス情報を利用しない旨を宣言しています。1.1.1.1という名前は、サービスを提供しているIPアドレス（1.1.1.1と1.0.0.1）に由来しています。

これら以外にも、さまざまなサービス提供者が管理するパブリックDNSサービスが運用されています。これらのサービスは7章02の「フルリゾルバーの可用性」（p.144）で説明した利用者側での可用性の向上や名前解決の動作確認の際の参照・比較などに利用する、選択肢のひとつとなり得ます。

実践編

Practical Guide to DNS

CHAPTER8 DNSの動作確認

この章では、DNSの運用やトラブルシューティングの際に必要な動作確認と監視について、基本的な考え方、コマンドラインツール、DNSチェックサイト、監視すべき項目と代表的なツールを説明・紹介します。

本章のキーワード

- インシデント
- アクシデント
- コマンドラインツール
- nslookup コマンド
- dig コマンド
- drill コマンド
- kdig コマンド
- 再帰的問い合わせ
- 非再帰的問い合わせ
- 反復問い合わせ
- DNS メッセージ
- Header セクション
- Question セクション
- Answer セクション
- Authority セクション
- Additional セクション
- RD ビット
- RA ビット
- AA ビット
- DNS チェックサイト
- Zonemaster
- DNSViz
- dnscheck.jp
- 死活監視
- Nagios
- トラフィック監視
- DSC
- MRTG
- syslog

CHAPTER8
Practical Guide to DNS

01 DNSの動作確認の基本

DNSを動かし続けるには動作確認（正しく動いているかの確認）やトラブル発生時の原因の調査と解決（トラブルシューティング）、サービスを提供する権威サーバーやフルリゾルバーの監視などにより、サービスの可用性を高めることが必要です。本章ではDNSの動作確認の基本と、動作確認に使うコマンドラインツール、DNSチェックサイト、監視ツールについて説明・紹介します。

なお、本章ではDNSの動作確認に必要な範囲で、DNSでやりとりされるメッセージの形式とその内容、コマンドラインツールの出力の読み方についても解説しています。ただし、本書は初学者向けにDNSの仕組みと運用を解説する書籍ですので、それらについては必要最低限の範囲に留めています。

これらの詳しい内容を知りたい場合、関連するRFCや、それぞれのコマンドに付属のマニュアルなどを参照してください。

※本章で記したコマンドの出力例やドメイン名は各コマンドのバージョンの違い、各サイトの設定の変更、利用者の環境や状況の変化などによって変わる可能性があります。

DNSのサービス状況を確認する方法

DNSのような、複数の構成要素が連携して動いているサービスの状況を確認する場合、次の2つを確認する必要があります。

1）サービスに関係するそれぞれの構成要素が正しく動いていること
2）それぞれの構成要素が適切に連携して、全体として正しく動いていること

また、サービスを安定的に動かし続けるためには、そのサービスの利用状況や発生するイベント・**インシデント**の状況を把握し、適切に対応することが重要です。そのための代表的な手法として、以下のものが挙げられます。

・関係するサーバー（DNSであれば権威サーバーやフルリゾルバー）のサービ

ス状況の監視
・アクセス数やトラフィック量の確認による、突発的なアクセスの増加やサイバー攻撃の検知

以降ではDNSの構成要素のうち、権威サーバーやフルリゾルバーの状況を個別に確認するためのコマンドラインツール、名前解決の状況をトータルにチェック可能なDNSチェックサイト、サービスの状況やイベントを把握するためのサーバーの監視について、順に説明していきます。

COLUMN　インシデントとアクシデント

インシデントとは、重大な事件・事故に発展する可能性を持つ出来事や事件のことです。それが偶発的に起こったものであるか、誰かによって意図的に起こされたものであるかは区別されません。

情報セキュリティにおけるインシデントの代表的なものには、情報流出、フィッシング、不正侵入、マルウェア感染、Webサイト改ざん、サービス不能攻撃（DoS攻撃）などがあります。

一方、**アクシデント**は、実際に事件・事故が発生した状況のことです。つまり、インシデントのうち、実際に事件・事故が発生した状況がアクシデントとして扱われることになります。

CHAPTER8
Practical Guide to DNS

02 コマンドラインツール

DNSの動作状況を確認するためのコマンド

DNSの動作確認に使う、代表的なコマンドラインツールを**表8-1**に示します。これらのコマンドはパラメータとしてドメイン名、リソースレコードのタイプ、送り先のフルリゾルバーや権威サーバーのホスト名／IPアドレスを指定して問い合わせを送り、得られた応答を読みやすい形で表示します。

表8-1　代表的なコマンドラインツール

コマンド	開発元	DNSソフトウェア	概要
dig	Internet Systems Consortium	BIND URL https://www.isc.org/downloads/bind/	BINDに付属のコマンドラインツール。さまざまなOSに標準添付されている
drill	NLnet Labs	LDNS URL https://www.nlnetlabs.nl/projects/ldns/about/	digとほぼ同じ機能を備える。BINDを含まないOSにdigの代替として標準添付されているケースが増えている
kdig	CZ.NIC	Knot DNS URL https://www.knot-dns.cz/	digとほぼ同じ機能に加え、独自の機能も備えている
nslookup	Internet Systems Consortium	BIND URL https://www.isc.org/downloads/bind/	digが標準添付される以前から利用されているコマンドラインツール。Windowsでは現在も標準添付されている

最も普及しているDNSサーバーソフトウェアであるBINDに以前標準添付されていた**nslookupコマンド**は、**digコマンド**に置き換えられました。しかし、Windowsには現在も古いバージョンのBINDのnslookupコマンドが標準で添付されていることから、表に含めています。nslookupコマンドは設計が古いため出力される情報が限られており、DNSの動作確認やトラブルシューティングの際に必要な情報が得られない場合があります。そのため、他のコマンドラインツールが利用できない場合に限定的に使うようにしてください。なお、2018年現在、Windowsにはdig、drill、kdigコマンドはいずれも、標準添付されていません。

以降、本章ではさまざまなOSに標準添付されているdigコマンドと、digコマンドの代替としてBINDを含まないOSに標準添付されるケースが増えている**drillコマンド**を中心に紹介します。

digコマンドとdrillコマンド

digコマンドとdrillコマンドの基本的な構文を以下に示します。コマンドの引数の意味は、**表8-2**のとおりです。

dig/drillコマンドの基本的な構文

```
dig/drill [ オプション ] [ @サーバー ] ドメイン名 [ タイプ ] [ クラス ]
```

[ ] は省略可能です。引数の指定順は前後してもかまいません。

表8-2 dig/drillコマンドの引数の意味

項目	意味
オプション	オプションを指定します（主なオプションについては**表8-3**を参照）。
@サーバー	問い合わせ先のサーバー（権威サーバー、フルリゾルバー、フォワーダー）をドメイン名またはIPアドレスで指定します。省略した場合、システムに設定されているフルリゾルバーが使われます。
ドメイン名	問い合わせのドメイン名を指定します。
タイプ	問い合わせのタイプを指定します。省略した場合、A（IPv4アドレス）が指定されます。
クラス	問い合わせのクラスを設定します。省略した場合、IN（インターネット）が指定されます。

図8-1と**図8-2**に、digコマンドとdrillコマンドを使ってGoogle Public DNS（7章02の「パブリックDNSサービス」(p.149) を参照）にwww.google.comのAリソースレコードを問い合わせたときの出力例を示します。

digコマンドやdrillコマンドではDNSの通信でやりとりされる**DNSメッセージ**の内容が、**セクション**ごとに出力されます（**図8-1**と**図8-2**の出力例に「SECTION」が出力されていることに注意してください）。DNSメッセージの構造とセクションについては本節の「DNSメッセージの形式」(p.159) で説明します。

BIND 9.9以降に付属のdigコマンドはデフォルトでEDNS0（11章で説明）付きの問い合わせを送るため、drillコマンドの出力結果とは異なる部分があります。**図8-1**の例では、digコマンドの出力のほうがdrillコマンドに比べてメッセージサイズが11バイト大きく（rcvd: の値がdigでは59バイト、drillでは48バイト）、digではAdditionalセクション（後述）にリソースレコードが1つ追加されています（ADDITIONAL: の値がdigでは1、drillでは0）。

図8-1　digコマンドの出力例

```
% dig @8.8.8.8 www.google.com IN A↵

; <<>> DiG 9.11.2 <<>> @8.8.8.8 www.google.com IN A
; (1 server found)
;; global options: +cmd
;; Got answer:
;; ->>HEADER<<- opcode: QUERY, status: NOERROR, id: 424
;; flags: qr rd ra; QUERY: 1, ANSWER: 1, AUTHORITY: 0, ADDITIONAL: 1

;; OPT PSEUDOSECTION:
; EDNS: version: 0, flags:; udp: 512
;; QUESTION SECTION:
;www.google.com.                IN      A

;; ANSWER SECTION:
www.google.com.         88      IN      A       172.217.25.100

;; Query time: 37 msec
;; SERVER: 8.8.8.8#53(8.8.8.8)
;; WHEN: Thu Jan 18 20:18:44 JST 2018
;; MSG SIZE  rcvd: 59
```

図8-2　drillコマンドの出力例

```
% drill @8.8.8.8 www.google.com IN A↵

;; ->>HEADER<<- opcode: QUERY, rcode: NOERROR, id: 53569
;; flags: qr rd ra ; QUERY: 1, ANSWER: 1, AUTHORITY: 0, ADDITIONAL: 0
;; QUESTION SECTION:
;; www.google.com.      IN      A

;; ANSWER SECTION:
www.google.com.         88      IN      A       172.217.25.100

;; AUTHORITY SECTION:

;; ADDITIONAL SECTION:

;; Query time: 2 msec
;; SERVER: 8.8.8.8
;; WHEN: Thu Jan 18 20:18:44 2018
;; MSG SIZE  rcvd: 48
```

digコマンドやdrillコマンドではこのようなDNSメッセージの細かな違いも確認できることから、DNSの動作状況を確認する際の有用なツールとして、DNS管理者の間で広く使われています。

dig、drill、kdigコマンドの代表的なオプション

コマンドラインツールではオプションを指定して、さまざまなDNS問い合わせを送ることができます。dig、drill、kdigコマンドの主なオプションの比較を、**表8-3**に示します。それぞれのコマンドが付属しているDNSソフトウェアのバージョンにより、オプションのデフォルトや指定可能な内容が異なる場合があるため、マニュアルなどで確認するようにしてください。

表8-3　dig、drill、kdigコマンドの主なオプションの比較

オプションで指定する機能	dig（BIND 9.11.2に付属）	drill（LDNS 1.7.0に付属）	kdig（Knot DNS 2.6.1に付属）
名前解決要求の有効化	+recurse または +rec（デフォルト）	-o RD（デフォルト）	+recurse または +rec（デフォルト）
名前解決要求の無効化	+norecurse または +norec	-o rd	+norecurse または +norec
EDNS0の有効化	+edns （デフォルト）	自動設定（-Dなど、EDNS0を使用するオプションを指定した場合に、自動的に有効化）	+edns
EDNS0の無効化	+noedns	なし（デフォルト）	+noedns （デフォルト）
問い合わせのDNSSEC OK（DO）ビットをセット	+dnssec	-D	+dnssec
TCPで問い合わせ	+tcp	+t	+tcp
ルートから委任情報をトレース	+trace	-T	なし
指定されたIPアドレスを逆引き用ドメイン名に変換	-x	-x	-x
複数行形式で出力	+multiline または +multi	なし	+multiline または +multi

・名前解決要求に関係するオプション

オプションの中で特に重要なのが、4章で説明した**名前解決要求**に関係するオプションです。名前解決要求とは「**私の代わりに名前解決をして、**○○のIPアドレスを教えてください」という問い合わせで、スタブリゾルバーからフルリゾルバーに送られます。一方、フルリゾルバーから権威サーバーに送られる問い合わせでは「○○のIPアドレスを教えてください」のように、名前解決要求が無効になっています。

つまり、DNSの動作確認の際には、問い合わせの送り先がフルリゾルバーであるか権威サーバーであるかによって、名前解決要求を有効にするか無効にするかを使い分ける必要があります。dig、drill、kdigコマンドはいずれもこの使い分けに対応しており、問い合わせを送る際に名前解決要求を有効にするか無効にするかを、オプションで指定できます。

COLUMN 再帰的問い合わせと非再帰的問い合わせ

DNSでは、名前解決要求が有効になっている問い合わせを**再帰的問い合わせ（recursive query）**といい、無効になっている問い合わせを**非再帰的問い合わせ（non-recursive query）**といいます。

つまり、**スタブリゾルバーからフルリゾルバーに送る問い合わせが再帰的問い合わせで**、**フルリゾルバーから権威サーバーに送る問い合わせが非再帰的問い合わせ**となります（図8-3）。

図8-3 再帰問い合わせと非再帰問い合わせ

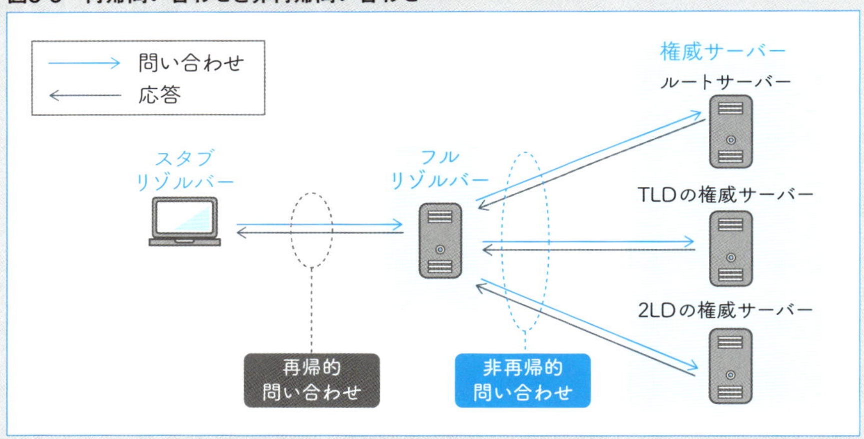

この名前は、DNSの動きをある程度知っている人からすると一見逆なようにも思えるため、これら2種類の問い合わせの名前を間違って解説している書籍や資料が数多く存在しており、DNSの動作を理解する際の妨げとなっています。

再帰的問い合わせは送信相手に名前解決を要求する、つまり、**送信相手に再帰的な動作を要求するための問い合わせ**であると覚えておくことで、こうした誤解を防ぐことができます。

なお、非再帰的問い合わせは**反復問い合わせ（iterative query）**とも呼ばれます。

DNSメッセージの形式

digコマンドやdrillコマンドの出力結果を正確に読むためには、DNSでやりとりされるメッセージ（**DNSメッセージ**）の中身を、ある程度知っておく必要があります。重要なのはDNSメッセージの形式と、DNSにおいてそれがどのように扱われるかです。ここでは、digコマンドやdrillコマンドの出力結果を読むために必要な部分に絞って、DNSメッセージの形式とその取り扱いを説明します。

DNSメッセージの特徴のひとつとして、**問い合わせと応答に同じ構造（フォーマット）が使われる**ことがあります。DNSメッセージのフォーマットを、**図8-4**に示します。

図8-4　DNSメッセージの構造（フォーマット）

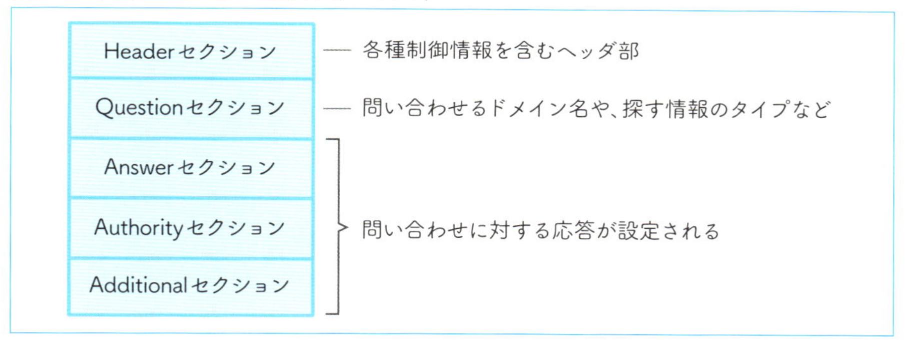

DNSメッセージはこのように、最大5つのセクションにより構成されています。各セクションのうちAnswer、Authority、Additionalの3つは、それぞれのセクションのデータがない場合、セクションそのものがなくなります。

DNSでは、問い合わせの**Headerセクション**に必要な情報を設定し、**Questionセクション**に問い合わせるドメイン名、タイプなどを設定します。そして、応答のHeaderセクションに応答の概要が設定され、Questionセクションに問い合わせの内容がそのままコピーされます。

応答の**Answerセクション**、**Authorityセクション**、**Additionalセクション**には、問い合わせに対する応答内容が適宜設定されます。これらのセクションにどんな内容がどのようにセットされるかは、応答結果により異なります。

Headerセクションには、DNSにおけるさまざまな指定や状態、応答コードなどが含まれています（**図8-5**）。

図8-5 DNSメッセージのHeaderセクションのフォーマット

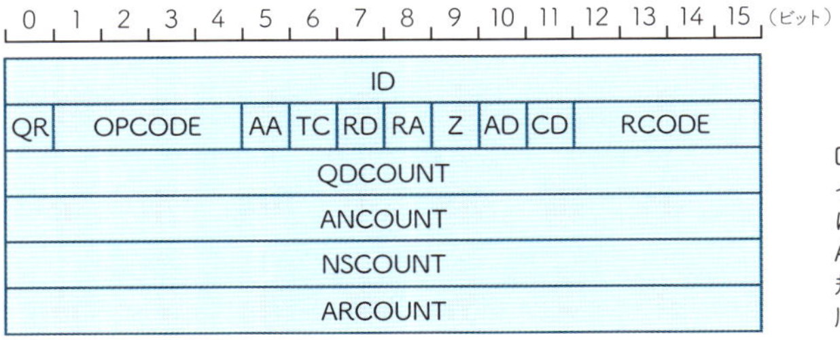

0	1	2	3	4	5	6	7	8	9	10	11	12	13	14	15 (ビット)
ID															
QR	OPCODE				AA	TC	RD	RA	Z	AD	CD	RCODE			
QDCOUNT															
ANCOUNT															
NSCOUNT															
ARCOUNT															

DNSメッセージのHeaderセクションのフォーマットは、左図のようにIDからARCOUNTまでの情報が規定された長さ(ビット)で順番に並びます。

Headerセクションの各フィールドは**表8-4**の意味を持ちます。

表8-4 Headerセクションの各フィールドの意味

フィールド名	意味
ID	DNSのトランザクションID。問い合わせ時にランダムに生成し、応答パケットにコピー
QR	問い合わせが0、応答が1
OPCODE	問い合わせの種類を指定。0が通常の問い合わせ、4がNOTIFY、5がUPDATE
AA	応答の際に意味を持つビットで、1である場合、管理権限を持つ応答であることを示す
TC	応答の際に意味を持つビットで、1である場合、パケット長制限などで応答が切り詰められたことを示す
RD	名前解決を要求するビット。0は権威サーバーへの問い合わせ、1はフルリゾルバーへの問い合わせ
RA	名前解決が可能であることを示すビット。0は非サポート、1はサポート
Z	将来のために予約（常に0）
AD	問い合わせの際にセットされ、1である場合、応答のADビットを理解できることを示す 応答の際にセットされ、1である場合、DNSSEC検証が成功したことを示す
CD	問い合わせの際にセットされ、1である場合、DNSSEC検証を無効にする
RCODE	応答コード（**表8-5**を参照）
QDCOUNT	問い合わせ（QUESTION）セクションの数で、常に1
ANCOUNT	応答（ANSWER）セクションのリソースレコード数
NSCOUNT	委任情報（AUTHORITY）セクションのリソースレコード数
ARCOUNT	付加情報（ADDITIONAL）セクションのリソースレコード数

COLUMN DNSメッセージにおけるドメイン名の表現形式と最大長

DNSメッセージにおいて、ドメイン名は以下のように表現されます。

<ラベルの長さ><ラベル><ラベルの長さ><ラベル>...<ラベルの長さ><ラベル><0>

例えば、example.jpというドメイン名の場合、以下のようになります。

値(16進)	07	65	77	61	6D	70	6C	65	02	6A	70	00
文字	(7)	e	x	a	m	p	l	e	(2)	j	p	(0)

つまり、example.jp(7文字+"."+2文字=10文字)をDNSメッセージの中で表現するには、12バイト必要ということになります。

DNSの基本仕様を定めているRFC 1035ではドメイン名の最大長を、255バイトまたはそれ以下と定めています。そのため、ドメイン名の最大長は、最後に"."を付けた絶対ドメイン名(6章のコラム「絶対ドメイン名、相対ドメイン名、完全修飾ドメイン名が存在する理由」(p.121)を参照)では254文字、"."を付けない場合は253文字となります。

digコマンドの出力を読み解く

ここまでに説明した内容を踏まえて、**図8-1**(p.156)のdigコマンドの出力結果を読み解いてみましょう。

本章の冒頭にも書きましたが、本書は初学者向けにDNSの仕組みと運用を解説する書籍です。そのため、ここではdigコマンドの出力結果のうち、DNSの運用において特に重要な部分のみをかいつまんで説明します。digコマンドやdrillコマンドの出力の詳しい読み方を知りたい場合は、各コマンドに付属のマニュアルを参照してください。

・図8-1の出力の5行目

```
;; ->>HEADER<<- opcode: QUERY, status: NOERROR, id: 424
;; flags: qr rd ra; QUERY: 1, ANSWER: 1, AUTHORITY: 0, ADDITIONAL: 1
```

ここには、応答のHeaderセクションの内容が表示されます。特に重要なのが「status」と「flags」の内容です。

statusには応答コードが表示されます。主な応答コードには**表8-5**のようなものがあります。この例では、通常応答を示すNOERRORが表示されています。

表8-5 statusに表示される主な応答コードとその意味

応答コード	意味
NOERROR	通常応答
SERVFAIL	サーバー側の異常で名前解決に失敗した
NXDOMAIN	その名前とその下の階層にはいずれのリソースレコードも存在しない
REFUSED	アクセス制限や管理ポリシーなどによりリクエストを拒否した

flagsの「qr rd ra」は、応答にそれぞれのフラグビットがセットされていることを示しています。ここでは、rdとraがセットされていることに注目してください。rdは「Recursion Desired」で、digコマンドが送った問い合わせが「名前解決要求」であったことを示しています。raは「Recursion Available」で、応答した相手（ここではGoogle Public DNS）が名前解決要求を処理できる、つまり、フルリゾルバーであることを示しています。

・図8-1の出力の10行目

```
;; QUESTION SECTION:
;www.google.com.                    IN      A
```

ここには、応答のQuestionセクションの内容が表示されます。問い合わせのドメイン名とタイプ（www.google.comのAリソースレコード）がそのままコピーされています。

・図8-1の出力の13行目

```
;; ANSWER SECTION:
www.google.com.         88      IN      A       172.217.25.100
```

ここには、応答のAnswerセクションの内容が表示されます。www.google.comのAリソースレコードの内容、つまり、www.google.comのIPv4アドレスが表示されています。

また、この応答にはAuthorityセクションがないため、表示されません。Additionalセクションはありますが、入っている内容が本節の「digコマンドとdrillコマンド」（p.155）で触れたEDNS0のOPT疑似リソースレコード（11章で説明）のみであるため、ここには表示されません（EDNS0の情報は「OPT PSEUDOSECTION」の部分に表示されています）。

・図8-1の出力の16行目

```
;; Query time: 37 msec
;; SERVER: 8.8.8.8#53(8.8.8.8)
;; WHEN: Thu Jan 18 20:18:44 JST 2018
;; MSG SIZE  rcvd: 59
```

最後に、問い合わせから応答までの時間、送信相手のIPアドレスとポート番号、日付、応答のDNSメッセージサイズが表示されます。

CHAPTER8
Practical Guide to DNS

03 digコマンドを使った動作確認

権威サーバーやフルリゾルバーを設定した場合、それらが正しく動作しているかを確認するため、DNSメッセージの内容を確認することになります。ここでは、digコマンドを使って動作確認する例を中心に説明します。

権威サーバーの動作を確認する

設定したリソースレコードを権威サーバーが正しく応答しているかを確認する場合、応答のリソースレコードの内容に加え、DNSメッセージのHeaderセクションにある**AAビット**がセットされていることを確認します。AAは「Authoritative Answer」のことで、応答したサーバーが問い合わされたドメイン名の情報に対する管理権限を持つことを示しています。

また、8章02の「dig、drill、kdigコマンドの代表的なオプション」(p.157)で説明したように、今回はコマンドの送信先が権威サーバーですので、digコマンドを実行する際、名前解決要求を無効にする**+norecurse（+norecと省略可能）オプションを指定します。**digコマンドの出力例を**図8-6**に、その応答を読み解いて確認する例とその内容を**図8-7**に示します。

図8-6　権威サーバーにdigコマンドを実行した際の出力例

```
% dig +norec @202.11.16.49 jprs.co.jp A ↵

; <<>> DiG 9.13.0 <<>> +norec @202.11.16.49 jprs.co.jp
; (1 server found)
;; global options: +cmd
;; Got answer:
;; ->>HEADER<<- opcode: QUERY, status: NOERROR, id: 34622
;; flags: qr aa; QUERY: 1, ANSWER: 1, AUTHORITY: 4, ADDITIONAL: 9

;; OPT PSEUDOSECTION:
; EDNS: version: 0, flags:; udp: 4096
;; QUESTION SECTION:
```

```
;jprs.co.jp.                    IN      A

;; ANSWER SECTION:
jprs.co.jp.             300     IN      A       117.104.133.165

;; AUTHORITY SECTION:
jprs.co.jp.             86400   IN      NS      ns1.jprs.co.jp.
jprs.co.jp.             86400   IN      NS      ns2.jprs.co.jp.
jprs.co.jp.             86400   IN      NS      ns3.jprs.co.jp.
jprs.co.jp.             86400   IN      NS      ns4.jprs.co.jp.

;; ADDITIONAL SECTION:
ns1.jprs.co.jp.         86400   IN      A       202.11.16.49
ns2.jprs.co.jp.         86400   IN      A       202.11.16.59
ns3.jprs.co.jp.         86400   IN      A       203.105.65.178
ns4.jprs.co.jp.         86400   IN      A       203.105.65.181
ns1.jprs.co.jp.         86400   IN      AAAA    2001:df0:8::a153
ns2.jprs.co.jp.         86400   IN      AAAA    2001:df0:8::a253
ns3.jprs.co.jp.         86400   IN      AAAA    2001:218:3001::a153
ns4.jprs.co.jp.         86400   IN      AAAA    2001:218:3001::a253

;; Query time: 3 msec
;; SERVER: 202.11.16.49#53(202.11.16.49)
;; WHEN: Fri Jun 15 19:22:40 JST 2018
;; MSG SIZE  rcvd: 303
```

図8-7 設定した権威サーバーの動作をdigコマンドで確認する方法と確認内容

【設定内容】

- jprs.co.jpゾーンの権威サーバーを、以下の内容で設定した
  - ホスト名：ns1.jprs.co.jp、ns2.jprs.co.jp、ns3.jprs.co.jp、ns4.jprs.co.jp
  - ns1.jprs.co.jpのIPアドレス：202.11.16.49と2001:df0:8::a153
  - ns2.jprs.co.jpのIPアドレス：202.11.16.59と2001:df0:8::a253
  - ns3.jprs.co.jpのIPアドレス：203.105.65.178と2001:218:3001::a153
  - ns4.jprs.co.jpのIPアドレス：203.105.65.181と2001:218:3001::a253

【確認方法】

- digコマンドを使って、ns1.jprs.co.jpのIPアドレス202.11.16.49にドメイン名jprs.co.jp、タイプAを指定した問い合わせを送り、動作を確認した
- 相手先が権威サーバーであるため+norecオプションを指定し、名前解決要求を無効にした

【確認内容】

- digコマンドの結果を読み解いて以下を確認し、ns1.jprs.co.jpは設定どおりに動作していると判断した

① Headerセクションに、AAビットがセットされている
② Answerセクションに、jprs.co.jpのAリソースレコードが1つ設定されている
③ Authorityセクションに、jprs.co.jpの権威サーバーの正しいNSリソースレコードセットが設定されている
④ Additionalセクションに、Authorityセクションに設定された権威サーバーのAリソースレコードおよびAAAAリソースレコードが正しく設定されている

次に、このns1.jprs.co.jpが権威サーバーとしてのみ動作している、つまり、**フルリゾルバーとして動作していない**ことを確認します。今回の例では、ns1.jprs.co.jpのIPアドレス202.11.16.49に、そのサーバーで管理していないドメイン名、例えばwww.google.comのAリソースレコードの問い合わせを、名前解決要求を有効にした形で、つまり、**+norecurse（+norec）オプションを指定せずに**送ることで、動作を確認しています（**図8-8**）。

今回の例では、Headerセクションのstatusの内容（応答コード）が「REFUSED（リクエストを拒否した）」となっており、かつ、**名前解決要求を処理可能であることを示すRAビットが設定されていない（flagsにraがない）**ことから、ns1.jprs.co.jpがフルリゾルバーとして動作していないことを確認できます。

図8-8　フルリゾルバーとして動作していないことの確認

```
% dig @202.11.16.49 www.google.com A ↵

; <<>> DiG 9.13.0 <<>> @202.11.16.49 www.google.com A
; (1 server found)
;; global options: +cmd
;; Got answer:
;; ->>HEADER<<- opcode: QUERY, status: REFUSED, id: 36911
;; flags: qr rd; QUERY: 1, ANSWER: 0, AUTHORITY: 0, ADDITIONAL: 1
;; WARNING: recursion requested but not available

;; OPT PSEUDOSECTION:
; EDNS: version: 0, flags:; udp: 4096
;; QUESTION SECTION:
;www.google.com.                 IN      A

;; Query time: 3 msec
;; SERVER: 202.11.16.49#53(202.11.16.49)
;; WHEN: Fri Jun 15 19:44:17 JST 2018
;; MSG SIZE  rcvd: 43
```

フルリゾルバーの動作を確認する

フルリゾルバーの動作確認は、問い合わせに対し期待するリソースレコードが返るか、つまり、名前解決が正しく行われているかを確認することになります。

ここでは、首相官邸の公式サイトのドメイン名「www.kantei.go.jp」のIPv4アドレスを、現在使っているフルリゾルバーを使って問い合わせることにします。

digコマンドでは「@サーバー」の指定を省略した場合、システムに設定されているフルリゾルバーが使われます。また、コマンドの送信先がフルリゾルバーですので、+norecurse（+norec）オプションは指定しません。digコマンドの出力例を、**図8-9**に示します。

図8-9　フルリゾルバーにdigコマンドを実行した際の出力例

```
% dig www.kantei.go.jp A ↵

; <<>> DiG 9.8.4-rpz2+rl005.12-P1 <<>> www.kantei.go.jp A
;; global options: +cmd
;; Got answer:
;; ->>HEADER<<- opcode: QUERY, status: NOERROR, id: 36279
;; flags: qr rd ra; QUERY: 1, ANSWER: 1, AUTHORITY: 0, ADDITIONAL: 0

;; QUESTION SECTION:
;www.kantei.go.jp.          IN     A

;; ANSWER SECTION:
www.kantei.go.jp.      30     IN     A      202.214.194.138

;; Query time: 5 msec
;; SERVER: 127.0.0.1#53(127.0.0.1)
;; WHEN: Wed Jun 20 12:47:39 2018
;; MSG SIZE  rcvd: 50
```

この結果から、応答コードがNOERROR（通常応答）であり、Answerセクションにwww.kantei.go.jpのIPv4アドレスを持つAリソースレコードがあるため、www.kantei.go.jpのIPv4アドレスを名前解決できたということがわかります。

また、名前解決要求を処理可能であることを示すRAビットが設定されている（flagsにraがある）ことから、現在使っているフルリゾルバーが、実際にフルリゾルバーとして動作していることを確認できます。

CHAPTER8
Practical Guide to DNS

04 digコマンドの応用 〜フルリゾルバーになって名前解決

ここでは、フルリゾルバーの名前解決の動作をコマンドラインツールで模倣していきます。最初にシンプルな名前解決の例を、続いて、最近のCDNやクラウドサービスでよく使われるCNAMEリソースレコード（6章05の「外部サービスを自社のドメイン名で利用する」（p.129）を参照）を設定した場合の名前解決の例を説明します。後者の例では名前解決の処理が複雑になり、ステップが多くなっている点に注目してください。

ここからは、**あなたがフルリゾルバーです**。フルリゾルバーの問い合わせ先は権威サーバーですので**名前解決要求を無効にする**、つまり、それぞれのコマンドに以下のオプションを指定する必要があります。

digコマンド　：+norecurse（+norecと省略可能）
drillコマンド：−o rd
kdigコマンド：+norecurse（+norecと省略可能）

なお、今回の例ではDNSSEC（10章03、13章で説明）とEDNS0（11章09で説明）については、考慮しないものとします。

以降では、digコマンド、drillコマンド、kdigコマンドの3つを使って、その結果を説明します。使うコマンドは統一したほうが使いやすく説明もしやすいですが、ここでは、どのコマンドを使ってもDNSそのものの基本動作は同様であるということを示すため、あえて混在させています。DNSメッセージと名前解決に対する理解を深めてください。

例1）www.jprs.co.jpのAリソースレコードを問い合わせる

ここでは、シンプルな形で進む名前解決の例を示します。本書を含む一般的なDNSの書籍や技術資料でよく紹介されるのは、この形の名前解決です。

❶ルートサーバーへ "www.jprs.co.jp A" を問い合わせ

まず、名前解決の起点であるルートサーバーにwww.jprs.co.jpのAリソースレコードを問い合わせます。ルートサーバーのIPアドレスは、7章のコラム「ヒントファイルとプライミング」(p.139) で説明したプライミングによって得たものを使います。次の例では、a.root-servers.netのIPv4アドレスに対して問い合わせを行っています。今回の問い合わせでは、digコマンドを使っています。

画面8-1　ルートサーバーへ"www.jprs.co.jp A"を問い合わせ

```
% dig +norec @198.41.0.4 www.jprs.co.jp A↵

; <<>> DiG 9.12.1 <<>> +norec @198.41.0.4 www.jprs.co.jp A
; (1 server found)
;; global options: +cmd
;; Got answer:
;; ->>HEADER<<- opcode: QUERY, status: NOERROR, id: 271
;; flags: qr; QUERY: 1, ANSWER: 0, AUTHORITY: 8, ADDITIONAL: 16

;; OPT PSEUDOSECTION:
; EDNS: version: 0, flags:; udp: 1472
;; QUESTION SECTION:
;www.jprs.co.jp.                    IN      A

;; AUTHORITY SECTION:
jp.                 172800  IN      NS      a.dns.jp.
jp.                 172800  IN      NS      b.dns.jp.
jp.                 172800  IN      NS      c.dns.jp.
jp.                 172800  IN      NS      d.dns.jp.
jp.                 172800  IN      NS      e.dns.jp.
jp.                 172800  IN      NS      f.dns.jp.
jp.                 172800  IN      NS      g.dns.jp.
jp.                 172800  IN      NS      h.dns.jp.

;; ADDITIONAL SECTION:
a.dns.jp.           172800  IN      A       203.119.1.1
b.dns.jp.           172800  IN      A       202.12.30.131
c.dns.jp.           172800  IN      A       156.154.100.5
d.dns.jp.           172800  IN      A       210.138.175.244
e.dns.jp.           172800  IN      A       192.50.43.53
f.dns.jp.           172800  IN      A       150.100.6.8
g.dns.jp.           172800  IN      A       203.119.40.1
h.dns.jp.           172800  IN      A       65.22.40.25
a.dns.jp.           172800  IN      AAAA    2001:dc4::1
b.dns.jp.           172800  IN      AAAA    2001:dc2::1
c.dns.jp.           172800  IN      AAAA    2001:502:ad09::5
d.dns.jp.           172800  IN      AAAA    2001:240::53
```

```
e.dns.jp.              172800  IN      AAAA    2001:200:c000::35
f.dns.jp.              172800  IN      AAAA    2001:2f8:0:100::153
h.dns.jp.              172800  IN      AAAA    2a01:8840:1ba::25

;; Query time: 109 msec
;; SERVER: 198.41.0.4#53(198.41.0.4)
;; WHEN: Tue Apr 24 17:36:02 JST 2018
;; MSG SIZE  rcvd: 499
```

この応答から、以下のことがわかります。

・通常応答である（statusがNOERROR）
・Answerセクションがない（ANSWERが0）
・権威を持つ応答ではなく、委任情報が応答されている（flagsにaaがない）

そして、以下のことが示されています。

・Authorityセクションにjpへの委任がある
・委任先がa.dns.jp ～ h.dns.jpである

また、以下のことがわかります。

・Additionalセクションにa.dns.jp ～ h.dns.jpのIPアドレスが追加されている

❷ jp の権威サーバーへ "www.jprs.co.jp A" を問い合わせ

ルートサーバーから委任情報が応答されてきたため、委任先であるjpゾーンの権威サーバーのいずれかにwww.jprs.co.jpのAリソースレコードを問い合わせます。次の例では、a.dns.jpのIPv6アドレスに対して問い合わせを行っています。今回の問い合わせでは、drillコマンドを使っています。

画面8-2　jpの権威サーバーへ"www.jprs.co.jp A"を問い合わせ

```
% drill -o rd @2001:dc4::1 www.jprs.co.jp A↵

;; ->>HEADER<<- opcode: QUERY, rcode: NOERROR, id: 14793
;; flags: qr ; QUERY: 1, ANSWER: 0, AUTHORITY: 4, ADDITIONAL: 8
;; QUESTION SECTION:
;; www.jprs.co.jp.      IN      A

;; ANSWER SECTION:

;; AUTHORITY SECTION:
jprs.co.jp.     86400   IN      NS      ns1.jprs.co.jp.
```

```
jprs.co.jp.      86400   IN      NS      ns3.jprs.co.jp.
jprs.co.jp.      86400   IN      NS      ns2.jprs.co.jp.
jprs.co.jp.      86400   IN      NS      ns4.jprs.co.jp.

;; ADDITIONAL SECTION:
ns1.jprs.co.jp. 86400   IN      AAAA    2001:df0:8::a153
ns2.jprs.co.jp. 86400   IN      AAAA    2001:df0:8::a253
ns3.jprs.co.jp. 86400   IN      AAAA    2001:218:3001::a153
ns4.jprs.co.jp. 86400   IN      AAAA    2001:218:3001::a253
ns1.jprs.co.jp. 86400   IN      A       202.11.16.49
ns2.jprs.co.jp. 86400   IN      A       202.11.16.59
ns3.jprs.co.jp. 86400   IN      A       203.105.65.178
ns4.jprs.co.jp. 86400   IN      A       203.105.65.181

;; Query time: 3 msec
;; SERVER: 2001:dc4::1
;; WHEN: Tue Apr 24 17:43:01 2018
;; MSG SIZE  rcvd: 280
```

この応答から、以下のことがわかります。

- 通常応答である（rcode（digにおけるstatusに相当）がNOERROR）
- Answerセクションがない（ANSWERが0）
- 権威を持つ応答ではなく、委任情報が応答されている（flagsにaaがない）

そして、以下のことが示されています。

- Authorityセクションにjprs.co.jpへの委任がある
- 委任先がns1.jprs.co.jp ～ ns4.jprs.co.jpである

また、以下のことがわかります。

- Additionalセクションにns1.jprs.co.jp ～ ns4.jprs.co.jp のIPアドレスが追加されている

❸ jprs.co.jp の権威サーバーへ "www.jprs.co.jp A" を問い合わせ

jpの権威サーバーから委任情報が応答されてきたため、委任先であるjprs.co.jpゾーンの権威サーバーのいずれかにwww.jprs.co.jpのAリソースレコードを問い合わせます。次の例では、ns1.jprs.co.jpのIPv4アドレスに対して問い合わせを行っています。今回の問い合わせでは、kdigコマンドを使っています。

画面8-3　jprs.co.jpの権威サーバーへ"www.jprs.co.jp A"を問い合わせ

```
% kdig +norec @202.11.16.49 www.jprs.co.jp A↵

;; ->>HEADER<<- opcode: QUERY; status: NOERROR; id: 47281
;; Flags: qr aa; QUERY: 1; ANSWER: 1; AUTHORITY: 4; ADDITIONAL: 8

;; QUESTION SECTION:
;; www.jprs.co.jp.              IN      A

;; ANSWER SECTION:
www.jprs.co.jp.         300     IN      A       117.104.133.165

;; AUTHORITY SECTION:
jprs.co.jp.             86400   IN      NS      ns1.jprs.co.jp.
jprs.co.jp.             86400   IN      NS      ns3.jprs.co.jp.
jprs.co.jp.             86400   IN      NS      ns4.jprs.co.jp.
jprs.co.jp.             86400   IN      NS      ns2.jprs.co.jp.

;; ADDITIONAL SECTION:
ns1.jprs.co.jp.         86400   IN      A       202.11.16.49
ns2.jprs.co.jp.         86400   IN      A       202.11.16.59
ns3.jprs.co.jp.         86400   IN      A       203.105.65.178
ns4.jprs.co.jp.         86400   IN      A       203.105.65.181
ns1.jprs.co.jp.         86400   IN      AAAA    2001:df0:8::a153
ns2.jprs.co.jp.         86400   IN      AAAA    2001:df0:8::a253
ns3.jprs.co.jp.         86400   IN      AAAA    2001:218:3001::a153
ns4.jprs.co.jp.         86400   IN      AAAA    2001:218:3001::a253

;; Received 296 B
;; Time 2018-04-24 17:47:05 JST
;; From 202.11.16.49@53(UDP) in 4.0 ms
```

この応答から、以下のことがわかります。

- 通常応答である（statusがNOERROR）
- Answerセクションに応答が1つある（ANSWERが1）
- 権威を持つ応答が返されている（flagsにaaがある）

そして、以下のことが示されています。

- Answerセクションにwww.jprs.co.jpのAリソースレコードがある

したがって、これが求める情報となります。www.jprs.co.jpのIPv4アドレスは、117.104.133.165でした。

例2）www.ietf.orgのAAAAリソースレコードを問い合わせる

この例では、実際のインターネットにおける名前解決を理解するため、最近のトレンドであるCDNやクラウドサービスを利用している場合のフルリゾルバーの処理を模倣していきます。

現在のインターネットでは、多くのサービスにおいて、この形で名前解決が行われます。前項の説明と比べて名前解決の処理が複雑になり、必要な問い合わせのステップが増えますが、各段階の処理の流れを意識・把握しながら読み進めてください。

❶ルートサーバーへ "www.ietf.org AAAA" を問い合わせ

前項と同様、名前解決の起点であるルートサーバーに問い合わせます。今回の問い合わせでは、drillコマンドを使っています。

画面8-4　ルートサーバーへ"www.ietf.org AAAA"を問い合わせ

```
% drill -o rd @198.41.0.4 www.ietf.org AAAA↵

;; ->>HEADER<<- opcode: QUERY, rcode: NOERROR, id: 53061
;; flags: qr ; QUERY: 1, ANSWER: 0, AUTHORITY: 6, ADDITIONAL: 12
;; QUESTION SECTION:
;; www.ietf.org.        IN      AAAA

;; ANSWER SECTION:

;; AUTHORITY SECTION:
org.    172800  IN      NS      d0.org.afilias-nst.org.
org.    172800  IN      NS      a0.org.afilias-nst.info.
org.    172800  IN      NS      c0.org.afilias-nst.info.
org.    172800  IN      NS      a2.org.afilias-nst.info.
org.    172800  IN      NS      b0.org.afilias-nst.org.
org.    172800  IN      NS      b2.org.afilias-nst.org.

;; ADDITIONAL SECTION:
d0.org.afilias-nst.org. 172800  IN      A       199.19.57.1
d0.org.afilias-nst.org. 172800  IN      AAAA    2001:500:f::1
a0.org.afilias-nst.info.        172800  IN      A       199.19.56.1
a0.org.afilias-nst.info.        172800  IN      AAAA    2001:500:e::1
c0.org.afilias-nst.info.        172800  IN      A       199.19.53.1
c0.org.afilias-nst.info.        172800  IN      AAAA    2001:500:b::1
a2.org.afilias-nst.info.        172800  IN      A       199.249.112.1
a2.org.afilias-nst.info.        172800  IN      AAAA    2001:500:40::1
b0.org.afilias-nst.org. 172800  IN      A       199.19.54.1
```

```
b0.org.afilias-nst.org. 172800  IN      AAAA    2001:500:c::1
b2.org.afilias-nst.org. 172800  IN      A       199.249.120.1
b2.org.afilias-nst.org. 172800  IN      AAAA    2001:500:48::1

;; Query time: 107 msec
;; SERVER: 198.41.0.4
;; WHEN: Tue Apr 24 17:49:58 2018
;; MSG SIZE  rcvd: 432
```

この応答から、以下のことがわかります。

- 通常応答である（rcodeがNOERROR）
- Answerセクションがない（ANSWERが0）
- 権威を持つ応答ではなく、委任情報が応答されている（flagsにaaがない）

そして、以下のことが示されています。

- Authorityセクションにorgへの委任がある
- 委任先がa0.org.afilias-nst.orgなどである

また、以下のことがわかります。

- Additionalセクションにa0.org.afilias-nst.orgなどのIPアドレスが追加されている

❷org の権威サーバーへ "www.ietf.org AAAA" を問い合わせ

ルートサーバーから委任情報が応答されてきたため、委任先であるorgゾーンの権威サーバーのいずれかにwww.ietf.orgのAAAAリソースレコードを問い合わせます。次の例では、a0.org.afilias-nst.orgのIPv6アドレスに対して問い合わせを行っています。

画面8-5　orgの権威サーバーへ"www.ietf.org AAAA"を問い合わせ

```
% drill -o rd @2001:500:e::1 www.ietf.org AAAA↵

;; ->>HEADER<<- opcode: QUERY, rcode: NOERROR, id: 58360
;; flags: qr ; QUERY: 1, ANSWER: 0, AUTHORITY: 6, ADDITIONAL: 0
;; QUESTION SECTION:
;; www.ietf.org.        IN      AAAA

;; ANSWER SECTION:
```

```
;; AUTHORITY SECTION:
ietf.org.        86400   IN      NS      ns1.yyz1.afilias-nst.info.
ietf.org.        86400   IN      NS      ns1.mia1.afilias-nst.info.
ietf.org.        86400   IN      NS      ns0.amsl.com.
ietf.org.        86400   IN      NS      ns1.hkg1.afilias-nst.info.
ietf.org.        86400   IN      NS      ns1.ams1.afilias-nst.info.
ietf.org.        86400   IN      NS      ns1.sea1.afilias-nst.info.

;; ADDITIONAL SECTION:

;; Query time: 4 msec
;; SERVER: 2001:500:e::1
;; WHEN: Tue Apr 24 18:26:15 2018
;; MSG SIZE  rcvd: 187
```

この応答から、以下のことがわかります。

- 通常応答である（rcodeがNOERROR）
- Answerセクションがない（ANSWERが0）
- 権威を持つ応答ではなく、委任情報が応答されている（flagsにaaがない）

そして、以下のことが示されています。

- Authorityセクションにietf.orgへの委任がある
- 委任先がns1.yyz1.afilias-nst.info などである

しかし、このNSリソースレコードで指定される権威サーバーは**外部名**（本章のコラム「内部名と外部名」（p.176）を参照）であるため、Additionalセクションがありません。そのため、フルリゾルバーは、権威サーバーのホスト名のIPアドレスを別途入手する必要があります。

もし、それまでの名前解決で得られたキャッシュに利用可能な情報がない場合、フルリゾルバーはこの権威サーバーホスト名の名前解決をルートから行います。

COLUMN　内部名と外部名

内部名（In-bailiwick）は、委任先の権威サーバーのホスト名を分類するための用語です。In-bailiwickは、以下の2つのタイプに分割されます（**図8-10**）。

(a) **In-domain**：ホスト名がNSリソースレコードを設定しているゾーンカットのドメイン名、またはその子孫である。この場合、親ゾーンにグルーレコードの設定が必要になり、設定しない場合、名前解決に失敗する

(b) **Sibling domain**：ホスト名が委任元のドメイン名、またはその子孫であるが、In-domainではない。この場合、親ゾーンにグルーレコードを設定することは許可されるが、必須ではない

図8-10の(a)がIn-domain、(b)がSibling domainとなります。In-bailiwickではない名前は、**外部名（Out-of-bailiwick）**と呼ばれます。これらの用語の詳細については、DNSの用語を定義しているRFC 8499を参照してください。

図8-10　jpゾーンから委任された、example.jpゾーンの権威サーバーのホスト名における例

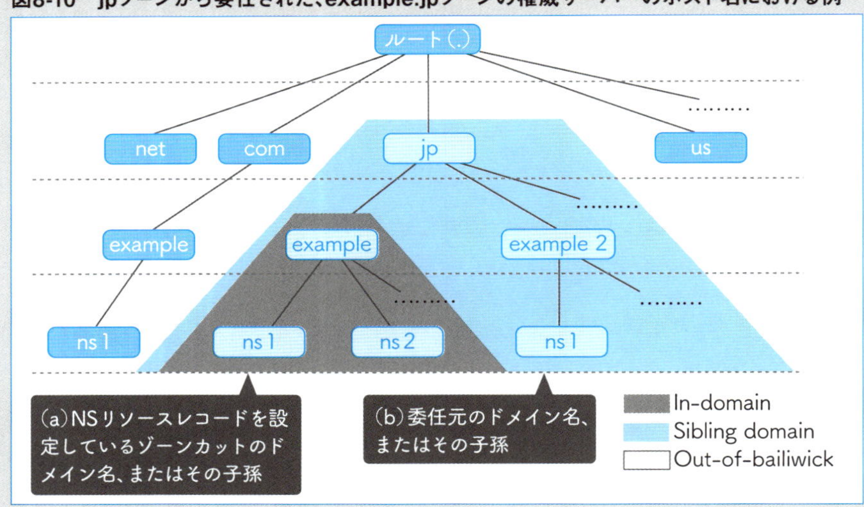

❸ルートサーバーに "ns1.yyz1.afilias-nst.info A" を問い合わせ

フルリゾルバーであるあなたが次に名前解決する必要があるドメイン名はwww.ietf.orgではなく、ietf.orgの権威サーバーのホスト名、つまり、ns1.yyz1.afilias-nst.infoなどです。**このホスト名が名前解決できないとietf.orgの権威サーバーにアクセスできない**ので、フルリゾルバーは**www.ietf.orgの名前解決をいったん保留し、ns1.yyz1.afilias-nst.infoの名前解決を行う**必要があります。

ルートサーバーにns1.yyz1.afilias-nst.infoのAリソースレコードを問い合わせます。

画面8-6　ルートサーバーに "ns1.yyz1.afilias-nst.info A" を問い合わせ

```
% drill -o rd @198.41.0.4  ns1.yyz1.afilias-nst.info A↵
;; ->>HEADER<<- opcode: QUERY, rcode: NOERROR, id: 22938
;; flags: qr ; QUERY: 1, ANSWER: 0, AUTHORITY: 6, ADDITIONAL: 12
;; QUESTION SECTION:
;; ns1.yyz1.afilias-nst.info.   IN      A

;; ANSWER SECTION:

;; AUTHORITY SECTION:
info.   172800  IN      NS      a2.info.afilias-nst.info.
info.   172800  IN      NS      b0.info.afilias-nst.org.
info.   172800  IN      NS      d0.info.afilias-nst.org.
info.   172800  IN      NS      c0.info.afilias-nst.info.
info.   172800  IN      NS      b2.info.afilias-nst.org.
info.   172800  IN      NS      a0.info.afilias-nst.info.

;; ADDITIONAL SECTION:
a2.info.afilias-nst.info.       172800  IN      A       199.249.113.1
a2.info.afilias-nst.info.       172800  IN      AAAA    2001:500:41::1
b0.info.afilias-nst.org.        172800  IN      A       199.254.48.1
b0.info.afilias-nst.org.        172800  IN      AAAA    2001:500:1a::1
d0.info.afilias-nst.org.        172800  IN      A       199.254.50.1
d0.info.afilias-nst.org.        172800  IN      AAAA    2001:500:1c::1
c0.info.afilias-nst.info.       172800  IN      A       199.254.49.1
c0.info.afilias-nst.info.       172800  IN      AAAA    2001:500:1b::1
b2.info.afilias-nst.org.        172800  IN      A       199.249.121.1
b2.info.afilias-nst.org.        172800  IN      AAAA    2001:500:49::1
a0.info.afilias-nst.info.       172800  IN      A       199.254.31.1
a0.info.afilias-nst.info.       172800  IN      AAAA    2001:500:19::1

;; Query time: 107 msec
;; SERVER: 198.41.0.4
;; WHEN: Thu Apr 26 13:27:46 2018
;; MSG SIZE  rcvd: 434
```

この応答から、以下のことがわかります。

- 通常応答である（rcodeがNOERROR）
- Answerセクションがない（ANSWERが0）
- 権威を持つ応答ではなく、委任情報が応答されている（flagsにaaがない）

そして、以下のことが示されています。

- Authorityセクションにinfoへの委任がある
- 委任先がa2.info.afilias-nst.infoなどである

また、以下のことがわかります。

- Additionalセクションにa2.info.afilias-nst.infoなどのIPアドレスが追加されている

❹info の権威サーバーに "ns1.yyz1.afilias-nst.info A" を問い合わせ

ルートサーバーから委任情報が応答されてきたため、委任先であるinfoゾーンの権威サーバーのいずれかにns1.yyz1.afilias-nst.infoのAリソースレコードを問い合わせます。次の例では、ns1.yyz1.afilias-nst.infoのIPv4アドレスに対して問い合わせを行っています。

画面8-7　infoの権威サーバーに"ns1.yyz1.afilias-nst.info A" を問い合わせ

```
% drill -o rd @199.249.113.1 ns1.yyz1.afilias-nst.info A↵
;; ->>HEADER<<- opcode: QUERY, rcode: NOERROR, id: 63080
;; flags: qr ; QUERY: 1, ANSWER: 0, AUTHORITY: 4, ADDITIONAL: 8
;; QUESTION SECTION:
;; ns1.yyz1.afilias-nst.info.	IN	A

;; ANSWER SECTION:

;; AUTHORITY SECTION:
afilias-nst.info.	86400	IN	NS	a0.dig.afilias-nst.info.
afilias-nst.info.	86400	IN	NS	b0.dig.afilias-nst.info.
afilias-nst.info.	86400	IN	NS	c0.dig.afilias-nst.info.
afilias-nst.info.	86400	IN	NS	d0.dig.afilias-nst.info.

;; ADDITIONAL SECTION:
a0.dig.afilias-nst.info.	86400	IN	A	65.22.6.1
b0.dig.afilias-nst.info.	86400	IN	A	65.22.7.1
c0.dig.afilias-nst.info.	86400	IN	A	65.22.8.1
d0.dig.afilias-nst.info.	86400	IN	A	65.22.9.1
a0.dig.afilias-nst.info.	86400	IN	AAAA	2a01:8840:6::1
b0.dig.afilias-nst.info.	86400	IN	AAAA	2a01:8840:7::1
c0.dig.afilias-nst.info.	86400	IN	AAAA	2a01:8840:8::1
d0.dig.afilias-nst.info.	86400	IN	AAAA	2a01:8840:9::1

;; Query time: 2 msec
;; SERVER: 199.249.113.1
;; WHEN: Thu Apr 26 13:30:56 2018
;; MSG SIZE  rcvd: 291
```

この応答から、以下のことがわかります。

・通常応答である（rcodeがNOERROR）
・Answerセクションがない（ANSWERが0）
・権威を持つ応答ではなく、委任情報が応答されている（flagsにaaがない）

そして、以下のことが示されています。

・Authorityセクションにafilias-nst.infoへの委任がある
・委任先がa0.dig.afilias-nst.infoなどである

また、以下のことがわかります。

・Additionalセクションにa0.dig.afilias-nst.infoなどのIPアドレスが追加されている

❺afilias-nst.info の権威サーバーに "ns1.yyz1.afilias-nst.info A" を問い合わせ

infoの権威サーバーから委任情報が応答されてきたため、委任先であるafilias-nst.infoゾーンの権威サーバーのいずれかにns1.yyz1.afilias-nst.infoのAリソースレコードを問い合わせます。次の例では、ns1.yyz1.afilias-nst.infoのIPv4アドレスに対して問い合わせを行っています。

画面8-8　afilias-nst.infoの権威サーバーに"ns1.yyz1.afilias-nst.info A" を問い合わせ

```
% drill -o rd @65.22.6.1 ns1.yyz1.afilias-nst.info A↵
;; ->>HEADER<<- opcode: QUERY, rcode: NOERROR, id: 24242
;; flags: qr aa ; QUERY: 1, ANSWER: 1, AUTHORITY: 4, ADDITIONAL: 0
;; QUESTION SECTION:
;; ns1.yyz1.afilias-nst.info.   IN      A

;; ANSWER SECTION:
ns1.yyz1.afilias-nst.info.      3600    IN      A       65.22.9.1

;; AUTHORITY SECTION:
yyz1.afilias-nst.info.  3600    IN      NS      a0.dig.afilias-nst.info.
yyz1.afilias-nst.info.  3600    IN      NS      b0.dig.afilias-nst.info.
yyz1.afilias-nst.info.  3600    IN      NS      c0.dig.afilias-nst.info.
yyz1.afilias-nst.info.  3600    IN      NS      d0.dig.afilias-nst.info.

;; ADDITIONAL SECTION:

;; Query time: 234 msec
```

```
;; SERVER: 65.22.6.1
;; WHEN: Thu Apr 26 13:35:00 2018
;; MSG SIZE  rcvd: 131
```

この応答から、以下のことがわかります。

・通常応答である（rcodeがNOERROR）
・Answerセクションに応答が1つある（ANSWERが1）
・権威を持つ応答が返されている（flagsにaaがある）

そして、以下のことが示されています。

・Answerセクションにns1.yyz1.afilias-nst.infoのAリソースレコードがある

したがって、これが求める情報となります。ns1.yyz1.afilias-nst.infoのIPv4アドレスは、65.22.9.1でした。

❸～❺までのステップで、ietf.orgゾーンを管理する権威サーバーのIPアドレスがわかりました。これで、いったん保留していたもともとのwww.ietf.orgの Aリソースレコードの名前解決を続けられることになります。

❻ietf.org の権威サーバーに "www.ietf.org AAAA" を問い合わせ

www.ietf.orgの名前解決に戻り、ietf.orgゾーンの権威サーバーのいずれかにwww.ietf.orgのAAAAリソースレコードを問い合わせます。次の例では、先ほど名前解決したns1.yyz1.afilias-nst.infoのIPv4アドレスに対して問い合わせを行っています。

画面8-9　ietf.orgの権威サーバーに"www.ietf.org AAAA" を問い合わせ

```
% drill -o rd @65.22.9.1 www.ietf.org AAAA↵
;; ->>HEADER<<- opcode: QUERY, rcode: NOERROR, id: 44562
;; flags: qr aa ; QUERY: 1, ANSWER: 1, AUTHORITY: 0, ADDITIONAL: 0
;; QUESTION SECTION:
;; www.ietf.org.        IN      AAAA

;; ANSWER SECTION:
www.ietf.org.   1800    IN      CNAME   www.ietf.org.cdn.cloudflare.net.

;; AUTHORITY SECTION:
```

```
;; ADDITIONAL SECTION:

;; Query time: 162 msec
;; SERVER: 65.22.9.1
;; WHEN: Thu Apr 26 13:41:04 2018
;; MSG SIZE  rcvd: 75
```

この応答から、以下のことがわかります。

- 通常応答である（rcodeがNOERROR）
- Answerセクションに応答が1つある（ANSWERが1）
- 権威を持つ応答が返されている（flagsにaaがある）

しかし、以下のことが示されています。

- Answerセクションにあるのはwww.ietf.orgのAAAAリソースレコードではなく、CNAMEリソースレコードである

したがって、**名前解決しようとしていたwww.ietf.orgは実は別名で、www.ietf.org.cdn.cloudflare.netが正式名であった**ことがわかりました。どうやら、www.ietf.orgでは、CloudflareのCDNサービスを使用しているようです。

応答としてCNAMEが返ってきた場合、フルリゾルバーはCNAMEの内容である正式名（canonical name）であらためて名前解決を行い、その結果が名前解決の最終結果になります。そのため、**あらためてルートから"www.ietf.org.cdn.cloudflare.net AAAA"の名前解決を行う**ことになります。

❼ルートサーバーに、"www.ietf.org.cdn.cloudflare.net AAAA"を問い合わせ

ルートサーバーにwww.ietf.org.cdn.cloudflare.netのAAAAリソースレコードを問い合わせます。

画面8-10　ルートサーバーに、"www.ietf.org.cdn.cloudflare.net AAAA"を問い合わせ

```
% drill -o rd @198.41.0.4 www.ietf.org.cdn.cloudflare.net AAAA⏎
;; ->>HEADER<<- opcode: QUERY, rcode: NOERROR, id: 38373
;; flags: qr ; QUERY: 1, ANSWER: 0, AUTHORITY: 13, ADDITIONAL: 14
;; QUESTION SECTION:
;; www.ietf.org.cdn.cloudflare.net.	IN	AAAA
```

```
;; ANSWER SECTION:

;; AUTHORITY SECTION:
net.    172800  IN      NS      a.gtld-servers.net.
net.    172800  IN      NS      b.gtld-servers.net.
net.    172800  IN      NS      c.gtld-servers.net.
net.    172800  IN      NS      d.gtld-servers.net.
net.    172800  IN      NS      e.gtld-servers.net.
net.    172800  IN      NS      f.gtld-servers.net.
net.    172800  IN      NS      g.gtld-servers.net.
net.    172800  IN      NS      h.gtld-servers.net.
net.    172800  IN      NS      i.gtld-servers.net.
net.    172800  IN      NS      j.gtld-servers.net.
net.    172800  IN      NS      k.gtld-servers.net.
net.    172800  IN      NS      l.gtld-servers.net.
net.    172800  IN      NS      m.gtld-servers.net.

;; ADDITIONAL SECTION:
a.gtld-servers.net.     172800  IN      A       192.5.6.30
b.gtld-servers.net.     172800  IN      A       192.33.14.30
c.gtld-servers.net.     172800  IN      A       192.26.92.30
d.gtld-servers.net.     172800  IN      A       192.31.80.30
e.gtld-servers.net.     172800  IN      A       192.12.94.30
f.gtld-servers.net.     172800  IN      A       192.35.51.30
g.gtld-servers.net.     172800  IN      A       192.42.93.30
h.gtld-servers.net.     172800  IN      A       192.54.112.30
i.gtld-servers.net.     172800  IN      A       192.43.172.30
j.gtld-servers.net.     172800  IN      A       192.48.79.30
k.gtld-servers.net.     172800  IN      A       192.52.178.30
l.gtld-servers.net.     172800  IN      A       192.41.162.30
m.gtld-servers.net.     172800  IN      A       192.55.83.30
a.gtld-servers.net.     172800  IN      AAAA    2001:503:a83e::2:30

;; Query time: 107 msec
;; SERVER: 198.41.0.4
;; WHEN: Thu Apr 26 14:03:52 2018
;; MSG SIZE  rcvd: 506
```

この応答から、以下のことがわかります。

・通常応答である（rcodeがNOERROR）
・Answerセクションがない（ANSWERが0）
・権威を持つ応答ではなく、委任情報が応答されている（flagsにaaがない）

そして、以下のことが示されています。

・Authorityセクションにnetへの委任がある
・委任先がa.gtld-servers.netなどである

また、以下のことがわかります。

・Additionalセクションにa.gtld-servers.netなどのIPアドレスが追加されている

❽netの権威サーバーに"www.ietf.org.cdn.cloudflare.net AAAA"を問い合わせ

ルートサーバーから委任情報が応答されてきたため、委任先であるnetゾーンの権威サーバーのいずれかにwww.ietf.org.cdn.cloudflare.netのAAAAリソースレコードを問い合わせます。次の例では、a.gtld-servers.netのIPv4アドレスに対して問い合わせを行っています。

画面8-11 netの権威サーバーに"www.ietf.org.cdn.cloudflare.net AAAA"を問い合わせ

```
% drill -o rd @192.5.6.30 www.ietf.org.cdn.cloudflare.net AAAA⏎

;; ->>HEADER<<- opcode: QUERY, rcode: NOERROR, id: 61435
;; flags: qr ; QUERY: 1, ANSWER: 0, AUTHORITY: 5, ADDITIONAL: 10
;; QUESTION SECTION:
;; www.ietf.org.cdn.cloudflare.net.     IN      AAAA

;; ANSWER SECTION:

;; AUTHORITY SECTION:
cloudflare.net. 172800  IN      NS      ns1.cloudflare.net.
cloudflare.net. 172800  IN      NS      ns2.cloudflare.net.
cloudflare.net. 172800  IN      NS      ns3.cloudflare.net.
cloudflare.net. 172800  IN      NS      ns4.cloudflare.net.
cloudflare.net. 172800  IN      NS      ns5.cloudflare.net.

;; ADDITIONAL SECTION:
ns1.cloudflare.net.     172800  IN      A       173.245.59.31
ns1.cloudflare.net.     172800  IN      AAAA    2400:cb00:2049:1::adf5:3b1f
ns2.cloudflare.net.     172800  IN      A       198.41.222.131
ns2.cloudflare.net.     172800  IN      AAAA    2400:cb00:2049:1::c629:de83
ns3.cloudflare.net.     172800  IN      A       198.41.222.31
ns3.cloudflare.net.     172800  IN      AAAA    2400:cb00:2049:1::c629:de1f
ns4.cloudflare.net.     172800  IN      A       198.41.223.131
ns4.cloudflare.net.     172800  IN      AAAA    2400:cb00:2049:1::c629:df83
ns5.cloudflare.net.     172800  IN      A       198.41.223.31
ns5.cloudflare.net.     172800  IN      AAAA    2400:cb00:2049:1::c629:df1f
```

```
;; Query time: 108 msec
;; SERVER: 192.5.6.30
;; WHEN: Thu Apr 26 14:13:12 2018
;; MSG SIZE  rcvd: 359
```

この応答から、以下のことがわかります。

- 通常応答である（rcodeがNOERROR）
- Answerセクションがない（ANSWERが0）
- 権威を持つ応答ではなく、委任情報が応答されている（flagsにaaがない）

そして、以下のことが示されています。

- Authorityセクションにcloudflare.netへの委任がある
- 委任先がns1.cloudflare.net ～ ns5.cloudflare.netである

また、以下のことがわかります。

- Additionalセクションにns1.cloudflare.net ～ ns5.cloudflare.netのIPアドレスが追加されている

❾cloudflare.net の権威サーバーに "www.ietf.org.cdn.cloudflare.net AAAA" を問い合わせ

netの権威サーバーから委任情報が応答されてきたため、委任先であるcloudflare.netゾーンの権威サーバーのいずれかにwww.ietf.org.cdn.cloudflare.netのAAAAリソースレコードを問い合わせます。次の例では、ns1.cloudflare.netのIPv6アドレスに対して問い合わせを行っています。

画面8-12　cloudflare.netの権威サーバーに"www.ietf.org.cdn.cloudflare.net AAAA"を問い合わせ

```
% drill -o rd @2400:cb00:2049:1::adf5:3b1f www.ietf.org.cdn.cloudflare.net AAAA↵
;; ->>HEADER<<- opcode: QUERY, rcode: NOERROR, id: 58451
;; flags: qr aa ; QUERY: 1, ANSWER: 2, AUTHORITY: 0, ADDITIONAL: 0
;; QUESTION SECTION:
;; www.ietf.org.cdn.cloudflare.net.     IN      AAAA

;; ANSWER SECTION:
www.ietf.org.cdn.cloudflare.net.        ⇒
    300     IN      AAAA    2400:cb00:2048:1::6814:55
www.ietf.org.cdn.cloudflare.net.        ⇒
```

```
   300     IN      AAAA    2400:cb00:2048:1::6814:155

;; AUTHORITY SECTION:

;; ADDITIONAL SECTION:

;; Query time: 5 msec
;; SERVER: 2400:cb00:2049:1::adf5:3b1f
;; WHEN: Thu Apr 26 14:14:46 2018
;; MSG SIZE  rcvd: 105
```

（注：出力中の⇒は改行せずに1行であることを表す）

この応答から、以下のことがわかります。

- 通常応答である（rcodeがNOERROR）
- Answerセクションに応答が2つある（ANSWERが2）
- 権威を持つ応答が返されている（flagsにaaがある）

そして、以下のことが示されています。

- Answerセクションにwww.ietf.org.cdn.cloudflare.netのAAAAリソースレコードセットがある

したがって、これが求める情報となります。www.ietf.org.cdn.cloudflare.netのIPv6アドレスは、2400:cb00:2048:1::6814:55と2400:cb00:2048:1::6814:155でした。

そして、ここまでのステップを経て、以下の最終的な結果が得られたことになります。

- www.ietf.orgの正式名は、www.ietf.org.cdn.cloudflare.netである
- www.ietf.org.cdn.cloudflare.netのIPv6アドレスは、2400:cb00:2048:1::6814:55と2400:cb00:2048:1::6814:155である
- そのため、www.ietf.orgにIPv6でアクセスするためには、2400:cb00:2048:1::6814:55か2400:cb00:2048:1::6814:155のいずれかにアクセスすればよい

実際のインターネットのフルリゾルバーはこのように、名前解決の途中で必要になった権威サーバーのIPアドレスや、正式名として示されたドメイン名の名前解決も行い、多数のステップを経て得られた結果を、呼び出し元のスタブリゾルバーに返しているのです。

最後に、digコマンドを使ってGoogle Public DNS（7章02の「パブリックDNSサービス」（p.149）を参照）にwww.ietf.orgのAAAAリソースレコードを問い合わせたときの出力例を示します。先ほど最終結果として得られた情報が、フルリゾルバーからの応答に含まれていることがわかります。

画面8-13　Google Public DNSにwww.ietf.orgのAAAAリソースレコードを問い合わせたときの出力例

```
% dig @8.8.8.8 www.ietf.org AAAA↵

; <<>> DiG 9.11.2 <<>> @8.8.8.8 www.ietf.org AAAA
; (1 server found)
;; global options: +cmd
;; Got answer:
;; ->>HEADER<<- opcode: QUERY, status: NOERROR, id: 36
;; flags: qr rd ra ad; QUERY: 1, ANSWER: 3, AUTHORITY: 0, ADDITIONAL: 1

;; OPT PSEUDOSECTION:
; EDNS: version: 0, flags:; udp: 512
;; QUESTION SECTION:
;www.ietf.org.                  IN      AAAA

;; ANSWER SECTION:
www.ietf.org.           572     IN      CNAME   www.ietf.org.cdn.cloudflare.net.
www.ietf.org.cdn.cloudflare.net. 299 IN AAAA    2400:cb00:2048:1::6814:55
www.ietf.org.cdn.cloudflare.net. 299 IN AAAA    2400:cb00:2048:1::6814:155

;; Query time: 46 msec
;; SERVER: 8.8.8.8#53(8.8.8.8)
;; WHEN: Tue Jul 31 12:21:02 UTC 2018
;; MSG SIZE  rcvd: 142
```

CHAPTER8
Practical Guide to DNS

有用なDNSチェックサイト

本章ではここまで、DNSの動作確認に使えるコマンドラインツールの使い方と実際の動作確認の例について説明してきました。ここでは、DNSの動作確認に使える有用なWebサイト（**DNSチェックサイト**）を紹介します。これらのWebサイトは公開されている権威サーバー群に対してさまざまな視点でチェックを実施し、その結果を見やすい形で表示してくれます。それぞれの特徴を知り、うまく使いこなすことで、それぞれの権威サーバーの動作や親子間の連携の状況を、容易に把握できます。

本書では、以下の3つのDNSチェックサイトを紹介します。

・Zonemaster
URL https://www.zonemaster.net/
・DNSViz
URL http://dnsviz.net/
・dnscheck.jp
URL https://dnscheck.jp/

Zonemaster

Zonemasterは、.se（スウェーデン）のccTLDレジストリであるIISと、.fr（フランス）のccTLDレジストリであるAFNICが共同開発・提供するDNSチェックサイトです（**図8-11**）。

Zonemasterは、指定されたドメイン名のチェック結果を10種類のカテゴリーで分類して結果を表示します。チェック結果はサイトに保存されており、データがあれば任意の時期のチェック結果を表示することができます。また、親ゾーンから委任を受ける前の権威サーバーに対し、事前にチェックすることもできます。

Zonemasterの使い方は、トップページの「Domain name」とある入力欄に、自

図8-11　Zonemaster

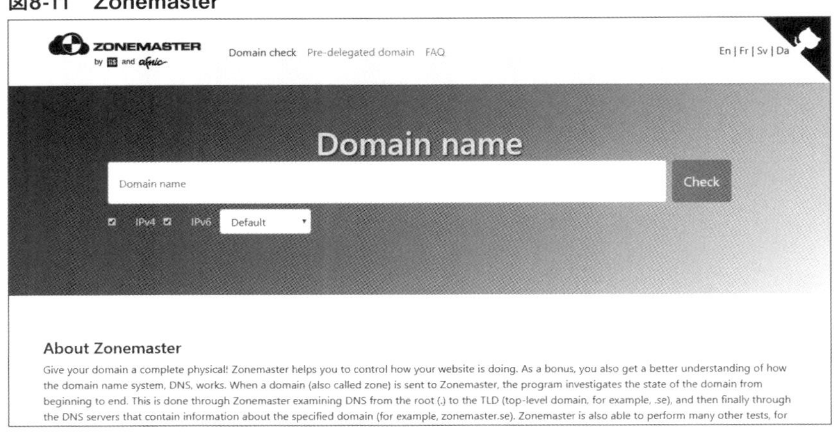

分が確認したいドメイン名を入力するだけです。チェック結果は対象のドメイン名の状況に応じて、青（Info)、黄（Notice)、オレンジ（Warning)、赤（Error、Critical）の4色に色分けされます。青以外の表示であっても、必ずしもDNSの動作として問題になるわけではありませんが、何がどうチェックされ、どう評価されているかを確認することで、チェック対象のドメイン名のさまざまな状況を把握できます。

過去の結果を表示するには、サイト右上、オレンジ色の左回り矢印のボタンをクリックします。これまで実施したチェックの日時がリストされますので、確認したい日時を選択します。

Zonemasterで委任を受ける前の権威サーバーをチェックする場合、サイト上部の「Pre-delegated domain」機能を使います。委任情報に該当する情報の入力を求められるので、新たに委任を受ける権威サーバーを入れた委任情報を入力して、チェックを実行します。

図8-12は、jprs.jpに対し、通常のチェックを行った結果です。

全121項目の表示のうちInfoが110件、Noticeが11件となり、Warning、Error、Criticalは0件となっています。チェック直後はADDRESSの行の左が「+」になっており、それをクリックすると、**図8-12**のようにその内容が表示され、Notice表示となった理由を知ることができます。この例では、権威サーバーのIPアドレスの逆引き（PTRリソースレコード）に記載されているホスト名が、元の権威サーバーのホスト名と一致しなかったことが指摘されています。これは、権威サーバーの挙動としては特に問題になりません。

図8-12　Zonemasterでjprs.jpをチェックした画面

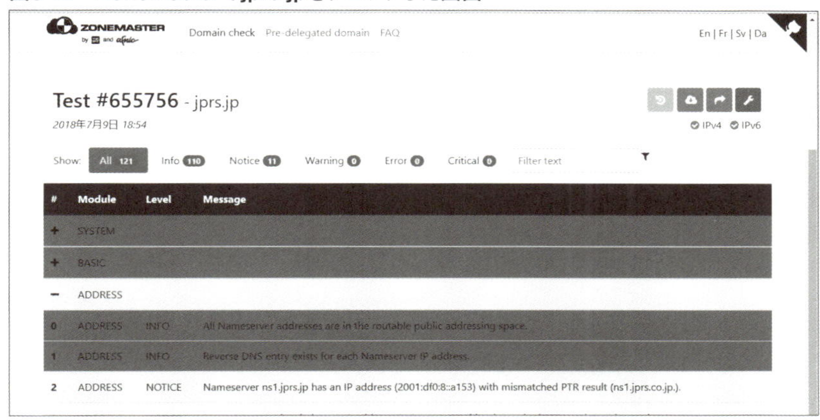

DNSViz

DNSVizは米国のサンディア国立研究所とVerisign Labsが提供しているDNSチェックサイトで、DNSSECの信頼の連鎖の状況を視覚的に確認できることが特徴です(**図8-13**)。また、過去に行ったチェック結果をサイトに保存しており、データがあれば任意の時期のチェック結果を表示できます*1。

DNSVizを使うには、トップページの「Enter a domain name」とある入力欄に、自分が確認したいドメイン名を入力します。過去にチェックをしたことがなければ、新規の調査を行うかを確認したうえで、実際の調査が実行され、調査結果が表示されます。過去にチェックをしたことがあれば、最新のチェック結果が表示されます。過去にチェックを行ったドメイン名に対して現在の状態を知りたい場合、「Update Now」をクリックします。これにより新たなチェックが実行され、最新の状態に更新されます。

DNSVizは入力されたドメイン名に対して、DNSSECの信頼の連鎖を表す図を表示します。楕円や角丸長方形で表示されているのが、信頼の連鎖に関わるリソースレコードです。

図8-14に、DNSVizでjprs.jpをチェックしたときの表示例を示します。楕円や角丸長方形をつなぐ矢印が、DNSSECの信頼の連鎖や署名の状況を表しています。

＊1 ― DNSSECの概要や使われる用語については本節の説明で使っているものも含め、10章と13章で説明しています。

図8-13　DNSViz

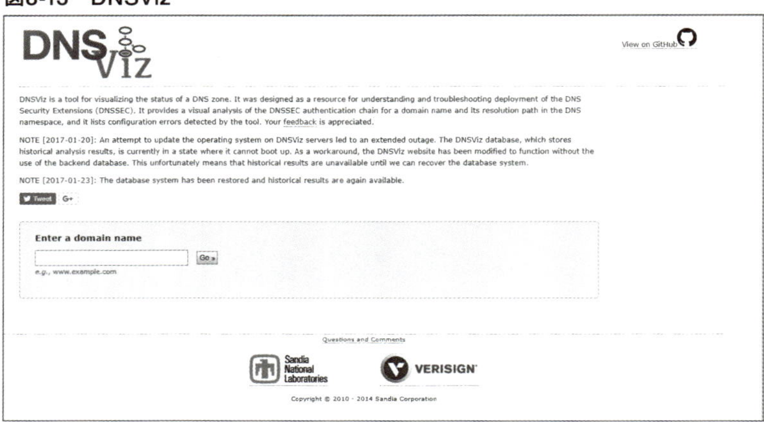

図8-14　DNSVizでjprs.jpをチェックした画面

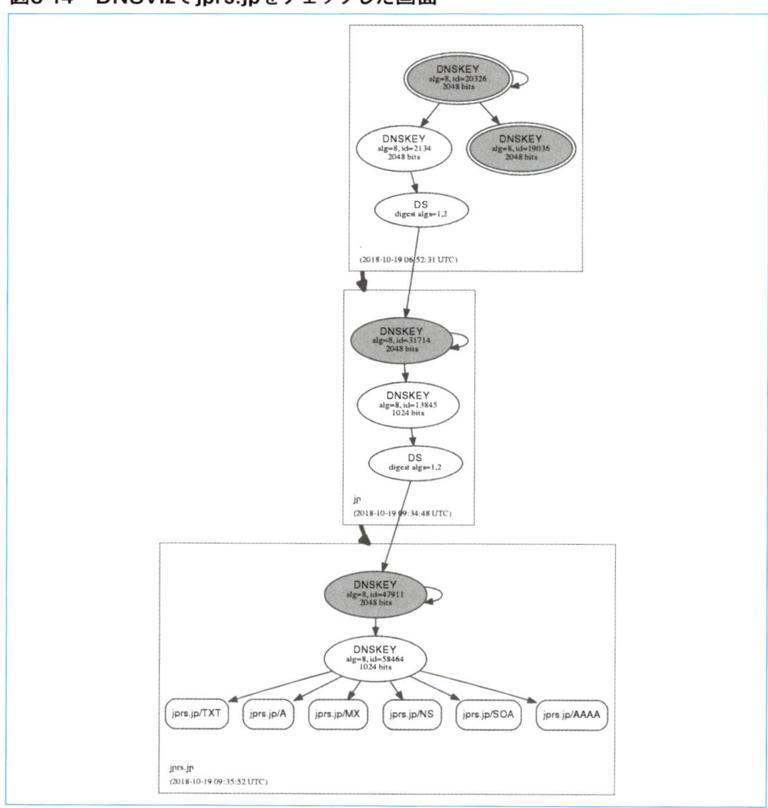

これにより、DNSSECの信頼の連鎖が正しく構築されているか、署名が有効であるかなど、DNSSECに関する設定の状況やトラブルの原因を視覚的に確認できます。

さらに、チェック結果がサイトに記録、つまりアーカイブされるため、DNSSECの鍵の更新など、運用上重要なオペレーションを実施する際に、作業記録を残すことにも使えます。過去のチェック結果を見る場合、ページ右上にあるカレンダーもしくは日付の入力枠で日付を指定したうえで「Go」をクリックすることで、その日付に最も近いチェック結果が表示されます。

DNSVizはDNSSECを運用する場合、有用な情報が詳しく、かつわかりやすく表示されるため、とても重宝するサイトです。権威サーバーの運用時には自身が管理する鍵や署名の運用が正しくできているかの確認に、フルリゾルバーの運用時には、DNSSEC検証エラーとなったドメイン名の状況の確認に利用できます。

dnscheck.jp

dnscheck.jpはJPRSが提供する、DNSの設定チェックを行うサイトです（**図8-15**）。

図8-15　dnscheck.jp

DNSの設定チェック　利用方法
※利用に際しては、「利用方法」をお読みください。
※設定内容によってはチェックに時間がかかる場合があります。
ドメイン名
ドメイン名の入力は必須です
現在のDNS設定内容をチェック
ネームサーバー設定の事前チェック
検証　クリア
JPRS　Copyright© Japan Registry Services Co., Ltd.

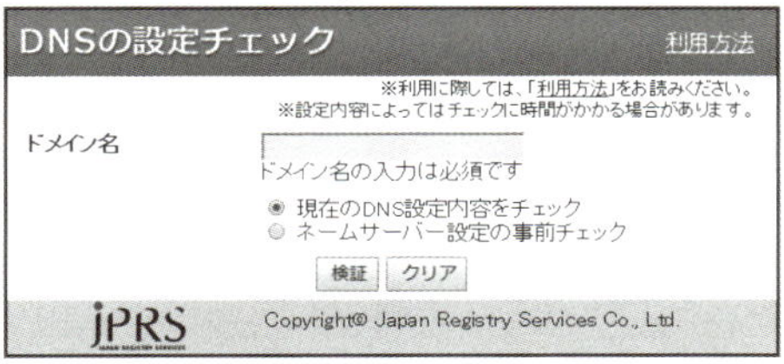

ドメイン名を入力すると、そのドメインの権威サーバーに対して問い合わせを行います。そのドメイン名の委任情報やDNSSEC検証に必要な情報をチェックし、その結果を表示します。

結果は「OK」「Fatal」「Warning」「Information」に分類･表示されます。「Fatal」や「Warning」が表示された場合、その内容を確認して、必要な対策をとるようにしてください（**図8-16**）。

dnscheck.jpはZonemasterと同様、親ゾーンから委任を受ける前の権威サーバーに対し、事前にチェックすることもできます。この機能を使って、ドメイン名をより安全に運用できます。

図8-16　dnscheck.jpのチェック結果（一部を抜粋）

チェック結果は以下の通りです。
DNS設定を変更する際には、十分にご注意ください。

■重要度の凡例

結果	説明
OK	適切な設定です。問題ありません。
🚫	Fatal 致命的なエラーです。名前解決ができません。直ちに適切な設定を行ってください。
⚠	Warning 警告です。名前解決ができない場合があります。DNSサーバーの設定を確認してください。
ℹ	Information チェック実施時の制約などの情報です。

■文字色の凡例

文字色	説明
黒字	本ツールで指定した値
青字	実際に通信して取得した値
赤字	設定されているべきだが、設定されていない値

■チェック結果詳細

1.ドメイン名に対するチェック結果

値	重要度	チェック結果
JPRS.JP	OK	

2.各ホスト名に対するチェック結果

値			重要度	チェック結果
ns1.jprs.jp			OK	
202.11.16.49				
	SOA[jprs.jp]	ns1.jprs.co.jp. postmaster.jprs.co.jp. 1530761404 3600 900 1814400		
	RRSIG[jprs.jp]	SOA 8 2 86400 20180804023004 20180705023004 22053 jprs.jp. WEKZYwMbQNZcFN4+RWqzAVg+kMKOKNki guJCLo6dOxo7eb9h3/cM5cvWBnP7dmvd S5Lr9Vxitm5WnSXPO/mXV7BG03sIP5b2 wNm+CIfo8dAhjOOPsPojAKZXQMfcC5Qi nTt5a5eCcYJhiD3otCIRVtnBM1iaHSE1 uRK78xRWw2c=		
		257 3 8		

dnscheck.jpの利用に関する詳しい説明は、以下のWebページをご覧ください。

DNS設定チェックツール（Web）の利用方法

URL https://dnscheck.jp/doc/dnscheck-webif.html

ここで紹介した3つのサイトは一例であり、他にもさまざまなチェックサイトが存在しています。それぞれのチェックサイトは各自の視点で、チェックする内容を工夫しています。これらのサイトを使うことで、DNSの設定が正しく行われているかを、外部から確認できます。

自分では正しく設定し、運用ができていると思っていても、実際にチェックサイトを通して確認すると、今まで気づかなかった思わぬ設定ミスや運用上の問題が見つかることがあります。これらのサイトをうまく使って、権威サーバーやフルリゾルバーの円滑な運用に役立てましょう。

CHAPTER8
Practical Guide to DNS

サーバーの監視

権威サーバーやフルリゾルバーの運用は「設定して終わり」というわけではなく、きちんと動作しているか、サイバー攻撃を受けていないかといった観点から、定期的・継続的に監視する必要があります。

ここではサーバーの監視に関する、基本的な項目を紹介します。

きちんと動作しているか（死活監視）

サーバーがきちんと動作し､所定のサービスを提供しているか監視することを「死活監視」と呼びます。死活監視は、サーバーやソフトウェアなどのシステムがきちんと動作しているかを、別のシステムから監視することです。DNSでは問い合わせに対して適切な応答が得られているかを確認することで､死活監視を実施できます。

・権威サーバーの死活監視の例

その権威サーバーが管理する（存在する）ドメイン名を定期的に問い合わせ、設定した情報が返ってくるかを確認します。

・フルリゾルバーの死活監視の例

自組織のドメイン名や、有名なドメイン名を定期的に問い合わせ、名前解決ができることを確認します。

監視のためのソフトウェアを使う方法もあります。例えば、オープンソースソフトウェアの監視ツールNagiosには、権威サーバーやフルリゾルバーをチェックするためのモジュールがあり、応答が得られなくなった場合、警告を発します（**図8-17**）。

Nagios - The Industry Standard In IT Infrastructure Monitoring
URL https://www.nagios.org/

図8-17　Nagiosの画面

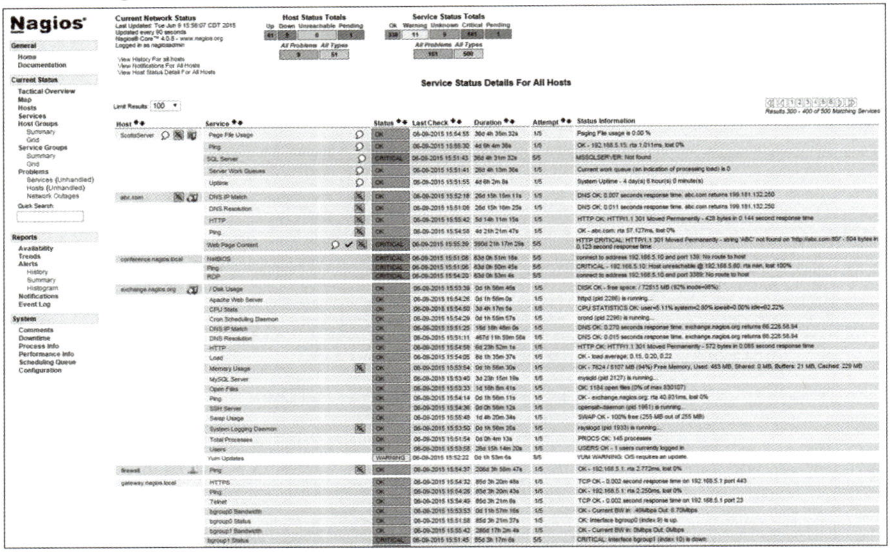

Nagios

General
Home
Documentation
Current Status
Tactical Overview
Map
Hosts
Services
Host Groups
Summary
Grid
Service Groups
Summary
Grid
Problems
Services (Unhandled)
Hosts (Unhandled)
Network Outages
Quick Search
Reports
Availability
Trends
Alerts
History
Summary
Histogram
Notifications
Event Log
System
Comments
Downtime
Process Info
Performance Info
Scheduling Queue
Configuration

Current Network Status
Last Updated: Tue Jun 9 15:56:07 CDT 2015
Updated every 90 seconds
Nagios® Core™ 4.0.8 - www.nagios.org
Logged in as nagiosadmin

View History For all hosts
View Notifications For All Hosts
View Host Status Detail For All Hosts

Host Status Totals

Up	Down	Unreachable	Pending
41	5	0	1

All Problems	All Types
9	51

Service Status Totals

Ok	Warning	Unknown	Critical	Pending
338	11	9	141	1

All Problems	All Types
161	500

Service Status Details For All Hosts

Limit Results: 100

Results 300 - 400 of 500 Matching Services

Host	Service	Status	Last Check	Duration	Attempt	Status Information
ScottsServer	Page File Usage	OK	06-09-2015 15:54:55	36d 4h 35m 32s	1/5	Paging File usage is 0.00 %
	Ping	OK	06-09-2015 15:55:30	4d 6h 4m 36s	1/5	OK - 192.168.5.15: rta 1.011ms, lost 0%
	SQL Server	CRITICAL	06-09-2015 15:51:43	36d 4h 31m 32s	5/5	MSSQLSERVER: Not found
	Server Work Queues	OK	06-09-2015 15:51:41	28d 4h 13m 36s	1/5	Current work queue (an indication of processing load) is 0
	Uptime	OK	06-09-2015 15:51:55	4d 6h 2m 8s	1/5	System Uptime - 4 day(s) 6 hour(s) 0 minute(s)
abc.com	DNS IP Match	OK	06-09-2015 15:52:18	28d 15h 15m 11s	1/5	DNS OK: 0.007 seconds response time. abc.com returns 199.181.132.250
	DNS Resolution	OK	06-09-2015 15:51:08	28d 15h 16m 25s	1/5	DNS OK: 0.011 seconds response time. abc.com returns 199.181.132.250
	HTTP	OK	06-09-2015 15:55:42	5d 14h 11m 15s	1/5	HTTP OK: HTTP/1.1 301 Moved Permanently - 428 bytes in 0.144 second response time
	Ping	OK	06-09-2015 15:54:58	4d 2th 21m 47s	1/5	OK - abc.com: rta 57.127ms, lost 0%
	Web Page Content	CRITICAL	06-09-2015 15:55:39	390d 21h 17m 29s	5/5	HTTP CRITICAL: HTTP/1.1 301 Moved Permanently - string 'ABC' not found on 'http://abc.com:80/' - 504 bytes in 0.123 second response time
conference.nagios.local	NetBIOS	CRITICAL	06-09-2015 15:51:08	63d 0h 51m 18s	5/5	connect to address 192.168.5.10 and port 139: No route to host
	Ping	CRITICAL	06-09-2015 15:51:06	63d 0h 50m 45s	5/5	CRITICAL - 192.168.5.10: Host unreachable @ 192.168.5.60. rta nan, lost 100%
	RDP	CRITICAL	06-09-2015 15:54:20	63d 0h 53m 4s	5/5	connect to address 192.168.5.10 and port 3389: No route to host
exchange.nagios.org	/ Disk Usage	OK	06-09-2015 15:53:39	0d 1h 56m 46s	1/5	DISK OK - free space: / 72815 MB (92% inode=98%):
	Apache Web Server	OK	06-09-2015 15:54:26	0d 1h 56m 0s	1/5	httpd (pid 2286) is running...
	CPU Stats	OK	06-09-2015 15:54:50	3d 4h 17m 5s	1/5	CPU STATISTICS OK: user=5.11% system=2.60% iowait=0.00% idle=92.22%
	Cron Scheduling Daemon	OK	06-09-2015 15:54:29	0d 1h 55m 57s	1/5	crond (pid 2296) is running...
	DNS IP Match	OK	06-09-2015 15:51:25	18d 18h 48m 0s	1/5	DNS OK: 0.270 seconds response time. exchange.nagios.org returns 66.228.58.84
	DNS Resolution	OK	06-09-2015 15:51:11	467d 11h 59m 56s	1/5	DNS OK: 0.015 seconds response time. exchange.nagios.org returns 66.228.58.84
	HTTP	OK	06-09-2015 15:54:58	6d 23h 52m 1s	1/5	HTTP OK: HTTP/1.1 301 Moved Permanently - 572 bytes in 0.085 second response time
	Load	OK	06-09-2015 15:54:05	8d 1h 35m 37s	1/5	OK - load average: 0.15, 0.20, 0.22
	Memory Usage	OK	06-09-2015 15:53:54	0d 1h 56m 30s	1/5	OK - 7624 / 8107 MB (94%) Free Memory, Used: 483 MB, Shared: 0 MB, Buffers: 21 MB, Cached: 229 MB
	MySQL Server	OK	06-09-2015 15:53:40	3d 23h 15m 19s	1/5	mysqld (pid 2127) is running...
	Open Files	OK	06-09-2015 15:53:33	1d 16h 8m 41s	1/5	OK: 1184 open files (0% of max 830107)
	Ping	OK	06-09-2015 15:54:14	0d 1h 56m 11s	1/5	OK - exchange.nagios.org: rta 40.931ms, lost 0%
	SSH Server	OK	06-09-2015 15:54:36	0d 0h 56m 12s	1/5	openssh-daemon (pid 1961) is running...
	Swap Usage	OK	06-09-2015 15:55:48	1d 4h 20m 34s	1/5	SWAP OK - 100% free (255 MB out of 255 MB)
	System Logging Daemon	OK	06-09-2015 15:53:50	0d 1h 56m 35s	1/5	rsyslogd (pid 1933) is running...
	Total Processes	OK	06-09-2015 15:51:54	0d 0h 4m 13s	1/5	PROCS OK: 145 processes
	Users	OK	06-09-2015 15:53:58	25d 15h 14m 20s	1/5	USERS OK - 1 users currently logged in
	Yum Updates	WARNING	06-09-2015 15:52:22	0d 1h 53m 6s	5/5	YUM WARNING: OS requires an update.
firewall	Ping	OK	06-09-2015 15:54:37	206d 3h 58m 47s	1/5	OK - 192.168.5.1: rta 2.772ms, lost 0%
gateway.nagios.local	HTTPS	OK	06-09-2015 15:54:32	85d 3h 20m 48s	1/5	TCP OK - 0.002 second response time on 192.168.5.1 port 443
	Ping	OK	06-09-2015 15:54:26	85d 3h 20m 43s	1/5	OK - 192.168.5.1: rta 2.250ms, lost 0%
	Telnet	OK	06-09-2015 15:54:49	85d 3h 21m 6s	1/5	TCP OK - 0.002 second response time on 192.168.5.1 port 23
	bgroup0 Bandwidth	OK	06-09-2015 15:53:53	0d 11h 57m 16s	1/5	OK - Current BW in: .49Mbps Out: 8.70Mbps
	bgroup0 Status	OK	06-09-2015 15:51:58	85d 3h 21m 37s	1/5	OK: Interface bgroup0 (index 9) is up.
	bgroup1 Bandwidth	OK	06-09-2015 15:55:42	286d 17h 2m 4s	1/5	OK - Current BW in: 0Mbps Out: 0Mbps
	bgroup1 Status	CRITICAL	06-09-2015 15:51:45	85d 3h 17m 6s	5/5	CRITICAL: Interface bgroup1 (index 10) is down.

https://www.nagios.com/wp-content/uploads/2016/02/Visibility_Drop.jpg から引用

サイバー攻撃を受けていないか（トラフィック監視）

通常、権威サーバーやフルリゾルバーでは送受信したパケット数はほぼ同じになります。送受信したパケット数が大きく異なる場合、何らかのサイバー攻撃が疑われます。例えば、9章で説明するカミンスキー型攻撃手法を用いたフルリゾルバーへのキャッシュポイズニング攻撃では、1つの問い合わせに対して多量の偽装応答が返ってきます。また、問い合わせ数の異常な増加や、外部への問い合わせの異常な増加が見られる場合も、サイバー攻撃の可能性があります。

解析のためのソフトウェアを使う方法もあります。例えば、DNS専用のトラフィック解析ツールとして、Measurement Factoryが開発し、現在はDNS-OARCによってメンテナンスされているDSC（DNS Statistics Collector）というツールがあります。

DSC – DNS Stats Collector ｜DNS-OARC
URL https://www.dns-oarc.net/tools/dsc

DSCは定常的にDNSパケットを収集し、特徴量を抽出、集約し、グラフ化してくれるツールです。時間ごとの問い合わせ数や、問い合わせタイプの割合の変化、ソー

図8-18　DSCの実行例

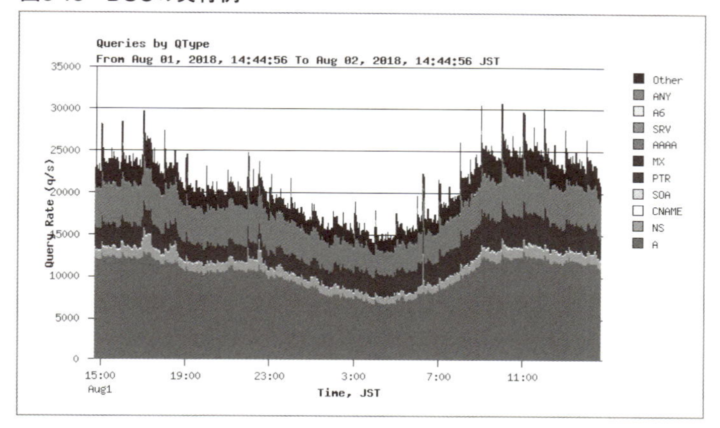

スアドレスごとの問い合わせ数、TLDごとの問い合わせ数、EDNS0やDNSSECの状況、問い合わせや応答パケットサイズの分布などを見ることができます（**図8-18**）。

パケット数とトラフィック量の確認については、権威サーバーやフルリゾルバーのインターフェース部分などでパケット数とトラフィック量を定期的に測定し、MRTGなどの可視化ツールで監視するとよいでしょう（**図8-19**）。

Tobi Oetiker's MRTG – The Multi Router Traffic Grapher
URL https://oss.oetiker.ch/mrtg/

図8-19　MRTGの実行例

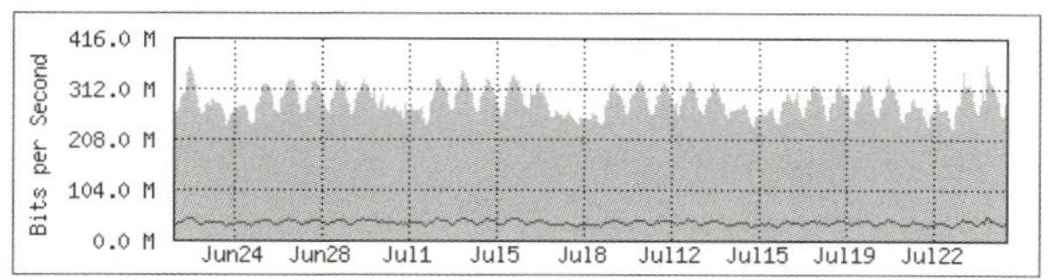

http://m.root-servers.org/ から引用

いつ何が起こったのか（システムログの収集と確認）

DNSサーバーソフトウェアは、異常時のログなどをsyslogに出力できます。ログを収集し、定期的に確認するようにしましょう。

図8-20に、実際に運用されている権威サーバーのsyslogの出力例を示します（サンプルとするために内容を一部変更しています）。

図8-20 syslogの出力例

◆DNS NOTIFYによるゾーン転送の例

DNS NOTIFYを受けて、ゾーン転送を実施した。次に別ホストからNOTIFYが来た際には、ゾーンは最新状態だった。

```
30-Jul-2018 20:02:08.218 general: info: zone example.jp/IN/view-001: notify from
192.0.2.100#57562: serial 1532948409
30-Jul-2018 20:02:08.220 general: info: zone example.jp/IN/view-001: Transfer started.
30-Jul-2018 20:02:08.225 general: info: zone example.jp/IN/view-001: transferred serial
1532948409: TSIG '20180702-example-jp-key'
30-Jul-2018 20:02:08.297 general: info: zone example.jp/IN/view-001: notify from
192.0.2.200#30904: zone is up to date
```

◆RRLの適用例

192.0.2.0/24のIPアドレスブロックからのexample.jpに対する問い合わせに対して、RRLが適用された。

```
24-Jul-2018 19:05:34.803 rate-limit: info: limit NXDOMAIN responses to 192.0.2.0/24 for example.
jp (fa0a5706)
24-Jul-2018 19:05:34.803 rate-limit: info: client @0x7f8db038f020 192.0.2.47#51352 (aaa.example.
jp): view view-001: rate limit slip NXDOMAIN response to 192.0.2.0/24 for example.jp (fa0a5706)
24-Jul-2018 19:05:34.803 rate-limit: info: client @0x7f8db038f020 192.0.2.179#34865 (bbb.example.
jp): view view-001: rate limit drop NXDOMAIN response to 192.0.2.0/24 for example.jp (fa0a5706)
24-Jul-2018 19:05:34.804 rate-limit: info: client @0x7f8db038f020 192.0.2.75#12497 (ccc.example.
jp): view view-001: rate limit slip NXDOMAIN response to 192.0.2.0/24 for example.jp (fa0a5706)
                        <中略>
24-Jul-2018 19:05:34.993 rate-limit: info: client @0x7f8db03808a0 192.0.2.179#17948 (ddd.example.
jp): view view-001: rate limit drop NXDOMAIN response to 192.0.2.0/24 for example.jp (fa0a5706)
24-Jul-2018 19:05:34.994 rate-limit: info: client @0x7f8db03808a0 192.0.2.151#33651 (eee.example.
jp): view view-001: rate limit slip NXDOMAIN response to 192.0.2.0/24 for example.jp (fa0a5706)
24-Jul-2018 19:05:34.998 rate-limit: info: client @0x7f8db03808a0 192.0.2.105#31530 (fff.example.
jp): view view-001: rate limit drop NXDOMAIN response to 192.0.2.0/24 for example.jp (fa0a5706)
24-Jul-2018 19:08:52.000 rate-limit: info: stop limiting NXDOMAIN responses to 192.0.2.0/24 for
example.jp (fa0a5706)
```

◆ゾーン転送の失敗例

ゾーン転送を試みたが、権威を持たない状態であったために失敗した。

```
30-Jul-2018 23:59:47.393 xfer-out: debug 6: client @0x7f8d944aa610 192.0.2.1#45897 (ggg.example.
jp): view view-001: AXFR request
30-Jul-2018 23:59:47.393 xfer-out: info: client @0x7f8d944aa610 192.0.2.1#45897 (ggg.example.jp):
view view-001: bad zone transfer request: 'ggg.example.jp/IN': non-authoritative zone (NOTAUTH)
30-Jul-2018 23:59:47.393 xfer-out: debug 3: client @0x7f8d944aa610 192.0.2.1#45897 (ggg.example.
jp): view view-001: zone transfer setup failed
```

不正なゾーン転送であるため、アクセス制限により拒否した。

```
30-Jul-2018 21:22:51.708 security: error: client @0x7f8dac59bbd0 192.0.2.2#50674 (example.jp):
view view-001: zone transfer 'example.jp/AXFR/IN' denied
30-Jul-2018 21:22:53.618 security: error: client @0x7f8d885074c0 192.0.2.2#50689 (example.jp):
view view-001: zone transfer 'example.jp/AXFR/IN' denied
```

実践編

Practical
Guide to
DNS

CHAPTER9
DNSに対するサイバー攻撃とその対策

この章では、DNSを狙ったり、踏み台に使ったりするさまざまなサイバー攻撃について、攻撃とその対策に注目する形で分類・説明します。

本章のキーワード

- 攻撃対象と攻撃手法の理解
- 何から何をどう守るかの理解
- IP Anycast
- TCP
- コネクションレス型
- ランダムサブドメイン攻撃
- キャッシュポイズニング
- ドメイン名ハイジャック
- DNS ハイジャック
- RRL
- IP53B
- ゼロデイ攻撃
- ソースポートランダマイゼーション
- DoS 攻撃
- DDoS 攻撃
- 攻撃の影響範囲の理解
- UDP
- コネクション型
- DNS リフレクター攻撃
- BIND の脆弱性を突いた DoS 攻撃
- カミンスキー型攻撃手法
- 登録情報の不正書き換え
- アクセスコントロール
- DNS ソフトウェアの更新
- 多様性の確保
- レジストリロック

CHAPTER9
Practical
Guide to
DNS

01 対象と手法による DNS関連攻撃の分類

システムやサービスに対するサイバー攻撃とその対策を考える場合、対象のシステムやサービスを狙った攻撃について分析・理解することが重要です。なお、本章の以降の説明ではサイバー攻撃を単に「攻撃」と記述します。

ここではDNS関連の攻撃について、何がどういう方法で攻撃されるか、つまり、**攻撃対象と攻撃手法**に注目する形で分類・整理していきます。

攻撃対象と攻撃手法による分類

攻撃対象に注目した場合、DNSに対する攻撃は以下の2種類に分類できます。

(1) 攻撃対象がDNSそのものである
(2) 攻撃対象が他者で、その攻撃にDNSを利用している

(1) は、DNSそのものを攻撃してサービス不能の状態に陥らせる攻撃の手法です。権威サーバーやフルリゾルバーのサービスを妨害することで、それらのサービスの提供者や利用者がサービスを提供・利用できないようにします。

(2) は、他者への攻撃にDNSを利用、つまり、DNSを攻撃の手段として使う攻撃の手法です。DNSの名前解決結果を偽物に差し替えて利用者を偽サイトに誘導したり、DNSを使って攻撃の規模を増幅させたりする攻撃などがこれに当たります。

次に、攻撃手法に注目した場合、DNSに対する攻撃は以下の3種類に分類できます。

(A) 攻撃対象のネットワーク（帯域）やサーバーの処理容量をあふれさせる
(B) 仕様（プロトコル）の弱点を突く
(C) 実装（プログラム）のバグや設定・運用上の問題点を利用する

(A) は、ネットワークやサーバーの処理能力を超えるデータを送り付け、ネッ

トワークやサーバーをあふれさせる攻撃手法です。

（B）は、通信プロトコルに存在する弱点を突いて、誤動作させる攻撃手法です。

（C）は、サーバーソフトウェアやアプリケーションなどの実装に存在するバグや、サーバーやシステムの設定・運用上の問題点を利用する攻撃手法です。

攻撃対象と攻撃手法を組み合わせることで、DNSに対する攻撃は**表9-1**の6つに分類できます。攻撃手法を分類・整理する場合、何がどういう方法で攻撃されるかを考えることが重要ですが、(1)（2）が「何が」に相当し、(A)（B）（C）が「どういう方法で」に相当します。

表9-1　DNSに対する攻撃の分類

どういう方法で 何が	（A）帯域や処理容量をあふれさせる	（B）プロトコルの弱点を突く	（C）実装・設定・運用上の問題点を突く
（1）DNSそのもの	1-A	1-B	1-C
（2）他者（DNSを利用）	2-A	2-B	2-C

それぞれの攻撃の例

表9-2に、DNSに対する代表的な攻撃手法を前項で示した形で分類した結果を示します。本章では、表中の**太字**で示した攻撃手法の内容と対策を紹介しています。

表9-2　DNSに対する攻撃手法の例とその分類

分類	攻撃手法の例
1-A	権威サーバーやフルリゾルバーへの大量のデータ送信によるDDoS攻撃、**ランダムサブドメイン攻撃**
1-B	権威サーバーやフルリゾルバーへのTCP SYN Flood攻撃、**ランダムサブドメイン攻撃**
1-C	**BINDの脆弱性を突いたDoS攻撃**
2-A	オープンリゾルバーを利用した**DNSリフレクター攻撃**
2-B	**キャッシュポイズニング**による偽サイトへの誘導
2-C	**登録情報の不正書き換えによるドメイン名ハイジャック**、実装のバグを利用した**キャッシュポイズニング**による偽サイトへの誘導、ホームルーターのDNS設定不正変更による偽サイトへの誘導

攻撃手法によっては、攻撃対象や攻撃手法が複数の分類に該当するものもあります。例えば、本章で紹介するランダムサブドメイン攻撃は権威サーバーやフルリゾルバーの処理容量をあふれさせる攻撃手法ですが、攻撃にDNSプロトコル仕様の弱点も利用しているため、1-Aと1-Bの双方に分類されています。

COLUMN　DoS攻撃とDDoS攻撃

DoS攻撃（Denial of Service attack）は、特定のネットワークやコンピューターに対して処理能力を上回る負荷を掛けたり、システムの脆弱性を突いたりする手法により、サービスの運用・提供を妨害する攻撃のことです。

DoS攻撃の一種に**DDoS攻撃**（Distributed Denial of Service attack）があります。これは、攻撃元を分散させ、複数の箇所から特定のネットワークやコンピューターを一斉に攻撃する手法です。

DoS攻撃は、常に新しい手法が編み出されており、攻撃規模や発生頻度は増大傾向にあります。

CHAPTER9
Practical Guide to DNS

対象と効果による攻撃対策の分類

前節ではDNS関連の攻撃について、攻撃対象と攻撃手法に注目する形で攻撃手法を6つに分類・整理しました。ここでは、攻撃対策について、**何から何をどう守るか**、つまり、**守る対象と対策の効果**に注目する形で分類・整理していきます。

守る対象と対策の効果による分類

守る対象に注目した場合、DNSに対する攻撃対策は以下の2種類に分類できます。

（ア）DNSの構成要素を守る
（イ）DNSのデータを守る

（ア）は、DNSのそれぞれの構成要素であるスタブリゾルバー・フルリゾルバー・権威サーバーが適切に機能するように守ることです。DDoS攻撃対策や、攻撃の踏み台として利用されないようにするための対策などがこれに当たります。

（イ）は、DNSが提供するデータを守ることです。偽の名前解決結果による利用者の偽サイトへの誘導を防ぐ対策や、外部からの不正なゾーン転送要求によるゾーンデータの不正入手を防ぐ対策などがこれに当たります。

また、対策の効果に注目した場合、DNSに対する攻撃対策は以下の2種類に分類できます。

(a) 攻撃そのものを無力化する
(b) 攻撃の効果を低減する

(a) は、脆弱性を解消するためのソフトウェアの更新など、攻撃そのものを無力化する対策です。

(b) は、サーバーの多拠点化や二要素認証の導入など、攻撃に必要な資源・難度・手順・時間といった要素を増やして、攻撃の効果を低減する対策です。

これらを組み合わせることで、DNSに対する攻撃対策は**表9-3**の4つに分類できます。(ア)(イ)が「何を」に相当し、(a)(b)が「どう守るか」に相当します。

表9-3　DNSに対する攻撃対策の分類

どう守るか 何を	(a) 攻撃そのものを無効化する	(b) 攻撃の効果を低減する
(ア) DNSの構成要素	ア-a	ア-b
(イ) DNSのデータ	イ-a	イ-b

CHAPTER9
Practical Guide to DNS

03 攻撃の影響範囲

DNSの3つの構成要素、つまり、スタブリゾルバー・フルリゾルバー・権威サーバーでは、攻撃を受けた場合の影響範囲が異なります。ここでは、それぞれが攻撃を受け、サービスに影響が及んだ場合の影響範囲について整理します。

スタブリゾルバーの影響範囲

ある機器のスタブリゾルバーが攻撃を受けてそのサービスに影響が及んだ場合、その機器で動作するすべてのアプリケーションの名前解決に影響が及びます。

また、フォワーダー（7章のコラム「DNSのフォワーダー」（p.143）を参照）となっているホームルーター（家庭用ルーター）が攻撃された場合、影響はそのホームネットワークに接続されているすべての機器、つまり、その家庭のすべての利用者に及びます（**図9-1**）。

図9-1　ホームルーターが攻撃を受けた場合の影響範囲

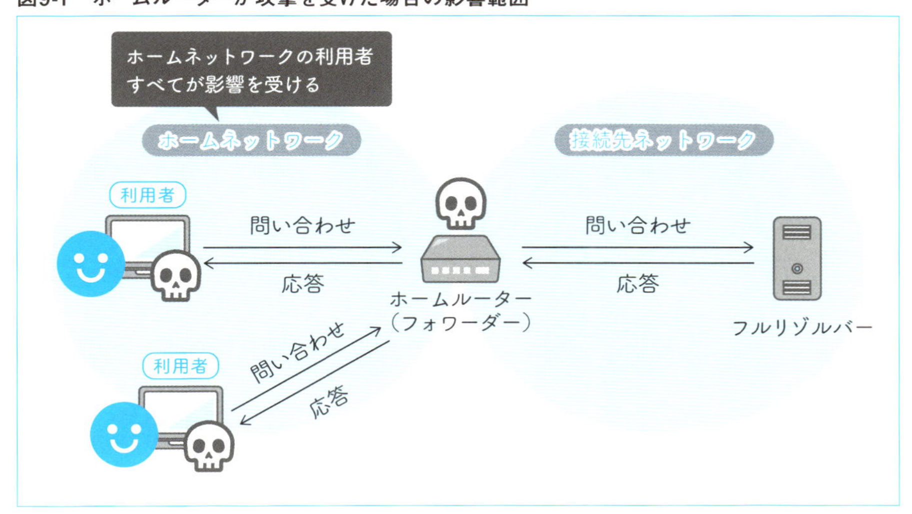

フルリゾルバーの影響範囲

フルリゾルバーが攻撃を受けてそのサービスに影響が及んだ場合、そのフルリゾルバーを使っているすべての利用者の環境の名前解決に影響が及びます（**図9-2**）。ISPなど、多くの利用者を抱える大規模なフルリゾルバーでは、その影響が広範囲に及びます。

そのため、ISPが運用するフルリゾルバーや7章で紹介した主なパブリックDNSサービスには、**IP Anycast**[*1]をはじめとする、可用性を高めるためのさまざまな仕組みが導入されています。

図9-2　フルリゾルバーが攻撃を受けた場合の影響範囲

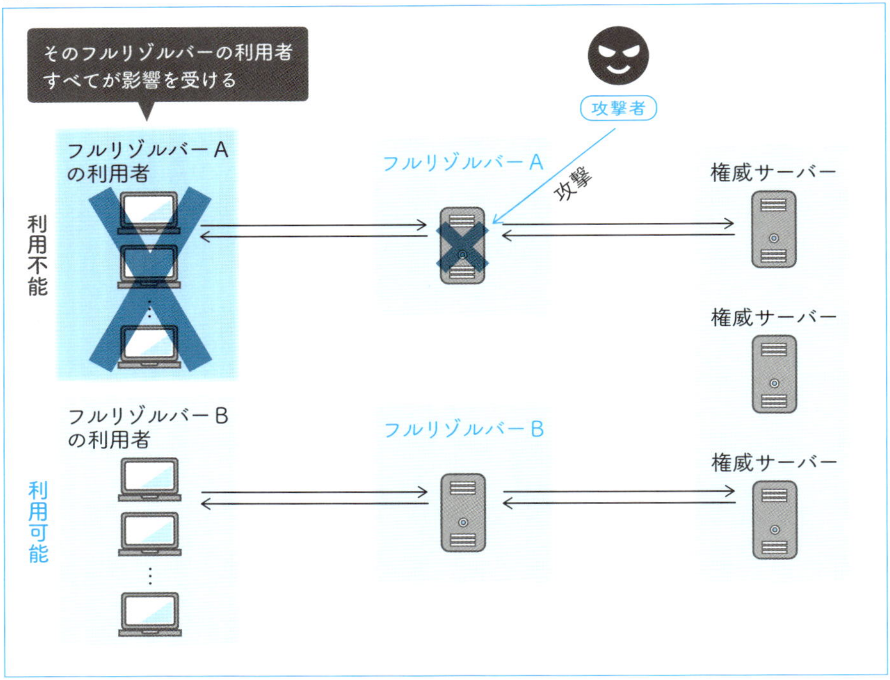

権威サーバーの影響範囲

権威サーバーが攻撃を受けてそのサービスに影響が及んだ場合、そのサーバーが管理するすべてのゾーン（ドメイン名）の名前解決に影響が及びます。そのド

＊1 ― IP Anycastについては本章のコラム「IP Anycastとは」（p.206）を参照してください。

メイン名を管理するすべての権威サーバーがサービス不能の状態に陥った場合、利用者はそのドメイン名を用いたサービスにアクセスできなくなり、サービスそのものが利用できなくなります。そのため、攻撃者の視点で考えた場合、攻撃対象のドメイン名の権威サーバーへの攻撃は、そのドメイン名のサービス全体を停止に追い込むための、有効な手段となります。

また、そのゾーンから委任しているサブドメインがある場合、それらも影響範囲に含まれます（**図9-3**）。

もし、ルートサーバーやあるTLDのすべての権威サーバーがサービス不能の状態に陥った場合、その影響は多大なものになります。そうした状況の発生を防ぐための対策のひとつとして、これらのサーバーにもIP Anycastなどの仕組みが導入されており、可用性の向上が図られています。

図9-3　権威サーバーが攻撃を受けた場合の影響範囲

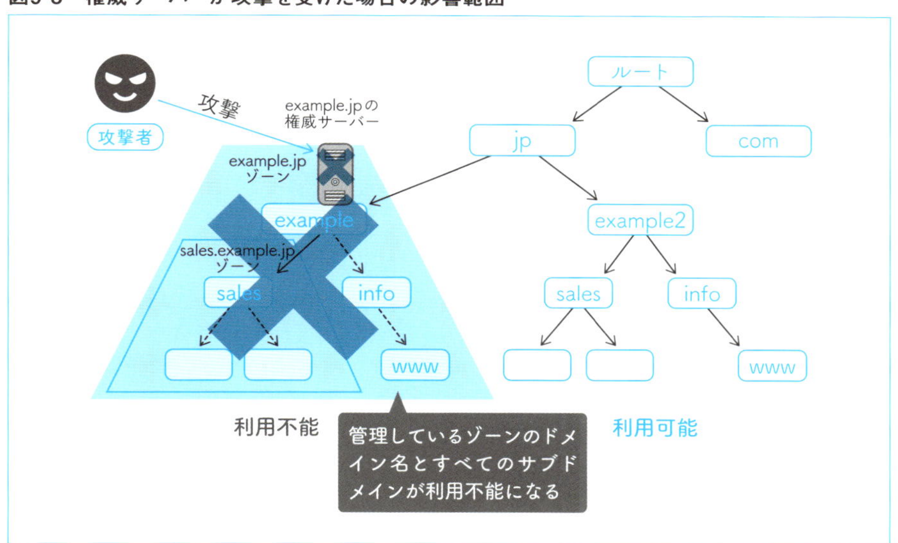

COLUMN IP Anycast とは

IP Anycast とは、共通のサービス用 IP アドレスを、複数のホストで共有できるようにするための仕組みです。

1 章で説明したように、IP アドレスはホストごとに割り当てられます。しかし、IP Anycast を利用することで、共通のサービス用 IP アドレスを複数のホストに同時に割り当てることができるようになります。

サービス用 IP アドレス宛ての通信は、その IP アドレスを共有する複数のホストのいずれか 1 台に到達します。このため、利用者は複数のホストのうち、ネットワーク的に一番近いホストと通信することになります（**図 9-4**）。

IP Anycast の導入により、以下の効果が期待できます。

1）負荷分散・冗長化 —— 複数のホストにリクエストを分散させることで、負荷分散や冗長化を実現する
2）応答時間の短縮 —— ホストを広範囲に分散配置することで、応答時間を短縮する
3）攻撃の局所化 —— 1 カ所からの DoS 攻撃はネットワーク的に一番近いホストのみに到達するため、他のホストは被害を受けなくなる
4）攻撃の効果抑制 —— 広範囲の DDoS 攻撃は複数のホストに分散されるため、その効果を抑制できる

図9-4 IP Anycastによる通信

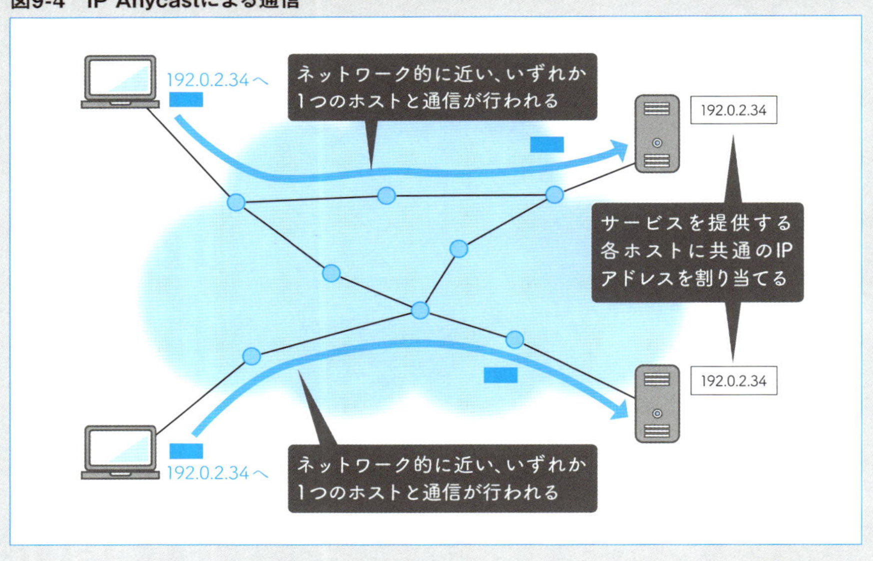

CHAPTER9
Practical Guide to DNS

04 DNSの特性が攻撃に及ぼす影響

DNSに対する攻撃とその対策について考える場合、DNSの特性が攻撃に及ぼす影響について考慮する必要があります。ここでは、そうした特性と考慮すべき影響について説明します。

通信プロトコルに由来する影響

DNSの通信にはTCPとUDPが使われており、権威サーバーやフルリゾルバーは双方の通信をサポートする必要があります。UDPにはさまざまなメリットがありますが、その特性上、送信元IPアドレスを偽装した攻撃が成立しやすくなっています（本章のコラム「DNSにおける通信プロトコル」(p.208) を参照)。

普及状況に由来する影響

DNSはインターネットの基盤サービスのひとつであり、DNSのサービスを提供する権威サーバーやフルリゾルバーが、インターネット上に数多く存在しています。そのため、攻撃に利用可能な権威サーバーやフルリゾルバーも、インターネット上に数多く存在することになります。

通信の特性に由来する影響

DNSの通信では問い合わせと応答が1対1で対応しており、問い合わせを1つ送って対応する応答を1つ受け取るだけで、1回分の通信が完了します。また、問い合わせの内容が応答にそのままコピーされるため（8章02の「DNSメッセージの形式」(p.159) を参照)、応答のサイズが問い合わせのサイズよりも必ず大きくなります。そのため、DNSの通信は、攻撃の規模の増大に利用されやすいという特性を持つことになります。

COLUMN DNSにおける通信プロトコル

DNSでは、通信手段として**TCP（Transmission Control Protocol）**と**UDP（User Datagram Protocol）**の双方を使います。TCPでは相手とのコネクションを確立してから実際の通信を始めるため（**コネクション型**）、送信元の偽装は難しくなりますが、通信を始めるまでにかかる時間が長くなります（**図9-5**）。それに対しUDPでは相手とのコネクションを確立せずに問い合わせを送るため（**コネクションレス型**）、TCPと比べて通信のコストが低く、遅延も少なくなります（**図9-6**）。

図9-5 コネクション型の通信の流れ

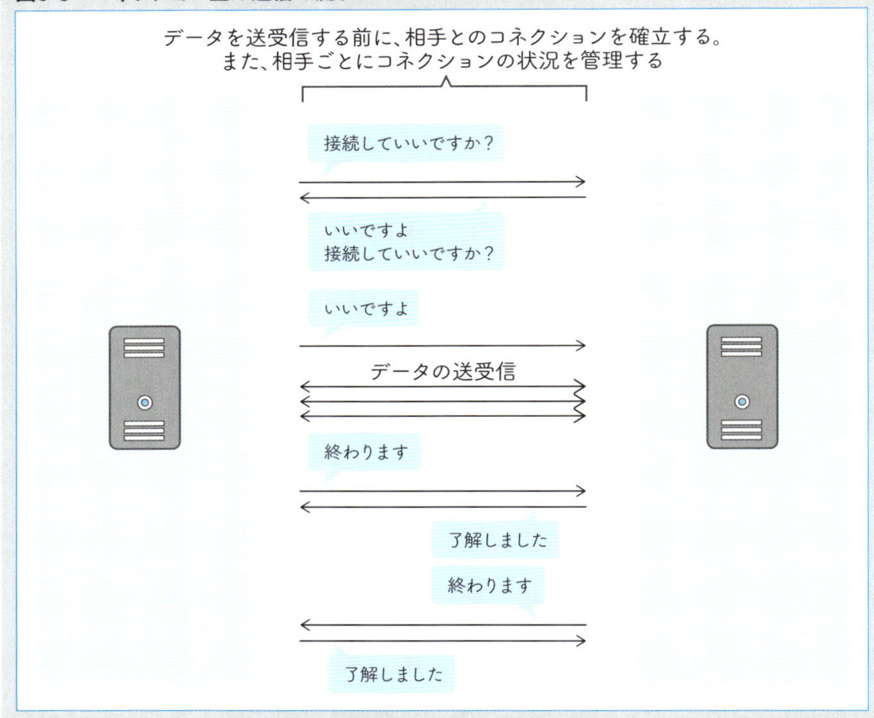

図9-6 コネクションレス型の通信の流れ

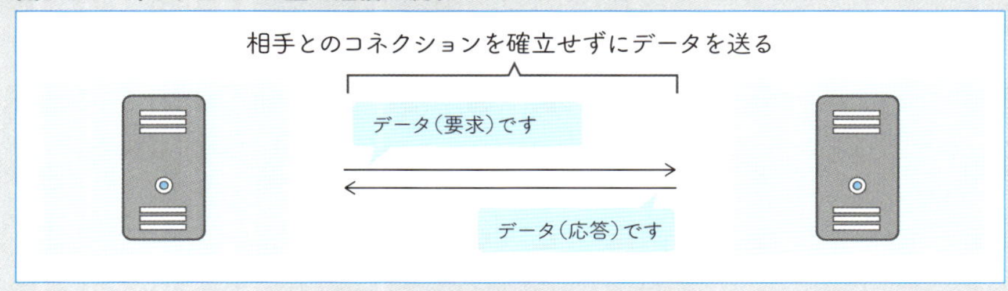

CHAPTER9
Practical Guide to DNS

05 代表的な攻撃手法とその概要

ここでは、DNSに対するいくつかの攻撃手法について、その概要を紹介します。

DNSリフレクター攻撃

DNSリフレクター攻撃は、DNSを利用したDoS攻撃のひとつです。送信元IPアドレスを偽った問い合わせをフルリゾルバーや権威サーバーに送ることでそれらのサーバーが応答を攻撃対象に送り、サービス不能の状態に陥らせます（**図9-7**）。

DNSリフレクター攻撃は、本章の攻撃の分類における「2-A」に該当します（**表9-4**）。

図9-7　DNSリフレクター攻撃

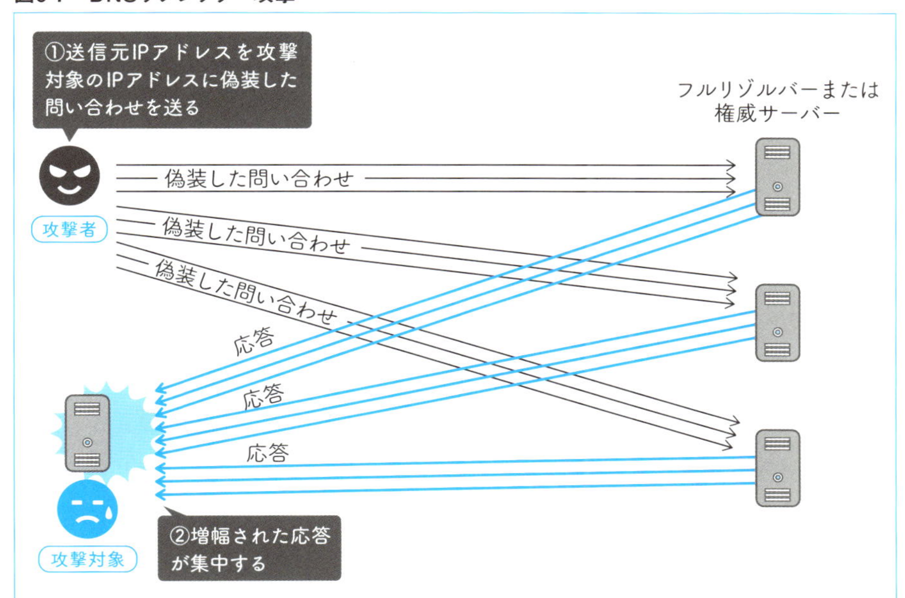

表9-4 DNSリフレクター攻撃の分類

何が ＼ どういう方法で	(A) 帯域や処理容量をあふれさせる	(B) プロトコルの弱点を突く	(C) 実装・設定・運用上の問題点を突く
(1) DNSそのもの	1-A	1-B	1-C
(2) 他者 (DNSを利用)	2-A	2-B	2-C

DNSリフレクター攻撃では、攻撃者が送信元IPアドレスを攻撃対象のIPアドレスに偽装した問い合わせを、フルリゾルバーや権威サーバーに送ります。フルリゾルバーや権威サーバーは**図9-7**のように攻撃対象に応答を返すため、攻撃者から見るとそれらのサーバーが攻撃を反射（リフレクター（reflector）/ リフレクション（reflection））しているように見えます。DNSでは、問い合わせよりも応答のほうがパケットのサイズが大きく、小さな問い合わせパケットで大きな攻撃パケットを生成（攻撃を増幅）できることから「**DNSアンプ攻撃（DNS Amplification Attack）**」とも呼ばれます。

DNSリフレクター攻撃は、9章04で説明したDNSの特性を攻撃に利用しています。利用している特性を以下にまとめます。

①通信プロトコルにUDPを使っているため、攻撃元のIPアドレスを偽装した攻撃が可能になり、かつ、攻撃を反射させることで、真の攻撃元の特定が難しくなること
②攻撃に使用可能なフルリゾルバーや権威サーバーがインターネット上に多数存在するため、攻撃元の範囲を広げたDDoS攻撃が可能になること
③応答のサイズが問い合わせのサイズよりも大きくなるため、攻撃の規模を大きくできること

ランダムサブドメイン攻撃

ランダムサブドメイン攻撃は、権威サーバーやフルリゾルバーに対するDDoS攻撃手法のひとつです。問い合わせのドメイン名にランダムなサブドメインを付加することでフルリゾルバーのキャッシュ機能を無効化し、攻撃対象となる権威サーバーに問い合わせを集中させることにより、権威サーバーやフルリゾルバーをサービス不能の状態に陥らせます（**図9-8**）。

ランダムサブドメイン攻撃は、本章の攻撃の分類における「1-A」「1-B」に該当します（**表9-5**）。

図9-8　ランダムサブドメイン攻撃

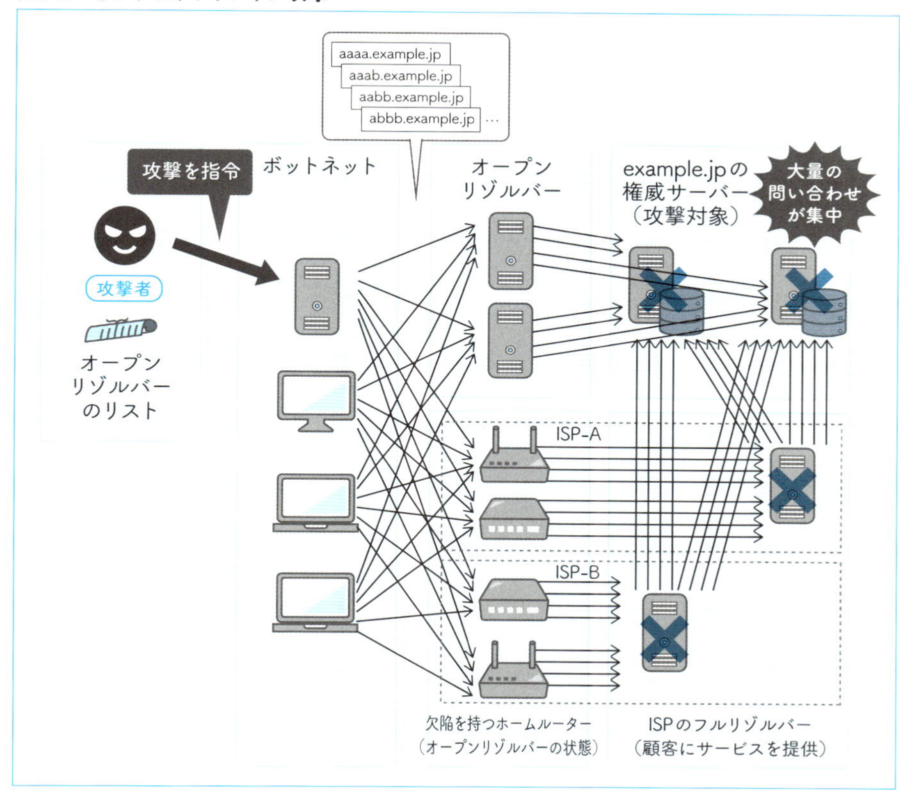

表9-5　ランダムサブドメイン攻撃の分類

何が ＼ どういう方法で	(A) 帯域や処理容量をあふれさせる	(B) プロトコルの弱点を突く	(C) 実装・設定・運用上の問題点を突く
(1) DNSそのもの	1-A	1-B	1-C
(2) 他者（DNSを利用）	2-A	2-B	2-C

ランダムサブドメイン攻撃ではボットネット（遠隔操作可能な多数のコンピューター（ボット）により構成された、仮想ネットワーク）などを用いて、攻撃対象のドメイン名にランダムなサブドメインを付加した大量の問い合わせを、多数のフルリゾルバーに送り付けます。ランダムなサブドメインを付加することで問い合わせのドメイン名がキャッシュに存在しないものになり、フルリゾルバーに届くすべての問い合わせが攻撃対象の権威サーバーに送られることになり

ます。

ランダムサブドメイン攻撃は、**DNS水責め（water torture）攻撃**とも呼ばれています。この呼び名は、2014年にこの攻撃について報告した米国Secure64 Softwareが、かつて中国などで行われていた「Chinese Water Torture（中国式水責め）」を命名の由来としたことによります。

ランダムサブドメイン攻撃では、問い合わせ元のIPアドレスを偽装する必要がなく、攻撃に使われる問い合わせと通常の問い合わせとの区別がつかないことから、根本的な対策を実施しにくいという問題があります。また、ISPの顧客が使っているホームルーターに欠陥がある場合、ISPのフルリゾルバーにアクセスコントロール（7章02の「フルリゾルバーにおけるアクセス制限」（p.145）を参照）が導入されていても、十分な防御ができません。

BINDの脆弱性を突いたDoS攻撃

BINDは、米国のISC（Internet Systems Consortium）が開発しているDNSソフトウェアです。多くのUNIX系OSにおける標準のDNSソフトウェアとなっていますが、機能の豊富さに起因する内部処理の複雑さや、権威サーバーとフルリゾルバーを1つのプログラム（named）で兼用しているといった設計上の理由から、脆弱性がしばしば報告されています。

BINDの脆弱性には、リモートから問い合わせを1つ送りつけるだけで権威サーバーやフルリゾルバーのプロセスをダウンさせることが可能なものがあります。こうした脆弱性を外部から突くことで、権威サーバーやフルリゾルバーのサービスを妨害するDoS攻撃が可能になります。

BINDの脆弱性を突いたDoS攻撃は、本章の攻撃の分類における「1-C」に該当します（**表9-6**）。

表9-6　BINDの脆弱性を突いたDoS攻撃の分類

どういう方法で / 何が	(A) 帯域や処理容量をあふれさせる	(B) プロトコルの弱点を突く	(C) 実装・設定・運用上の問題点を突く
(1) DNSそのもの	1-A	1-B	1-C
(2) 他者（DNSを利用）	2-A	2-B	2-C

キャッシュポイズニング

キャッシュポイズニングは、偽のDNS応答をフルリゾルバーにキャッシュさせることで、利用者のアクセスを攻撃者が用意したサーバーに誘導し、フィッシングや送信された電子メールの窃盗などを図る攻撃手法です。

キャッシュポイズニングの例を、通常の名前解決の動作と比較する形で**図9-9**と**図9-10**に示します。

キャッシュポイズニングは、本章の攻撃の分類における「2-B」「2-C」に該当します（**表9-7**）。

図9-9　通常の名前解決の動作

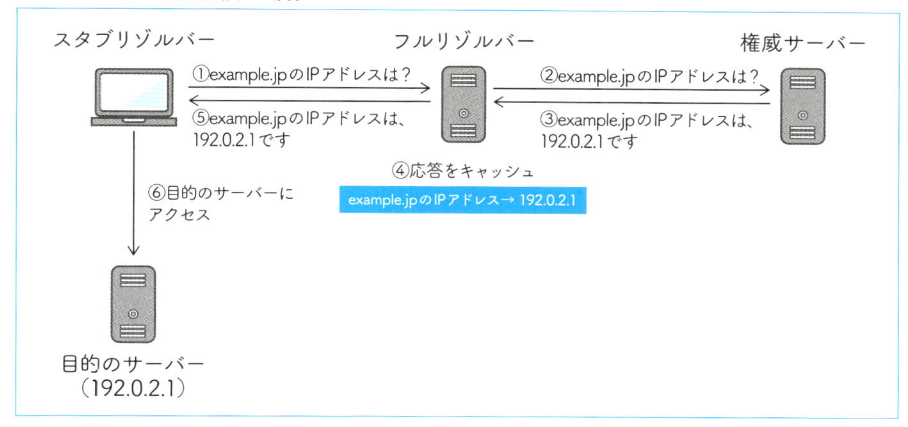

図9-10　キャッシュポイズニング

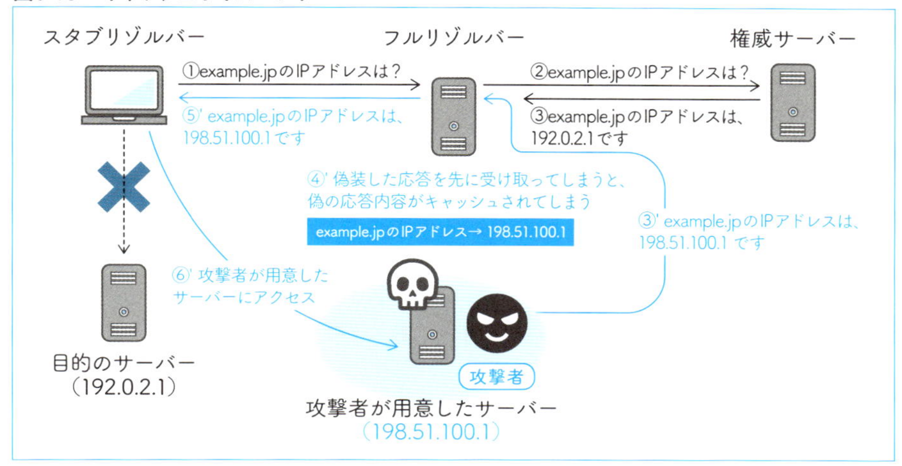

表9-7　キャッシュポイズニングの分類

何が ＼ どういう方法で	(A) 帯域や処理容量をあふれさせる	(B) プロトコルの弱点を突く	(C) 実装・設定・運用上の問題点を突く
(1) DNSそのもの	1-A	1-B	1-C
(2) 他者（DNSを利用）	2-A	2-B	2-C

COLUMN　カミンスキー型攻撃手法

カミンスキー型攻撃手法は、2008年にDan Kaminsky（ダン・カミンスキー）氏が発表した、キャッシュポイズニングの効率を向上させる手法です。

カミンスキー型攻撃手法では、攻撃対象のドメイン名にランダムなサブドメインを付加した名前を用いることで、連続での攻撃を可能にしました。さらに、2008年にBernhard Müller（ベルンハルト・ミュラー）氏によってカミンスキー型攻撃手法に利用可能な攻撃のパターンが発表され、キャッシュポイズニングのリスクが高まりました。

カミンスキー型攻撃手法の対策としては、本章で説明するソースポートランダマイゼーションのほか、ソースアドレスランダマイゼーション、アクセス制御による利用者の限定、10章で紹介するDNSクッキーの利用などが挙げられます。

また、攻撃対象のドメイン名がDNSSECによって保護されている場合、DNSSEC検証をすることでキャッシュポイズニングにより注入された偽の応答を検知できます。DNSSECの仕組みについては、13章で説明します。

登録情報の不正書き換えによるドメイン名ハイジャック

ドメイン名ハイジャックは、ドメイン名の管理権限を持たない第三者が何らかの不正な手段で、ドメイン名を自身の支配下に置くことです。

ドメイン名ハイジャックに成功した場合、攻撃者が準備した偽サイトにアクセスが誘導され、フィッシング、Webサイト閲覧者に対するマルウェアの注入、クッキーの改変、電子メールの窃盗、SPFリソースレコードの偽装によるなりすましメールの発信など、さまざまな行為に悪用される可能性があります。

代表的なドメイン名ハイジャックの方法には、以下のものがあります。

1）レジストリに登録されている情報を不正に書き換える
2）権威サーバーに不正なデータを登録する
3）フルリゾルバーに不正なデータをキャッシュさせる

このうちの1)、つまり、**登録情報の不正書き換え**によるドメイン名ハイジャックでは、登録者からレジストリまでの情報の流れ（2章を参照）に割り込み、登録情報を不正に書き換えることで、ドメイン名ハイジャックを実現しています(**図**

9-11）。

登録情報の不正書き換えによるドメイン名ハイジャックは、本章の攻撃の分類における「2-C」に該当します（**表9-8**）。

図9-11　登録情報の不正書き換えによるドメイン名ハイジャック

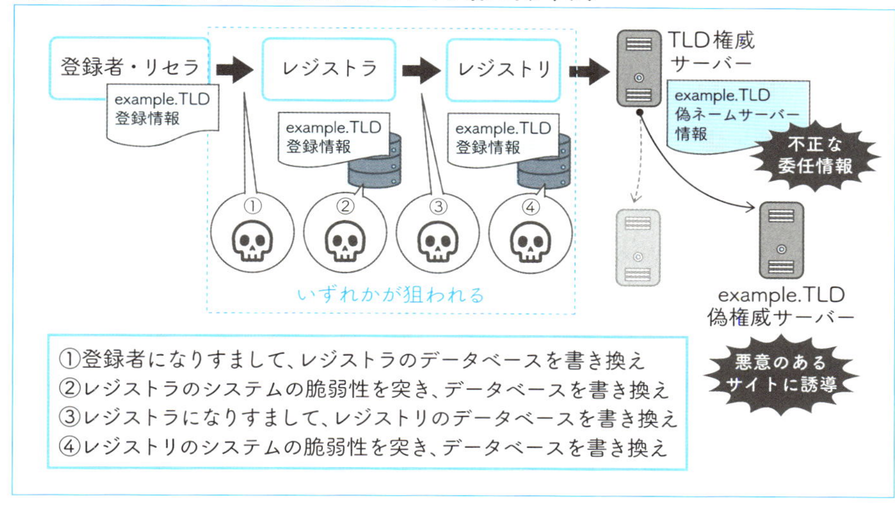

表9-8　登録情報の不正書き換えによるドメイン名ハイジャックの分類

どういう方法で 何が	（A）帯域や処理容量をあふれさせる	（B）プロトコルの弱点を突く	（C）実装・設定・運用上の問題点を突く
（1）DNSそのもの	1-A	1-B	1-C
（2）他者（DNSを利用）	2-A	2-B	2-C

COLUMN　ドメイン名ハイジャックとDNSハイジャック

DNSに対する書籍や報道などでドメイン名ハイジャックを意味する用語として、**DNSハイジャック**が使われる場合があります。

ドメイン名ハイジャックとDNSハイジャックはいずれもRFCで定義されている用語ではなく、正確な定義があるわけではありません。現状では、DNSハイジャックは利用者の機器に設定されているアクセス先フルリゾルバー設定の不正変更や、フルリゾルバーにおけるフィルタリング・ブロッキングなども含む、ドメイン名とIPアドレスの対応付けの書き換え行為全般を示す用語として使われており、ドメイン名ハイジャックよりも広い意味で使われることが多くなっています。

ドメイン名ハイジャックやDNSハイジャックの原因となる事象はさまざまです。そのため、該当する状況が発生した場合、その原因を究明したうえで、適切な対策をとることが重要です。

CHAPTER9
Practical
Guide to
DNS

攻撃への対策

攻撃対策、すなわち防御について理解するには何から何をどう守るのか、つまり、想定すべき攻撃、守るべきターゲット、とるべき対策や作るべき体制などが重要になります。

また、それぞれの対策について、その対策で守れることと守れないことは何か、つまり、**対策の有効範囲を理解する**ことも必要です。

ここでは前節で説明した攻撃手法について、代表的な対策を説明します。

DNSリフレクター攻撃への対策

DNSリフレクター攻撃のようなDDoS攻撃への対策を考慮する場合、2つのポイントがあります。ひとつは「**自分がDDoS攻撃の被害者となった場合にどう防御すればよいのか**」であり、もうひとつは「**自分がDDoS攻撃の加害者や踏み台とならないようにするにはどう対策すればよいのか**」です。この点についてはランダムサブドメイン攻撃など、他のDDoS攻撃においても同様です。

ここでは後者、すなわち、自身が管理するフルリゾルバーや権威サーバーがDNSリフレクター攻撃の踏み台とならないようにするための対策について説明します。

・フルリゾルバーにおける対策 ―― 適切なアクセスコントロールの実施

フルリゾルバーにおける対策では、そのフルリゾルバーがサービスを提供するネットワークからのアクセスのみを許可する、IPアドレスベースでの**適切なアクセスコントロールの実施**が有効です。これにより、自分が管理するフルリゾルバーが外部に対するDNSリフレクター攻撃の踏み台となることを防止できます（**図9-12**）。

また、適切なアクセスコントロールの実施は、前述したキャッシュポイズニングの攻撃リスクを減らすことにも有効です。

フルリゾルバーにおける適切なアクセスコントロールの実施は、本章の対策の分類における「ア-b」に相当します（**表9-9**）。

図9-12　フルリゾルバーにおけるアクセスコントロール

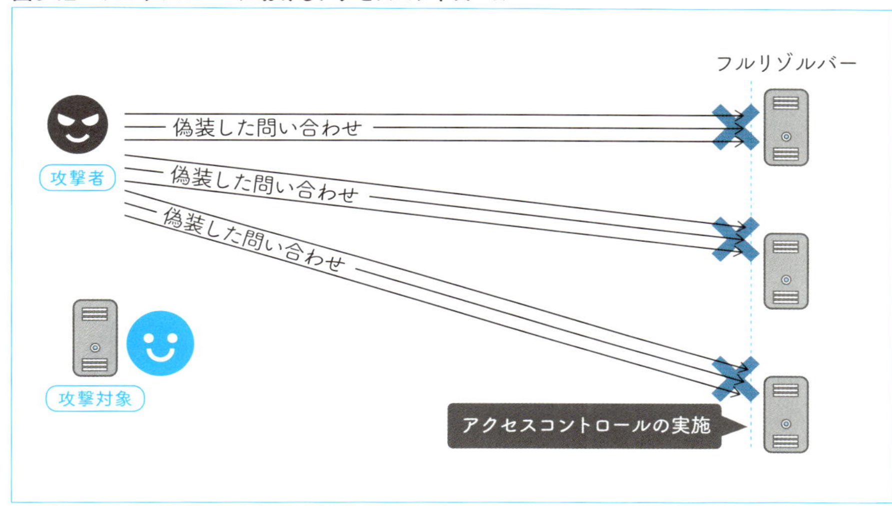

表9-9　フルリゾルバーにおける適切なアクセスコントロールの実施の分類

どう守るか／何を	(a) 攻撃そのものを無効化する	(b) 攻撃の効果を低減する
(ア) DNSの構成要素	ア-a	ア-b
(イ) DNSのデータ	イ-a	イ-b

・権威サーバーにおける対策 —— RRLの適用

権威サーバーはインターネット全体にサービスを提供する必要があるため、IPアドレスベースでのアクセスコントロールを実施することは困難です。そのため、最近の主要な権威サーバーには**RRL（Response Rate Limiting）**と呼ばれる、権威サーバーを利用したDNSリフレクター攻撃の効率を低減させるための仕組みが導入されています（**図9-13**）。

RRLは「応答頻度の制限」を意味しています。DNSリフレクター攻撃のようなDDoS攻撃では攻撃元が分散されているため、それらすべてを効果的に制限する（フィルターする）ことは困難です。RRLは、こうしたDDoS攻撃においても**攻撃対象のIPアドレスは単一、あるいは一定のネットワーク内に収まっている**という点に着目し、**ある宛先に対する同じ内容の応答が所定の頻度を超えた場合に、応答を送らないようにするなどの制限を発動させる**ための仕組みです。

図9-13　RRLの導入

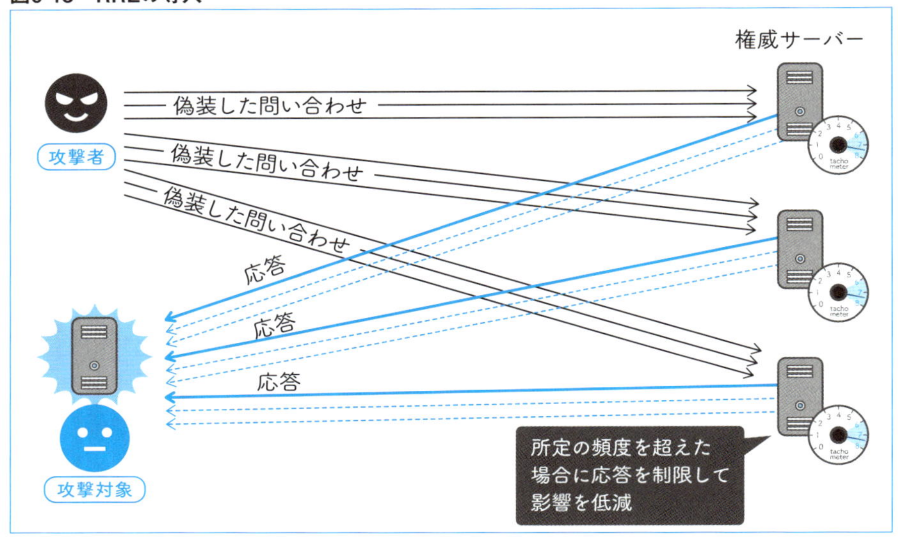

権威サーバーへのDNS RRLの適用は、本章の対策の分類における「ア-b」に相当します（**表9-10**）。

表9-10　権威サーバーへのDNS RRLの適用の分類

何を ＼ どう守るか	(a) 攻撃そのものを無効化する	(b) 攻撃の効果を低減する
(ア) DNSの構成要素	ア-a	ア-b
(イ) DNSのデータ	イ-a	イ-b

COLUMN　サーバーの特性の違いによる対策の違い

フルリゾルバーは権威サーバーからの応答をキャッシュしており、キャッシュされている内容を権威サーバーに問い合わせることはありません。RRLではこれを利用し、短時間の間に同じ相手に同じ内容を応答することを異常動作と判定することで、権威サーバーを用いたDNSリフレクター攻撃に対応しています。

一方、スタブリゾルバーはキャッシュを持っていない場合が多く、通常の運用において短時間の間に、同じ内容をフルリゾルバーに再問い合わせする場合があります。そのため、フルリゾルバーにRRLを安易に導入すると、スタブリゾルバーの利用者に悪影響を及ぼす危険性があります。

ランダムサブドメイン攻撃への対策

ランダムサブドメイン攻撃に対する有効な対策として、以下のものが挙げられます。

- 本来必要なアクセス制限がされておらず、外部から不正使用可能な状態になっているオープンリゾルバーをなくす
- 顧客側に設置された欠陥を持つホームルーターなどの機器を悪用されないようにするため、ISP側で**IP53B（Inbound Port 53 Blocking）**を実施する（**図9-14**、**図9-15**）
- フルリゾルバーにおいて、フィルタリングや問い合わせレートによる制限など、攻撃の影響を緩和する仕組みを導入する
- 監視の強化や、攻撃を検知する仕組みを導入する

9章05の「ランダムサブドメイン攻撃」（p.210）で説明したように、ランダムサブドメイン攻撃では攻撃に使われる問い合わせと通常の問い合わせとの区別がつかないことから、根本的な対策を実施しにくいという問題があります。そのため、現在も関係者によるさまざまな対応が検討されています。

ISPにおけるIP53Bの実施は、本章の対策の分類における「ア-b」に相当します（**表9-11**）。

表9-11　ISPにおけるIP53Bの実施の分類

どう守るか 何を	(a) 攻撃そのものを無効化する	(b) 攻撃の効果を低減する
(ア) DNSの構成要素	ア-a	ア-b
(イ) DNSのデータ	イ-a	イ-b

COLUMN　IP53Bとは

IP53B（Inbound Port 53 Blocking）はISPのネットワークにおいて、利用者に割り当てたIPアドレス宛てのUDP53番ポートへの通信をブロックすることです。

IP53Bにより、利用者側で動作しているオープンリゾルバー（7章02の「オープンリゾルバーの危険性」（p.147）を参照）を踏み台にした攻撃を防ぐことができます。53番はDNSサービスのためのポート番号で、このポートへの通信をブロックすることにより、利用者側のオープンリゾルバーへのアクセスをブロックします。

なお、利用者が設置している権威サーバーへのアクセスもブロックされるため、IP53Bは通常、IPアドレスを動的に割り当てているネットワークにのみ適用されます。

図9-14　IP53Bを導入していない場合

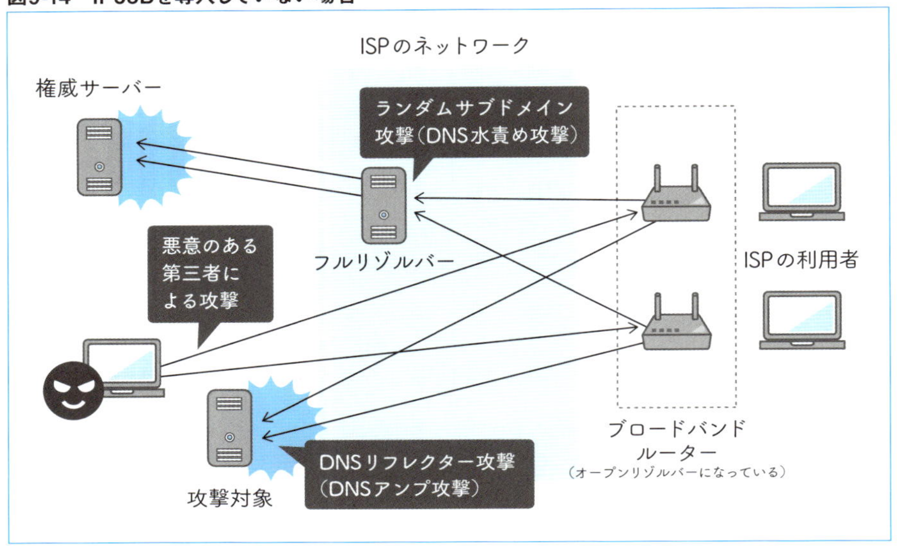

図9-15　IP53Bを導入した場合

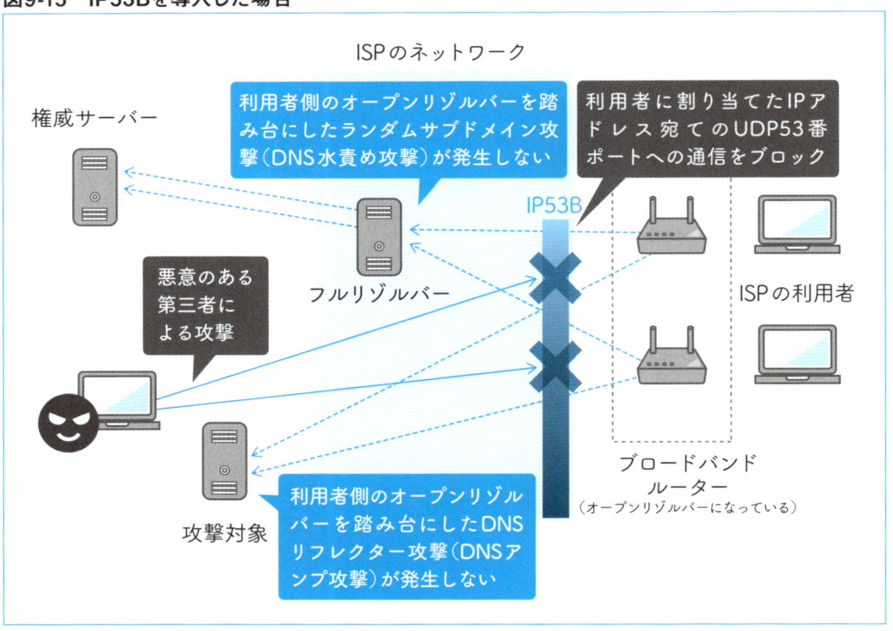

BINDの脆弱性を突いた攻撃への対策

BINDの脆弱性を突いた攻撃への対応では、開発元やディストリビューションの配布元のリリース情報や脆弱性情報をチェックし、**ソフトウェアを最新版に保つ**ことが有効です。

JPRSではBINDをはじめとする主要なDNSソフトウェアの脆弱性情報やリリース情報を、以下で公開しています。

JPRS DNS 関連技術情報
URL https://jprs.jp/tech/

脆弱性を解消するためにソフトウェアを最新版に保つことは、本章の対策の分類における「ア-a」に相当します（**表9-12**）。

表9-12　ソフトウェアを最新版に保つことの分類

どう守るか／何を	(a) 攻撃そのものを無効化する	(b) 攻撃の効果を低減する
(ア) DNSの構成要素	ア-a	ア-b
(イ) DNSのデータ	イ-a	イ-b

最近は、脆弱性情報やセキュリティパッチの公開前、あるいは公開された直後の対応が十分でない間に攻撃を仕掛ける、いわゆる**ゼロデイ攻撃**が流行しています。こうした攻撃への対策として、BINDとそれ以外のDNSソフトウェアの並行運用、外部のDNSサービスとの併用などによる、**多様性の確保**が有効です[*1]。

DNSソフトウェアにおける多様性の確保は、本章の対策の分類における「ア-b」に相当します（**表9-13**）。

表9-13　DNSソフトウェアにおける多様性の確保の分類

どう守るか／何を	(a) 攻撃そのものを無効化する	(b) 攻撃の効果を低減する
(ア) DNSの構成要素	ア-a	ア-b
(イ) DNSのデータ	イ-a	イ-b

＊**1** ― DNSソフトウェアにおける多様性の確保については、10章01「サーバーの信頼性に関する考慮事項」（p.226）で説明します。

キャッシュポイズニングへの対策

キャッシュポイズニングは主にプロトコルの弱点に起因する脆弱性ですが、DNSソフトウェアの実装を工夫することで、その危険性を低減できます。危険性を低減するための手法にはさまざまなものがありますが、最も重要なもののひとつとして、**ソースポートランダマイゼーション**が挙げられます。ソースポートランダマイゼーションは、現在リリースされているほとんどのフルリゾルバーに標準実装されています。

ソースポートランダマイゼーションはスタブリゾルバーとフルリゾルバーに実装される対策で、UDPの通信における問い合わせパケットのソースポート番号（発信元のポート番号）を、問い合わせごとにランダムに変化させる手法です。フルリゾルバーにおけるソースポートランダマイゼーションの実装例を、**図9-16**に示します。

図9-16　ソースポートランダマイゼーション

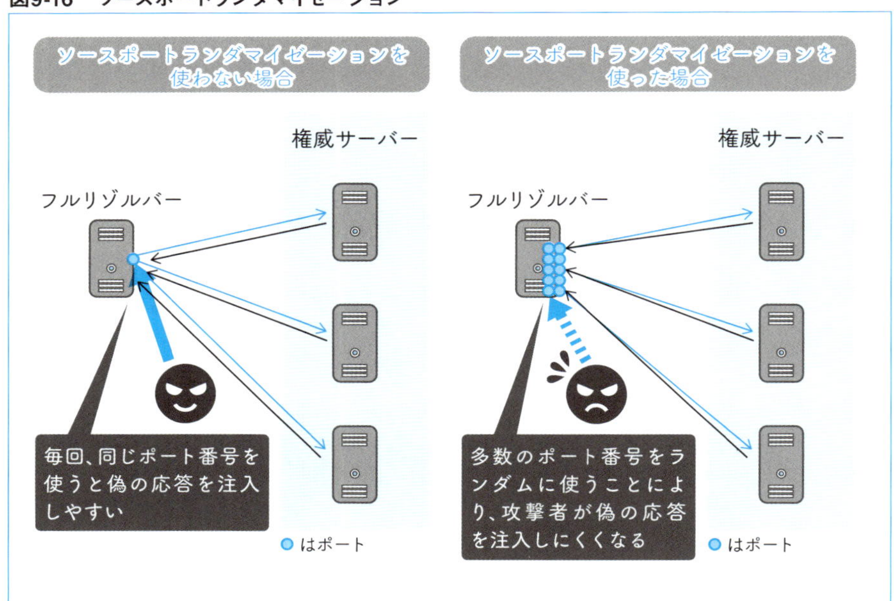

ソースポートランダマイゼーションは、キャッシュポイズニングの攻撃成功率を下げることを目的としています。多数のポート番号をランダムに使うことにより、攻撃者が偽の応答を注入しにくくなります。

ソースポートランダマイゼーションは、本章の対策の分類における「イ-b」に相当します(**表9-14**)。

表9-14 ソースポートランダマイゼーションの分類

何を ＼ どう守るか	(a) 攻撃そのものを無効化する	(b) 攻撃の効果を低減する
(ア) DNSの構成要素	ア-a	ア-b
(イ) DNSのデータ	イ-a	イ-b

なお、キャッシュポイズニングの効果のさらなる低減や、前述したDNSリフレクター攻撃の防止などを目的として、**DNSクッキー**の導入が始まっています。DNSクッキーの概要については、10章で説明します。

DNSクッキーの導入は、本章の対策の分類における「ア-b」と「イ-b」に相当します(**表9-15**)。

表9-15 DNSクッキーの導入の分類

何を ＼ どう守るか	(a) 攻撃そのものを無効化する	(b) 攻撃の効果を低減する
(ア) DNSの構成要素	ア-a	ア-b
(イ) DNSのデータ	イ-a	イ-b

登録情報の不正書き換えによるドメイン名ハイジャックへの対策

登録情報の不正書き換えによるドメイン名ハイジャックの対策には、以下の2つがあります。

1) 登録情報の不正書き換えの防止
2) 登録情報の不正書き換えの検知

登録情報の不正書き換えの防止・検知のための対策はいずれも、本章の対策の分類における「イ-b」に相当します(**表9-16**)。

表9-16 登録情報の不正書き換えの防止・検知のための対策の分類

何を ＼ どう守るか	(a) 攻撃そのものを無効化する	(b) 攻撃の効果を低減する
(ア) DNSの構成要素	ア-a	ア-b
(イ) DNSのデータ	イ-a	イ-b

以下では、それぞれの対策について説明します。

・不正書き換えの防止

登録情報の不正書き換えを防止する対策として、以下の項目が挙げられます。

・登録システムにおける脆弱性対策・情報漏えい対策の実施
　登録情報を取り扱う各システムにおいて、適切な脆弱性対策や情報漏えい対策を実施する
・アカウント管理の適正化によるなりすましの防止
　二要素認証やクライアント証明書などを利用し、アカウント乗っ取りの危険性を低減させる
・レジストリロックの利用
　一部のTLDレジストリが提供している、**レジストリロック**を利用する

レジストリロックは、ドメイン名の登録情報が意図せず書き換えられることを防ぐために登録情報の変更を制限する、オプションサービスのひとつです。登録者・リセラまたはレジストラがロックの設定をレジストリに依頼することで、情報の書き換えの際に秘密のパスフレーズの確認など、ロックを解除するための特別な手続きが必要になります。これにより、登録情報の意図しない書き換えを防止できます。

なお、レジストリロックを設定した場合、通常の場合に比べ登録情報の更新に時間を要するようになること、パスフレーズの管理など、利用者側においても追加のコストが必要になることなどに注意が必要です。

・不正書き換えの検知

登録者がドメイン名の登録情報を定期的にチェックすることで、不正書き換えを検知できます。これにより、不正書き換えが発生した際のレジストリへの問い合わせや登録情報のロールバック（巻き戻し）の依頼など、迅速な対策や被害拡大の防止につなげることができます。

チェック対象の項目として、レジストリやレジストラのWhois情報、レジストリの権威サーバーに設定される委任情報（NS/A/AAAAレコード）などが挙げられます。

実践編

Practical
Guide to
DNS

CHAPTER 10 よりよいDNS運用のために

この章では、DNS運用の信頼性を高めるために考慮すべき項目と、DNSの設定・運用にまつわる潜在的なリスクについて説明します。また、キャッシュポイズニングに対する耐性を高める技術であるDNSSECとDNSクッキーについて、その概要を紹介します。

本章のキーワード

・プラットフォーム　・多様性の確保　・運用実績　・運用ノウハウ
・サポート体制　・BIND　・NSD　・Unbound
・PowerDNS Authoritative Server　・PowerDNS Recursor
・Knot DNS　・Knot Resolver
・権威サーバー間のゾーンデータの不整合
・親子間の NS リソースレコードの不整合
・lame delegation（不完全な委任）
・外部名の設定　・DNSSEC　・DNS クッキー

CHAPTER10
Practical Guide to DNS

01 サーバーの信頼性に関する考慮事項

本節では、権威サーバーやフルリゾルバーの信頼性を高めるために考慮すべき点、具体的には、以下の事項について説明します。

- サーバーを動作させるプラットフォームの信頼性
- DNSソフトウェアの選択
- サーバーを設置するネットワークの選定

サーバーを動作させるプラットフォームの信頼性

本章で説明する**プラットフォーム**とは、コンピューターでアプリケーションを動かすための基礎部分、つまり、ハードウェアやOSを指します。

DNSのサーバーソフトウェア、つまり、権威サーバーやフルリゾルバーを動かすことができるプラットフォームにはUNIX系OSやWindowsなど、さまざまなものがあります。一般的なDNSソフトウェアは、プラットフォームに対する特殊な要求事項を持っていないため、それを動かすプラットフォーム、つまり、サーバーやOSは特殊なものではなく、一般的なものとなります。

そのため、サーバーにおける物理的なセキュリティの確保や、搭載するOSをベンダーから提供されている最新の状態に保つといった基本的な対策は、DNSソフトウェアを動かすプラットフォームにおいても、重要な項目のひとつとなります。この点は権威サーバーやフルリゾルバーの機能を備えたアプライアンス（特定の機能や用途に特化した専用の機器）においても同様であり、そうしたアプライアンスの上で動作するソフトウェアやファームウェアを最新の状態に保つことが、システムの安定運用につながります。

言い換えると、DNSソフトウェアを動かすプラットフォームとして、保守を受けられない古いハードウェアや、サポート期間が終了してアップデートが提供されなくなった古いOSを使い続けることは、システムの信頼性を損なう原因となります。

また、サーバーの構築時には最新版のソフトウェアやファームウェアであったとしても、その後のアップデートを怠ると、信頼性が損なわれることになります。そのため、サーバーの導入の際には運用保守を含めた運用体制の検討と構築を進め、そのようなことがないように準備する必要があります。

さらに、もし可能であれば、プラットフォームにおいても**多様性**の確保のため、複数の異なるシステムを準備しておくとよいでしょう。ひとつのシステムに過度に依存すると、そのシステムに何らかの問題が見つかったとき、それを狙われることで組織内のすべてのシステムが停止に追い込まれる危険性があります。それを防ぐため、例えば2台のサーバーを異なるOSで構築・運用するといった多様性を確保しておくと、一方のサーバーのOSに何らかの問題が発生した際にも他方のサーバーはその影響を受けず、それらのサーバーが提供するすべてのサービスが停止してしまう事態を回避できます。

もちろん、運用コストとの兼ね合いもあるため、現実的にはあらゆる部分で多様性を確保することは難しいでしょう。しかし、システムの構築と運用の信頼性向上のためには多様性の確保が重要であるという、原理原則を忘れないようにすることが大切です。

DNSソフトウェアの選択

どのDNSソフトウェアを選択するかも、よりよいDNSの運用を実現するための重要な項目のひとつです。以下に、DNSソフトウェアを選択する際の基準となり得る項目の例を示します。

・運用実績

継続的に開発・メンテナンスされており、運用実績があるものが望ましいです。そうしたソフトウェアを利用することで、運用の安定性向上が期待できます。

・運用ノウハウ

そのソフトウェアに関する運用ノウハウが蓄積されることで、トラブルが発生した場合や設定のカスタマイズをしたい場合など、さまざまな状況に迅速・適切に対応できるようになります。

・サポート体制

開発元のサポート体制、特に商用製品の場合、安定したサポートを継続可能であるものが望ましいです。DNSソフトウェアの種類によっては有償でのサポートや脆弱性情報の事前提供など、さまざまなサポートメニューを提供しているものがあり、そうした情報を安定運用に活用できます。

・多様性の確保

本節の「サーバーを動作させるプラットフォームの信頼性」(p.226) で説明した多様性の確保は、DNSソフトウェアの選択においても、重要なポイントとなります。また、9章06の「BINDの脆弱性を突いた攻撃への対策」(p.221) で説明したように、多様性はセキュリティの確保においても重要です。DNSの場合、現在では複数のプラットフォームに複数のDNSソフトウェアを導入することが可能ですので、運用コストを勘案しつつ、複数のDNSソフトウェアでシステムを構築するとよいでしょう。

多様性の確保にはこれら以外にも、さまざまな基準が考えられます。オープンソースのDNSソフトウェアであれば機能の事前評価や運用テストも比較的容易ですので、候補とするDNSソフトウェアに実際に触れたうえで、要求に合致したものを選定することもできます。また、発見される脆弱性の数や頻度、対応のしやすさといった点も運用の際には重要であり、ソフトウェア選択の際のポイントのひとつとなります。

主なDNSソフトウェア

ここでは、DNSソフトウェアの選択における参考情報として、代表的なオープンソースのDNSソフトウェアを紹介します。

以前は、オープンソースのDNSソフトウェアといえばBINDでした。しかし、現在ではBIND以外にもさまざまなソフトウェアが開発・利用されており、運用事例も増加しています。現在、開発・利用されている主なオープンソースのDNSソフトウェアを、**表10-1**に示します。

表10-1　主なオープンソースのDNSソフトウェア

名称	BIND	NSD	Unbound	PowerDNS Authoritative Server	PowerDNS Recursor	Knot DNS	Knot Resolver
開発元	ISC	NLnet Labs		PowerDNS.COM BV		CZ.NIC	
権威サーバー機能の提供	○	○		○		○	
フルリゾルバー機能の提供	○		○		○		○

以下、それぞれのソフトウェアの特徴について、簡単に紹介します。

・BIND

米国のISC（Internet Systems Consortium）が開発しているDNSソフトウェアです。長い歴史を持ち、多くのUNIX系OSにおける標準のDNSソフトウェアとなっています。権威サーバーとフルリゾルバーを1つのプログラム（named）で兼用しており、機能も豊富という特徴があります。しかし、内部処理の複雑さや設計上の理由から、脆弱性がしばしば報告されています。

・NSD

オランダのNLnet Labsが開発しているDNSソフトウェアです。権威サーバーの機能が実装されており、実装が簡潔であるため、セキュアでパフォーマンスが高いという特徴があります。

・Unbound

オランダのNLnet Labsが開発しているDNSソフトウェアです。Unboundという名前は、BINDの代替とすることを目指して開発されたことに由来しており、フルリゾルバーとして十分な機能・性能を持っています。

・PowerDNS Authoritative Server

オランダのPowerDNS.COM BVが開発しているDNSソフトウェアです。権威サーバーの機能が実装されており、ゾーンデータをMySQLやPostgreSQLなどのバックエンドのデータベースに格納する形で運用できるという特徴を持っています。

・PowerDNS Recursor

オランダのPowerDNS.COM BVが開発しているDNSソフトウェアです。フルリゾルバーの機能が実装されており、Luaスクリプトによるフィルタリングや名前解決処理の拡張が可能です。

・Knot DNS

チェコのccTLDレジストリCZ.NICが開発しているDNSソフトウェアです。権威サーバーの機能が実装されており、NSDと同様、権威サーバーの機能に特化した形で、高いパフォーマンスを実現しています。

・Knot Resolver

CZ.NICが開発しているDNSソフトウェアです。2016年に正式リリースされたフルリゾルバーで、今回紹介したDNSソフトウェアのうち、最も新しいものとなっています。

サーバーを設置するネットワークの選定

フルリゾルバーと権威サーバーの間の通信を確実に行うため、フルリゾルバーや権威サーバーは安定した外部接続を持ち、帯域を十分に備えたネットワークに設置することが望まれます。

6章02の「プライマリサーバーとセカンダリサーバーの配置」（p.117）で説明したように、複数の権威サーバーを配置する場合、名前解決の安定性の観点から、それぞれの権威サーバーを異なるネットワークに置くことが推奨されています。

また、7章02の「フルリゾルバーの設置」（p.141）で説明したように、フルリゾルバーはスタブリゾルバー、つまり利用者からの問い合わせを受け付け、結果を返す必要があります。そのため、フルリゾルバーは安定した外部接続に加え、利用者のネットワークからのアクセスのしやすさについても考慮する必要があります。

CHAPTER10
Practical Guide to DNS

02 DNSの設定と運用にまつわる潜在的なリスク

DNSの安定性はサーバーの信頼性だけではなく、運用しているプログラムの設定やゾーンのデータなどにも依存します。ここでは、DNSの運用におけるリスクとして、トラブルの原因となり得る項目をいくつか説明します。

権威サーバー間のゾーンデータの不整合

6章02「権威サーバーの可用性」(p.114)で、ゾーン転送を用いた権威サーバーの冗長化について説明しました。ゾーン転送にトラブルが発生した場合、プライマリサーバーとセカンダリサーバーが保持するゾーン情報に不整合が生じ、トラブルの原因になる場合があります(**図10-1**)。

図10-1 権威サーバー間のゾーンデータの不整合

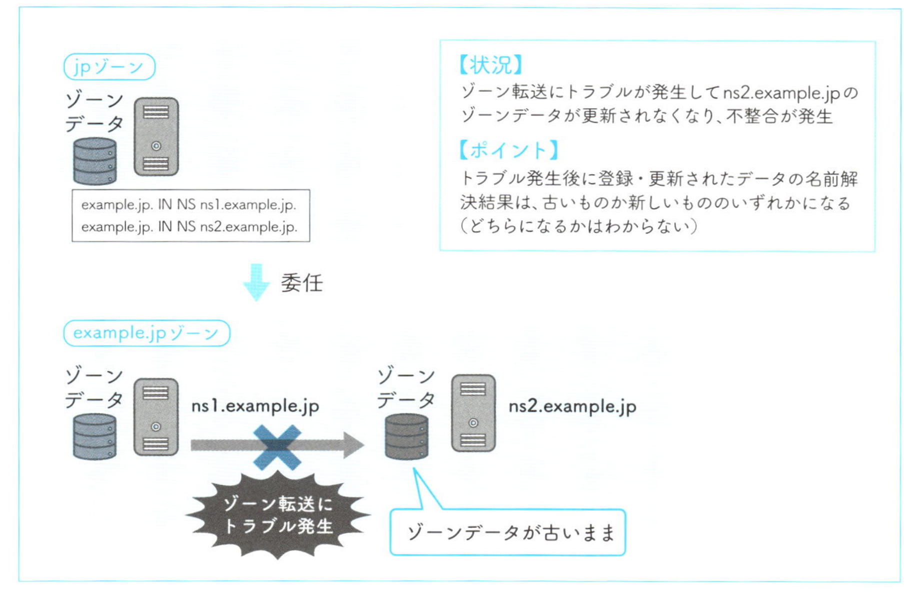

親子間のNSリソースレコードの不整合

5章03「EXAMPLE社を例にした設計・構築」(p.103)で説明したように、DNSでは親ゾーンと子ゾーンの双方に、同じ内容のNSリソースレコードを設定する必要があります。しかし、何らかの理由で親子間のNSリソースレコードの内容に不整合が発生し、委任に関するトラブルの原因になる場合があります。

不整合が起こる原因として、例えば、管理者が自分のゾーンの権威サーバーの一部を変更した場合に、レジストリへの委任情報の変更を怠っている(あるいは忘れてしまう)場合があります(**図10-2**)。

また、権威サーバーの運用者(事業者)の変更、いわゆるDNSの引っ越しをする場合、親子間の不整合が生じないように作業を進める必要があります。DNSの引っ越しについては、12章で説明します。

親子間のNSリソースレコードの不整合は後述するlame delegationやDNSの引っ越しに関するトラブルなど、さまざまな障害の原因となります。

図10-2　親子間のNSリソースレコードの不整合

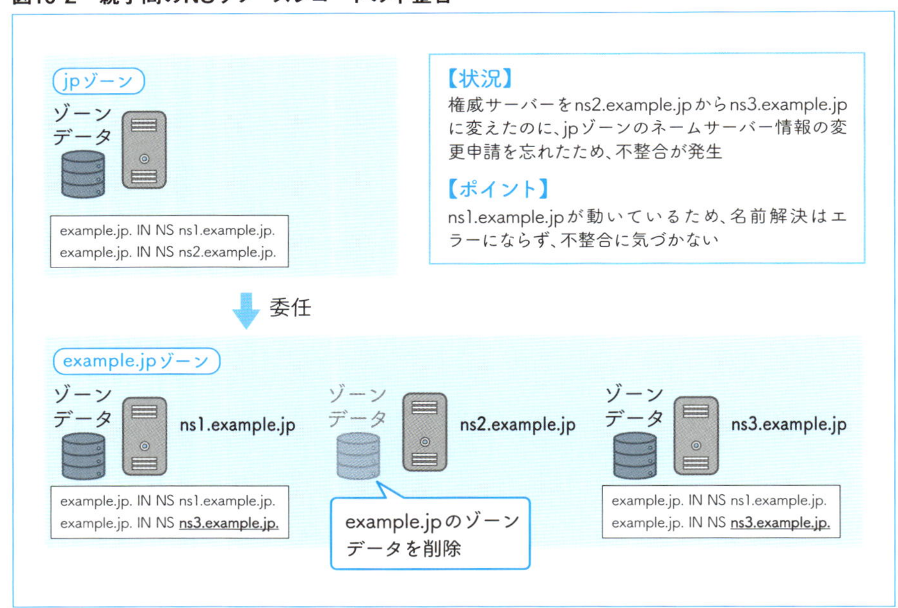

lame delegation(不完全な委任)

lame delegationは、委任元のゾーンに委任情報として登録されている権威サーバーが、委任先のゾーンの権威サーバーとして動作していない、つまり、委任が不完全である状態のことです（**図10-3**）[*1]。

図10-3　lame delegation

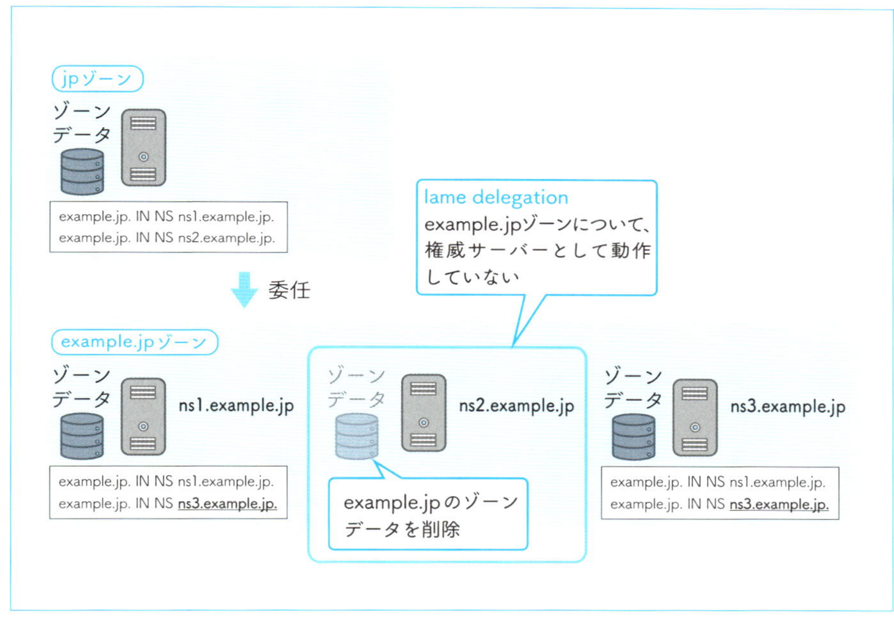

lame delegationの原因には、委任先の権威サーバーがそのゾーンの権威サーバーとして正しく設定されていない、セカンダリサーバーがプライマリサーバーと長期間通信できなくなりゾーン情報が期限切れになってしまった、指定ミスによりそのゾーンの権威サーバーとして動作していないサーバーを委任情報として登録してしまった、など、さまざまなものがあります。

委任先の権威サーバーがすべてlame delegationになるとフルリゾルバーは委任先のゾーンの情報を得ることができなくなり、名前解決に失敗することになります。

lame delegationについては、11章01「lame delegation」（p.240）で詳しく説明します。

＊1 — lameという単語の本来の意味は「足の怪我や病気によって歩行に支障がある状態（unable to walk without difficulty as the result of an injury or illness affecting the leg or foot）」です（オックスフォード英英辞典 < https://en.oxforddictionaries.com/definition/lame > より引用）。また、「説得力がない」「まずい」「ダサい」といったニュアンスでも使われています。

外部名の設定

権威サーバーとして、外部名（8章のコラム「内部名と外部名」（p.176）参照）を設定することは珍しいことではありません。例えば、事業者のDNSサービスを使う場合、以下の例のように、自分のゾーン（この例ではexample.jp）の権威サーバーのホスト名に事業者のドメイン名（外部名）を設定することが一般的です。

```
example.jp. IN NS ns1.事業者のドメイン名.
example.jp. IN NS ns2.事業者のドメイン名.
```

ここでは、外部名の設定がDNSのゾーン管理において、どのような意味を持つのかを考えます。

外部名を設定した場合、自分のゾーンの名前解決の途中でその外部名の権威サーバーのドメイン名を名前解決し、その結果を自分のゾーンの名前解決に使います（8章04の「例2）www.ietf.orgのAAAAリソースレコードを問い合わせる」（p.173）を参照）。

これは、**自分のゾーンの名前解決がその権威サーバーの名前解決、つまり、外部名として設定したドメイン名に依存するようになる**ことを意味しています。そのため、**もし外部名として指定したドメイン名の管理権限が悪意を持つ第三者に奪われた場合、自分のゾーンそのものの管理権限を奪われる**ことになります（**図10-4**）。

図10-4　名前解決における依存関係（外部名の影響）

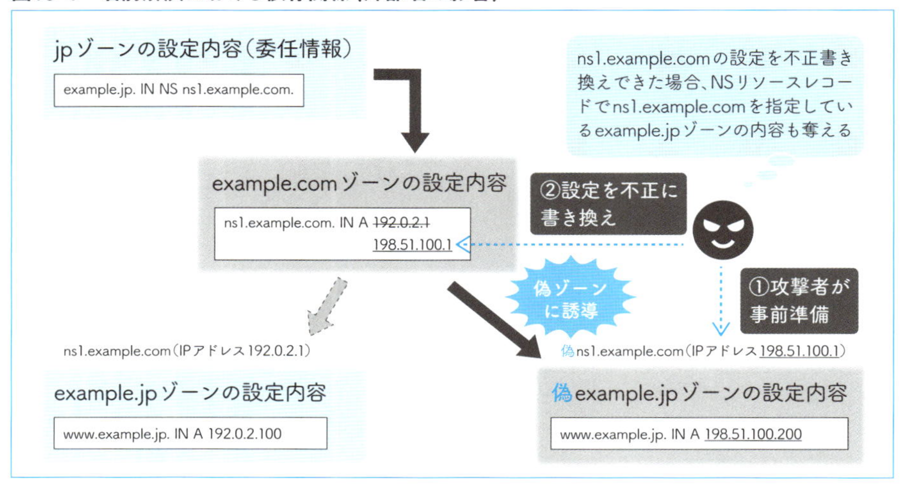

CHAPTER10
Practical Guide to DNS

03 DNSSECとDNSクッキーの概要

DNSSECとDNSクッキーはともに、9章05「代表的な攻撃手法とその概要」（p.209）で説明したキャッシュポイズニングに対する耐性を高めることで、やりとりするデータの信頼性を高めるための技術です。ここでは、DNSSECとDNSクッキーの概要について説明します。

なお、DNSSECのより詳しい仕組みについては、13章で説明します。

DNSSECの概要

DNSSEC（DNS Security Extensions）は、DNSの応答に偽造が困難な**電子署名**を追加し、応答を受け取った側、つまり、問い合わせ側でそれを検証できるようにするための仕組みです（**図10-5**）。

図10-5　DNSSECの概要

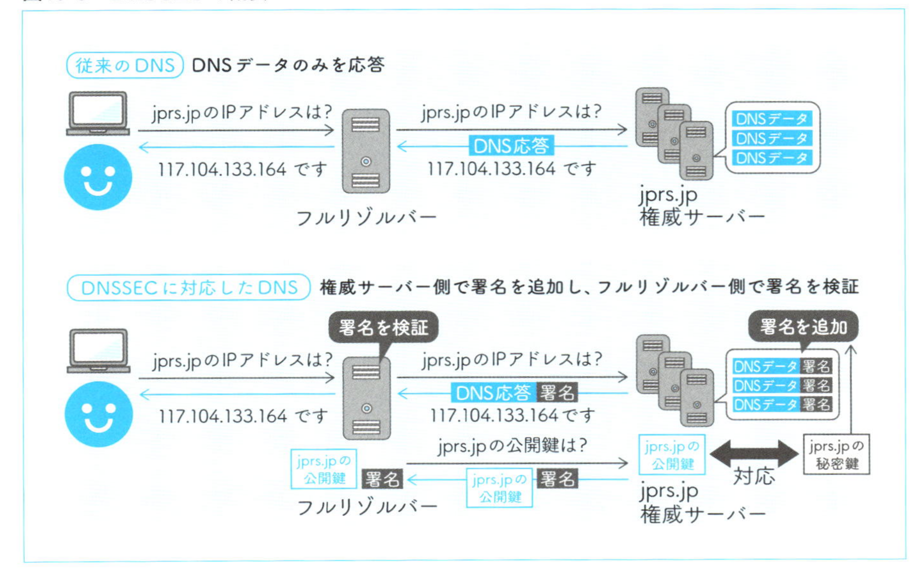

DNSSECは、受け取った応答の出自（ゾーンの管理者が設定したデータであること）と完全性（データの欠落や改ざんのないこと）を問い合わせ側で検証できるようにするための機能を、DNSに追加します。

DNSクッキーの概要

DNSクッキー（DNS Cookies）は、HTTPで利用されているクッキーと同様の仕組みをDNSのやりとり（問い合わせと応答）において実現するための仕組みです。

HTTPのクッキーは、WebサーバーがWebブラウザに応答する際に発行します。クッキーを受け取ったWebブラウザが次回以降のWebサーバーへのリクエストの際にそれを付加し、受け取ったWebサーバーが照合することで、今回リクエストを送ってきたWebブラウザが前回の応答を受け取っている、つまり、前回リクエストを送ってきたWebブラウザと同じ相手であると判断できます。なお、HTTPのクッキーにはこれ以外にも、さまざまな用途・機能があります。

DNSのクッキーには、問い合わせに付加する「クライアントクッキー」と、応答に付加する「サーバークッキー」の2種類があり、**問い合わせ側と応答側がそれぞれのクッキーを使って相手を相互に確認する**ことに特徴があります（**図10-6**）。

・問い合わせ側

問い合わせにクライアントクッキーと前回の応答のサーバークッキーを付加し（初回はクライアントクッキーのみを付加）、応答に同じクライアントクッキーが付加されているかを照合・確認します。

・応答側

応答に問い合わせのクライアントクッキーとその場で計算したサーバークッキーを付加し、次回の問い合わせに所定のサーバークッキーが付加されているかを照合・確認します。

図10-6 DNSクッキーを付加した問い合わせと応答の流れ

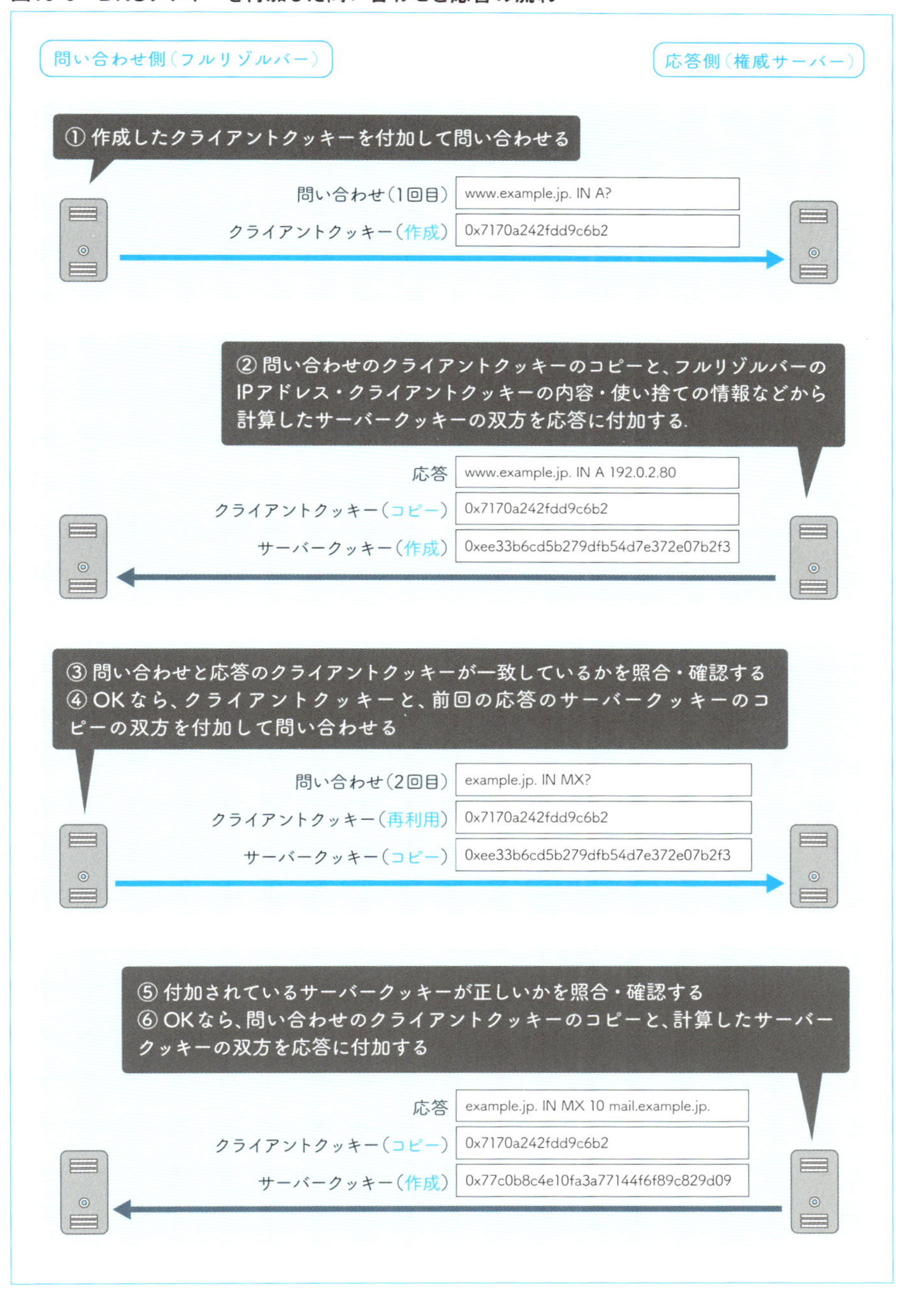

アドバンス編

Advanced
Guide to
DNS

CHAPTER 11 DNSの設定・運用に関するノウハウ

この章では、DNSの設定・運用においてよく見かけるトラブル・設定ミスと対応方法、ノウハウと注意点について、具体例を交えながら説明します。また、応答サイズの大きなDNSメッセージに対応するためのEDNS0の運用とその注意点、逆引きDNSの現状について説明します。

本章のキーワード

- lame delegation
- ゾーン頂点のドメイン名
- $TTL
- 国際化ドメイン名（IDN）
- A-label
- U-label
- Punycode
- EDNS0
- IPフラグメンテーション
- 最大転送単位（MTU）
- 逆引きDNS
- パラノイドチェック

CHAPTER11
Advanced Guide to DNS

01 ＜よくあるトラブルと設定ミス＞ lame delegation

本章の01から05では、DNSの運用においてよく見かけるトラブルと設定ミスについて、具体的な例を挙げながら紹介・説明します。また、そうしたトラブルを未然に防ぎ、適切に対応する方法についても説明します。

lame delegationは、委任元（親）ゾーンに委任情報として登録されている権威サーバーが、委任先（子）ゾーンの権威サーバーとして動作していない状態のことです。lame delegationについては10章で簡単に紹介しましたが、ここではあらためて、その概要と影響について振り返ります。また、lame delegationを起こさないようにするための運用上の注意点と、レジストリにおける取り組みについて説明します。

lame delegationは、DNSの運用が始まった直後から問題となっています。1992年には既に「Lame Delegationへの対応」[*1]というタイトルの論文が書かれており、1994年に発行されたRFC 1713にも「lame delegationはDNSの設定において、今なお（あまりにも）よくある重大なエラーである」[*2]と紹介されています。

lame delegationの例

以下に、権威サーバーがlame delegationであるケースと、それらの具体例を紹介します。

・応答そのものを返さない

委任元（親）に登録した委任情報が誤っていて、権威サーバーが動作していないIPアドレス宛てに問い合わせが送られている場合や、権威サーバーが何らかの

*1 — "Dealing With Lame Delegations" ＜https://web.mit.edu/darwin/src/modules/bind/bind/contrib/umich/lame-delegation/LISA-VI-paper.ps＞
*2 — RFC 1713: "Tools for DNS"

理由で停止している場合、lame delegationです。

・リクエストを拒否した旨の応答（応答コード5：REFUSED）を返す

ゾーンの設定をしていない権威サーバーにそのゾーンの問い合わせが送られREFUSEDが返った場合、lame delegationです。

・サーバー側の異常で名前解決に失敗した旨の応答（応答コード2：SERVFAIL）を返す

ゾーン転送の失敗により持っているゾーンデータが無効になりSERVFAIL応答が返った場合や、ゾーンの設定をしていない権威サーバーにそのゾーンの問い合わせが送られ、SERVFAIL応答が返った場合、lame delegationです。

・権威を持たない応答を返す（応答にAAビットが設定されていない）

権威サーバーとフルリゾルバーを同じIPアドレスで共用している場合に、あるゾーンの権威サーバーの設定が無効になった場合、lame delegationです。この場合、そのゾーンの問い合わせに対しフルリゾルバーとして動作し、権威を持たない応答を返します。

lame delegationが発生するとなぜ良くないのか

DNSでは、ゾーンの委任先に複数の権威サーバーホスト名を設定でき、さらにそれぞれの権威サーバーホスト名に複数のIPアドレスを設定できます。

フルリゾルバーは名前解決の際、それらのどの権威サーバーに問い合わせを送ってもかまいません。もし、ある権威サーバーが応答しなかったり異常な応答を返したりした場合、フルリゾルバーは正しい応答が得られるまで、設定されたすべての権威サーバーに問い合わせを送ります。

応答がないことを判定するためにはタイムアウトを待つ必要があるため、時間がかかります。名前解決対象のゾーンにlame delegationになっている権威サーバーがある場合、そのゾーンの名前解決時に本来は必要ないタイムアウト待ちと他の権威サーバーへの再問い合わせが発生する確率が高まり、名前解決にかかる時間が長くなります。

DNSの仕組みは堅牢（robust）であるため、委任先の権威サーバーのうち1つの権威サーバーが正しい応答を返せば、名前解決を継続できます。そして、フルリゾルバーはその情報をキャッシュし、それ以降の名前解決はキャッシュにあるデータを参照することで高速に実行されます。

そのため、lame delegationであっても、一部の権威サーバーが正しく設定されていれば名前解決が成功し、キャッシュの効果により遅延も初回の名前解決しか発生しないため、設定ミスに気付きにくくなります。

また、委任先の権威サーバーがすべてlame delegationである場合、フルリゾルバーはすべての権威サーバーが応答を返さないことを確認する必要があるため、名前解決にかかる時間が長くなり、最終的に名前解決がエラーとなります。

また、権威サーバーから応答が得られないことで外部から偽の応答を注入できる可能性が高まり、キャッシュポイズニングに対するリスクも上昇します（9章05の「キャッシュポイズニング」（p.213）を参照）。

こうした理由から、それぞれのゾーンの管理者は自分のゾーンの権威サーバーを適切に設定し、lame delegationを発生させないように運用する必要があります。

lame delegationを発生させないようにするには

lame delegationを発生させないようにするには権威サーバーの設定時にとどまらず、日々の運用においても、サーバーやネットワークの動作状況を継続的に確認し続ける必要があります。そのための確認には、8章で説明したコマンドラインツールやDNSチェックサイト、監視ツールが利用できます。

特に、8章05「有用なDNSチェックサイト」（p.187）で紹介したZonemasterやdnscheck.jpでは、レジストリに委任情報を登録する前のチェック、つまり、委任前チェックが可能になっています。こうしたツールをうまく活用することで、lame delegationの発生を減らすことができます。

レジストリにおける取り組み

いくつかのドメイン名レジストリや逆引きゾーンを管理するIPアドレスレジストリが、lame delegationを減らすための仕組みを実装・運用しています。

具体的には、レジストリに委任情報を登録する際の設定チェック、登録済みのドメイン名に対する定期的なlame delegationのチェックと通知、lame delegationが長期にわたって続いた場合の委任情報の自動削除などが挙げられます。

なお、運用している仕組みの具体的な項目・内容は、それぞれのレジストリにより異なります。

CHAPTER11
Advanced Guide to DNS

02

<よくあるトラブルと設定ミス>

ゾーン転送におけるトラブル

ゾーン転送にトラブルが発生することで権威サーバー間のゾーンデータに不整合が生じ、トラブルが発生することがあります（10章02の「権威サーバー間のゾーンデータの不整合」（p.231）を参照）。また、設定ミスや長期にわたるゾーン転送のエラーによってセカンダリサーバー側のゾーンデータが無効になることで、lame delegationが発生する場合もあります。

ゾーン転送に関するこうしたトラブルを防ぐには、ゾーン転送の設定後にプライマリサーバーでゾーンデータのSOAリソースレコードのSERIALの値のみを更新してゾーン転送を実行し、すべてのセカンダリサーバーのSOAリソースレコードのSERIAL値を確認します。SOAリソースレコードのSERIALの値のみを更新することで他のゾーンデータに影響を与えることなく、ゾーン転送のみをテストできます。

CHAPTER11
Advanced Guide to DNS

＜よくあるトラブルと設定ミス＞

ゾーンファイルのメンテナンスにおけるトラブル

ゾーンファイルのメンテナンスにおけるよくあるトラブルのひとつとして、SOAリソースレコードのSERIALの値の更新忘れが挙げられます。

6章02の「ゾーン転送の仕組み」(p.115) で説明したように、ゾーン転送の際にはセカンダリサーバーがプライマリサーバーにそのゾーンのSOAリソースレコードを問い合わせて、得られたSOAリソースレコードのSERIALの値と自身の持つゾーンデータのSOAレコードのSERIALの値を比較し、増加していればゾーン転送を実行します。そのため、SERIALの値を更新し忘れた場合プライマリサーバーからセカンダリサーバーへのゾーン転送が動かず、ゾーンデータが同期しないことになります。

また、ゾーンファイルの記述を間違えて文法誤りが発生した場合、その権威サーバーは新しいゾーンファイルを読まなくなります。その際、権威サーバーの実装によっては古いゾーンデータでサービスを継続するものがあり、更新エラーに気付きにくくなることがあります。

こうしたトラブルを防ぐため、ゾーンデータを更新した場合にはログを調べ、ゾーン情報が正しく読み込まれたことを確認しましょう（ログの収集・確認については8章06の「いつ何が起こったのか（システムログの収集と確認)」(p.195) を参照)。さらに、すべての権威サーバーに対して変更したドメイン名・タイプとそのゾーンのSOAリソースレコードを問い合わせて、応答内容に不整合がないことを確認しておきましょう。

CHAPTER11
Advanced Guide to DNS

04

<よくあるトラブルと設定ミス>

ファイアウォールやOSのアクセス制限におけるトラブル

ネットワーク越しの攻撃から権威サーバーやフルリゾルバーを守ろうとして、ファイアウォールやOSなどでアクセス制限を適用することがあります。その際、**DNSではUDPポートの53番へのアクセスのみを許可すればよいという誤った認識により、TCPポート53番へのアクセスを遮断してしまう**ことがあります。

DNSの仕様では、通信手段として**TCPとUDPのいずれを使用してもよい**ことになっており、TCPはUDPの代替手段ではなく、通常の通信手段として使われます。そのため、権威サーバーとフルリゾルバーについては**UDPポート53番へのアクセスに加え、TCPポート53番へのアクセスも許可する**必要があります。

また、IPパケットは断片化されることがあります*1。IPパケットが断片化された場合、先頭のパケット以外にはUDPやTCPのヘッダーが存在しないため、先頭以外のパケットを捨てるようなアクセス制限を設定してしまいがちです。そのようなアクセス制限がある場合、特定の条件の通信のみが通過できなくなるという、トラブルシューティングをしづらい障害が発生することになります。

こうした障害を防ぐため、権威サーバーやフルリゾルバーが受け取るパケットのルールをファイアウォールやOSなどで設定する場合、UDP/TCPのポート53番宛てだけでなく断片化されたパケットも受け取るようなルールを設定する、断片化されたパケットを再構築してから判定する高機能なファイアウォールを使う、IPフラグメンテーションが発生しない範囲で運用する（11章09の「IPフラグメンテーションへの対応」（p.260）で解説するように、EDNS0のデータサイズを1220や1232バイトに設定する）、などの対応が必要になります。

なお、権威サーバーのうちプライマリサーバーはゾーン転送の際、セカンダリサーバーにDNS NOTIFYを送ります（6章02の「ゾーン転送の仕組み」（p.115）を参照）。そのため、**プライマリサーバーからセカンダリサーバーへのポート53番宛ての通信を許可する**必要があります。

＊1 ― IPパケットが断片化されることを**IPフラグメンテーション**といい、本章の後半で説明します。

CHAPTER11
Advanced Guide to DNS

＜よくあるトラブルと設定ミス＞

サーバーの種類とアクセス制限の設定

ここまでで説明したように、DNSのサーバーにはスタブリゾルバーからの問い合わせ、つまり名前解決要求を受け付けるフルリゾルバーと、フルリゾルバーからの問い合わせを受け付ける権威サーバーの2種類があります。**これら2種類は機能、サービス対象、サービス提供範囲が異なっているため（表11-1）、それに応じた形でアクセス制限を設定する必要があります。**

表11-1　サーバー／サービスの種類による機能・サービス対象・サービス提供範囲の違い

サーバーの種類	権威サーバー	フルリゾルバー	
サービスの種類	（通常）	（通常）	パブリックDNSサービス
機能	階層構造を構成し、名前情報を管理する	階層構造をたどり、名前解決を提供する	
サービス対象	インターネット上のフルリゾルバー	ISP内や組織内の利用者	インターネット上の利用者
サービス提供範囲	インターネット全体	ISP内・組織内のみ	インターネット全体

権威サーバーは、インターネット全体からの問い合わせに対応する必要があります。そのため、サービス提供範囲を限定すべきではありません。一方、パブリックDNSサービスを提供しないフルリゾルバーでは、ISP内・組織内のみにサービス提供範囲を限定することになります。

また、フルリゾルバーのネットワークをファイアウォールで保護する場合、フルリゾルバーが名前解決に使う送信元IPアドレスから外部の宛先IPアドレスへのUDP、TCPのポート53番への問い合わせと、その戻りのパケットを通過させるように設定する必要があります。

11章04「ファイアウォールやOSのアクセス制限におけるトラブル」（p.245）で説明したように、権威サーバーからフルリゾルバーに送られる応答は断片化されている可能性があります。そのため、断片化された2つ目以降のパケットも受け取るようなルールを設定する、断片化されたパケットを再構築してから判定する高機能なファイアウォールを使う、断片化が発生しない範囲で運用する、などの対応が必要になります。

CHAPTER11
Advanced Guide to DNS

"www"が付かないホスト名の設定方法

ゾーン頂点へのA/AAAAリソースレコードの設定

委任を受けたドメイン名そのもの、つまり、ゾーン頂点（6章04の「ゾーンそのものに関する情報 ～SOAリソースレコード」を参照（p.120））のドメイン名をWebサイトのドメイン名に使うことができます。そのようなホスト名を設定するには、ゾーン頂点のSOAリソースレコードやNSリソースレコードと同じ箇所に、AまたはAAAAリソースレコードを設定します。

以下に、6章で説明したゾーンファイルの一部を再掲します。ゾーン頂点のドメイン名は「@」で設定されていますので、この設定に、AまたはAAAAリソースレコードを追加することになります。以下の例では、AとAAAAの両方のリソースレコードを追加しています。

ゾーンファイルの一部（再掲）

```
①    $ORIGIN    example.jp.
②    $TTL       3600
③    @          IN SOA      (
④                           ns1.example.jp.          ; MNAME
⑤                           postmaster.example.jp.   ; RNAME
⑥                           2018013001               ; SERIAL
⑦                           3600                     ; REFRESH
⑧                           900                      ; RETRY
⑨                           604800                   ; EXPIRE
⑩                           3600                     ; MINIMUM
⑪               )
⑫               NS          ns1
⑬               NS          ns2
⑭               MX          10       mx1
⑮               MX          20       mx2
⑯               TXT         "EXAMPLE Co., Ltd."
⑰               TXT         "v=spf1 +mx -all"
（略）
⑳               A           192.0.2.1
㉑               AAAA        2001:db8::1
```

CDNサービスとの関係

自分のドメイン名でCDNサービスを使う場合、CDNサービスの提供者からCNAMEリソースレコードを指定するように指示される場合があります（6章05の「外部のサービスを自社のドメイン名で利用する」(p.129)を参照）。具体的には、以下のような設定です。

```
www.example.jp.        IN        CNAME     cdn.example.com.
```

しかし、**ゾーン頂点のドメイン名にはCNAMEリソースレコードを設定することはできません。**なぜなら、6章04「ドメイン名の管理と委任のために設定する情報」(p.120) で説明したように、ゾーン頂点にはSOAリソースレコードとNSリソースレコードが存在しており、CNAMEリソースレコードを設定したドメイン名にはCNAME以外のリソースレコードを設定してはならない、という条件に反するためです（**図11-1**）。

そこで、いくつかのCDNサービスやクラウドサービスを提供する事業者は、この問題を解決するために、独自のDNSサービスを開発・提供しています。例えばAmazonが提供するRoute 53ではエイリアス（Alias）レコード、Cloudflareが提供するCloudflare DNSではCNAME Flatteningというサービスを提供しています。

図11-1　CNAMEリソースレコードをゾーン頂点に設定することはできない

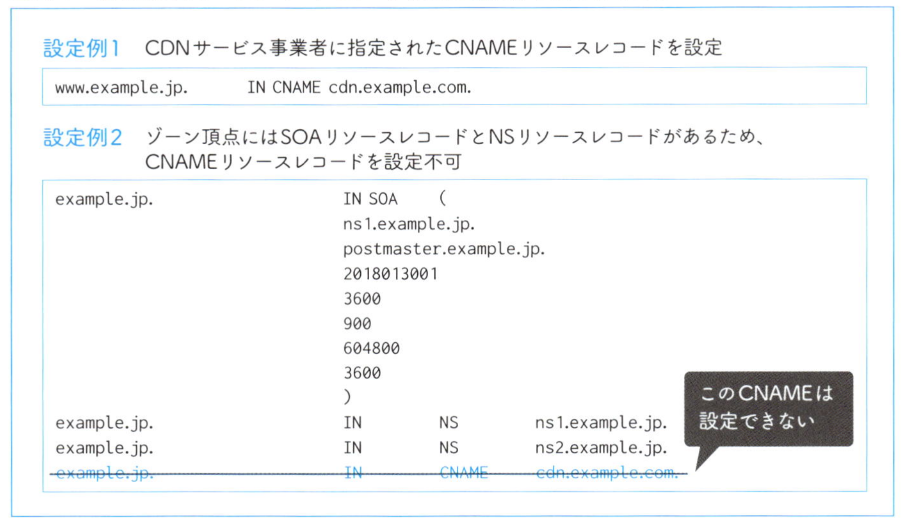

これら独自のDNSサービスではゾーン頂点のドメイン名に、自らが提供するCDNサービスやクラウドサービスの設定を組み込むことができます。この場合、対象となるゾーン頂点のドメイン名のIPv4/IPv6アドレスを問い合わせると、対応するCDNサービスやクラウドサービスのIPv4/IPv6アドレスをA/AAAAリソースレコードとして返すように設定されます。そのため、これら独自のDNSサービスを使って自分のサービスを提供する場合、サービス提供用のサーバー（Webサーバーなど）と権威サーバーの双方を、そのDNSサービスを提供する事業者と同じ事業者に預ける形になります。

CHAPTER11
Advanced Guide to DNS

07 $TTLを設定する場合の注意点

$TTLによるTTL値の規定値の指定

ゾーンファイルの先頭に「$TTL」で始まる行（**$TTLディレクティブ**）を書くことで、TTL値の規定値を指定することができます。ゾーンファイル中のTTL値の設定を省略したリソースレコードのTTL値は、$TTLで指定した値になります。

例えば、

```
$TTL 300
www.example.jp. IN A 192.0.2.1
www2.example.jp. IN A 192.0.2.2
```

とした場合、www.example.jpとwww2.example.jpのAリソースレコードのTTL値は、ともに300（秒）となります。

権威サーバーのNS/A/AAAAのTTL値は長い値が望ましい

$TTLによるTTL値の規定値の指定は便利なため、広く使われています。最近では設定変更時に変更前のIPアドレス（AリソースレコードやAAAAリソースレコード）のキャッシュが早くクリアされる（結果として新しいIPアドレスに早く切り替わる）ことを狙って、$TTLに短い値（300程度）を設定することが多いようです。ただし、$TTLに短い値を設定する場合に気を付けておきたいことがあります。

DNSのリソースレコードを名前解決の観点から見た場合、アプリケーション（スタブリゾルバー）が名前解決の際に問い合わせるものと、アプリケーションは問い合わせず、フルリゾルバーが階層構造をたどる際に利用するものの2種類に分けられます。この場合、一般的なA、AAAA、MXなどのリソースレコードが前者、NSリソースレコードと権威サーバーのホスト名に設定されるA/AAAAリソースレコードが後者です。

後者のリソースレコードのTTL値が短いと、フルリゾルバーが親ゾーンの権威サーバーから名前解決を頻繁にやり直すことになり、名前解決に要する負荷が増えます。また、フルリゾルバーから権威サーバーへの問い合わせの回数も増えることになります。

後者の設定は通常のDNS運用では短時間の間に変化しないため、前述した名前解決の負荷や所要時間の短縮などの点から、TTL値に長い値（3600以上）を設定することが望ましいです。**しかし、$TTLで短い値を指定した場合、これらのリソースレコードにも短いTTL値が設定されてしまいます**。

そのため、このような場合は、次のどちらかの設定を行うようにします。

- **$TTLで長い値を指定しておき、短い値を設定したいリソースレコードにのみ短いTTL値を個別に設定しておく**
- **$TTLで短い値を指定しておき、NSリソースレコードと権威サーバーのホスト名のA/AAAAレコードには長いTTL値を個別に設定しておく**

このように設定することで$TTLの利便性を損なうことなく、名前解決の負荷や所要時間を減らすことができます。

CHAPTER11
Advanced
Guide to
DNS

国際化ドメイン名の設定方法

インターネットのもととなったARPANETのHOSTSファイル（1章を参照）では、ホスト名には英数字と"-"のみを使うことになっていました。そのルールを引き継ぎ、インターネットでもホスト名のラベルには英数字と"-"のみを使うことになっています。

COLUMN　先頭が"_"で始まるラベル

DNSでは、先頭が"_"で始まるラベルも使われています。例えば、サービスのロケーションを示すSRVリソースレコードに使われる"_sip._udp.example.jp"といった形式のラベルや、電子証明書の管理を自動化するためのプロトコルであるACMEのDNS認証で使われる、"_acme-challenge.www.example.jp"といった形式のラベルなどがあります。

しかし、インターネットが米国以外の国々に普及していくにつれ、東アジア・ヨーロッパ・中東などの非英語圏から、各国語で表記された名前をドメイン名として使用したいという要求が上がり、**国際化ドメイン名（Internationalized Domain Names：IDN）**の標準化作業が開始されました。

前述したとおり、インターネットのドメイン名のラベルには英数字と"-"のみという制限があります。しかし、DNSプロトコルにはそうした制限はなく、ドメイン名のラベルに任意の文字コード、つまり、0～255までのすべての値を使用できます（値0のバイト列を含むラベルを使うことさえも可能です）。

しかし、2000年代前半に進められた国際化ドメイン名の標準化では、従来のソフトウェアや人間の理解との互換性のため、国際化ドメイン名のラベルを英数字と"-"という、従来のドメイン名のラベルと同じ文字列に変換して取り扱うこととしました。この、ASCII文字の表現で表される国際化ドメイン名ラベルを「**A-label**」と呼びます。なお、変換前の国際化ドメイン名のラベルを「**U-label**」と呼びます。

DNSで設定する国際化ドメイン名には、A-labelの表現を使用します。A-labelに変換することで、ゾーンファイルや設定ファイルを、従来のASCII文字のドメイン名と同じように設定できます。以下に、その例を示します。

U-label：ドメイン名例
A-label：xn--eckwd4c7cu47r2wf

先頭の"xn--"は、ラベルが国際化ドメイン名のA-labelであることを示すプレフィックス（接頭辞）です。そして、"eckwd4c7cu47r2wf"の部分が「ドメイン名例」という文字列を**Punycode**（ピュニコード）という方式で変換した文字列です。この両方を合わせた"xn--eckwd4c7cu47r2wf"が、A-labelとなります。

COLUMN　Punycode

RFC 3492で定義される、国際化ドメイン名をアプリケーションで扱えるようにするための仕組みのひとつです。Punycodeは Unicodeのコードポイント（文字ごとに割り当てられる固有の番号）を、ASCII文字のみを使用する形に符号化（エンコード）して表現します。

Punycodeは Unicode文字列を一意、かつ可逆的に ASCII文字列に変換します。つまり、U-labelに対応するA-labelは常に一意となり、かつ、U-labelとA-labelは相互変換が可能です。

日本語ドメイン名をA-labelの表現に変換する際には、JPRSが提供する「日本語JPドメイン名のPunycode変換・逆変換」（URL https://punycode.jp/）のペー

図11-2　punycode.jpの実行例

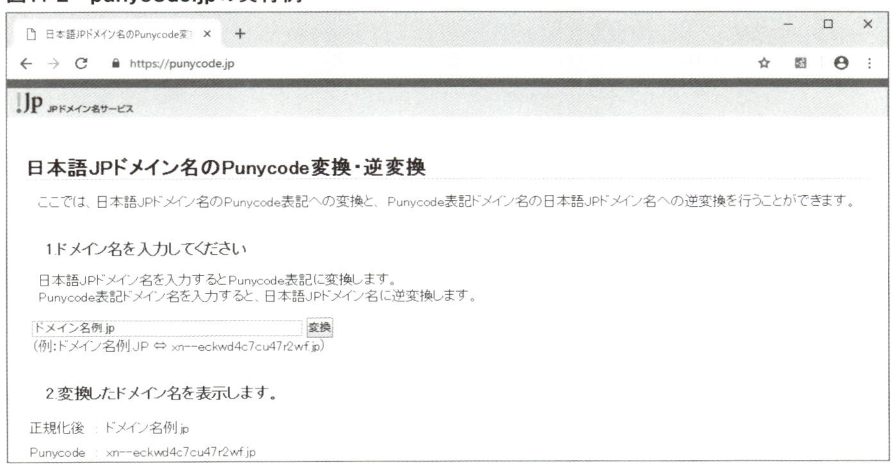

ジ（**図11-2**）を利用できます。また、大量の変換が必要な場合は、IDNコマンドが使用できます（**図11-3**）。

日本語JPドメイン名やgTLDの国際化ドメイン名では、レジストリやレジストラのWhoisでA-labelを表示できます。JPRS Whoisで"日本語.jp"を検索した例を、**図11-4**に示します。

図11-3　IDNコマンドの使用例

```
% echo "ドメイン名例.jp" | idn -a ↵
xn--eckwd4c7cu47r2wf.jp
```

図11-4　JPRS WhoisでのA-labelの表示例

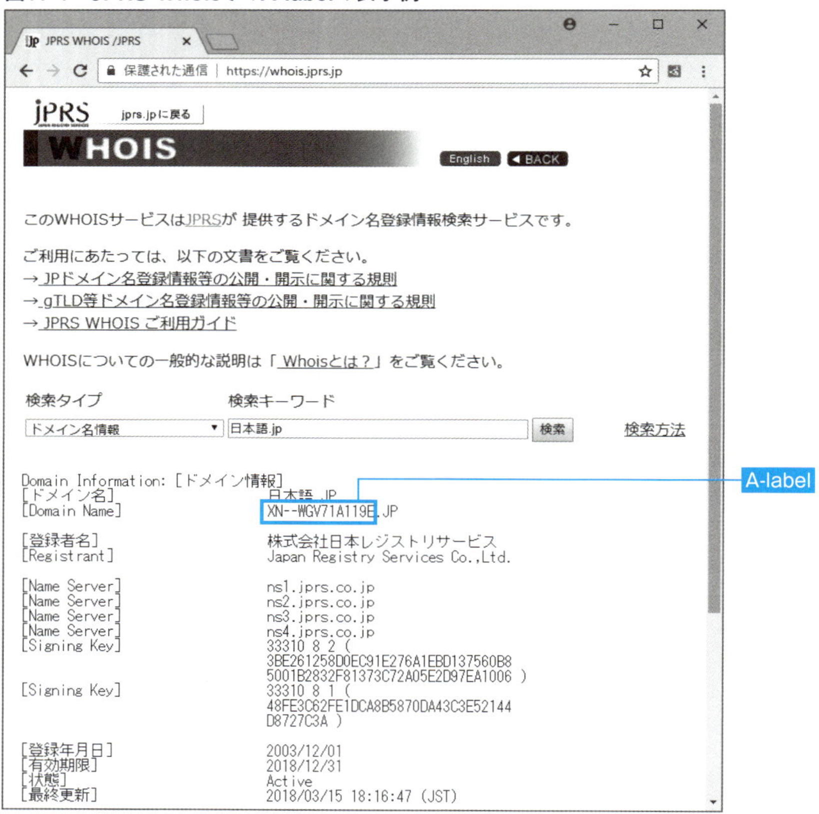

図11-5に、国際化ドメイン名を設定したゾーンファイルの例（ドメイン名例.jpゾーン）を示します。

図11-5　国際化ドメイン名を設定したゾーンファイルの例（ドメイン名例.jpゾーン）

```
; xn--eckwd4c7cu47r2wf.jp. ==ドメイン名例.jp.
$ORIGIN xn--eckwd4c7cu47r2wf.jp.
$TTL 3600
@ IN SOA ns1 postemaster (
                    1000000001
                    3600
                    900
                    1814400
                    900
 )
;
 IN NS ns1
 IN NS ns2
 IN MX 10 mx
 IN A 192.0.2.80
;
ns1                 IN A 192.0.2.53
ns2                 IN A 198.51.100.53
www                 IN A 192.0.2.80
mx                  IN A 192.0.2.25
```

CHAPTER11
Advanced Guide to DNS

09 応答サイズの大きなDNSメッセージへの対応

DNSでは、通信手段としてUDPまたはTCPを使います。中でも、通常の問い合わせでは頻繁なやりとりを高速に行えるように、コネクションレス型のUDPを使用しています。また、開発当時のDNSではUDPのDNSメッセージサイズが、512バイト以下に制限されていました。

COLUMN UDPのDNSのメッセージサイズが512バイトに制限された理由

なぜ、UDPのDNSメッセージの最大長は512バイトと定められたのでしょうか。

IP（IPv4）の仕様では、一度に受信可能なデータグラム（ヘッダーを含むパケット）として、576バイトを保証しなければならないと定められています。この値はコンピューターが扱いやすい2の乗数である、64バイトのヘッダーと512バイトのデータブロックを格納可能な大きさとして選択されたものです（RFC 791 3.1. Internet Header Format）。これにより、**UDPにおけるDNSメッセージサイズの最大値を512バイトまでとすることで、IPv4ネットワークにおいて必ず1パケットで送受信可能になります**（図11-6）。

このことは通信の信頼性が高くなかった当時のインターネットにおいて、DNSを実用的に使用可能にするための重要な要素となりました。

図11-6　1つのパケットに格納できるように最大長512バイトと定められた

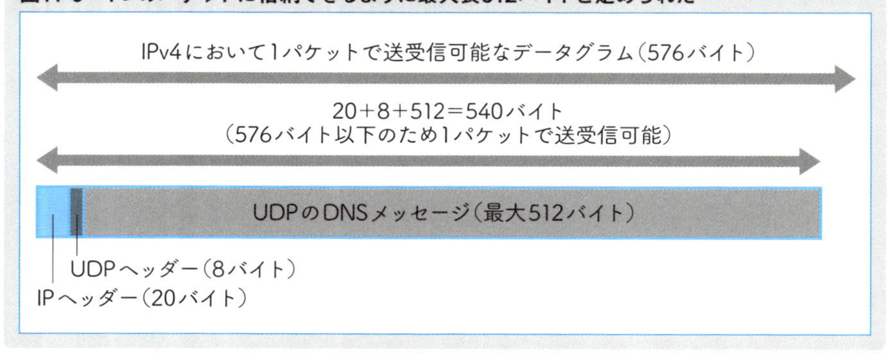

しかし、DNSの利用範囲が広がるにつれてDNSメッセージサイズが増加傾向となり、512バイトでは不十分であるケースが出てきました。**図11-7**に、Aリソースレコードの検索結果が512バイトを超えた事例（digコマンドの結果）を示します。なお、この出力結果は2012年3月14日時点のものであり、現在の設定はこの

図11-7　Aリソースレコードの検索結果が512バイトを超えた事例

```
% dig appldnld.apple.com ↵
;; Truncated, retrying in TCP mode.  ──── TCPで受信

; <<>> DiG 9.7.2-P2 <<>> appldnld.apple.com
;; global options: +cmd
;; Got answer:
;; ->>HEADER<<- opcode: QUERY, status: NOERROR, id: 52420
;; flags: qr rd ra; QUERY: 1, ANSWER: 13, AUTHORITY: 10, ADDITIONAL: 0

;; QUESTION SECTION:
;appldnld.apple.com.    IN A

;; ANSWER SECTION:
appldnld.apple.com.    3600 IN CNAME appldnld.apple.com.akadns.net.
appldnld.apple.com.akadns.net. 300 IN CNAME appldnld2.apple.com.edgesuite.net.
appldnld2.apple.com.edgesuite.net. 21600 IN CNAME appldnld2.apple.com.edgesuite.net.globalredir.
akadns.net.
appldnld2.apple.com.edgesuite.net.globalredir.akadns.net. 300 IN CNAME a2047.gi3.akamai.net.
a2047.gi3.akamai.net.  20 IN A 118.155.230.16
a2047.gi3.akamai.net.  20 IN A 118.155.230.19
a2047.gi3.akamai.net.  20 IN A 118.155.230.26
a2047.gi3.akamai.net.  20 IN A 118.155.230.49
a2047.gi3.akamai.net.  20 IN A 118.155.230.65
a2047.gi3.akamai.net.  20 IN A 118.155.230.66
a2047.gi3.akamai.net.  20 IN A 118.155.230.67
a2047.gi3.akamai.net.  20 IN A 118.155.230.75
a2047.gi3.akamai.net.  20 IN A 118.155.230.81

;; AUTHORITY SECTION:
gi3.akamai.net.       13223 IN NS n2gi3.akamai.net.
gi3.akamai.net.       13223 IN NS n4gi3.akamai.net.
gi3.akamai.net.       13223 IN NS a0gi3.akamai.net.
gi3.akamai.net.       13223 IN NS n7gi3.akamai.net.
gi3.akamai.net.       13223 IN NS a1gi3.akamai.net.
gi3.akamai.net.       13223 IN NS n5gi3.akamai.net.
gi3.akamai.net.       13223 IN NS n6gi3.akamai.net.
gi3.akamai.net.       13223 IN NS n0gi3.akamai.net.
gi3.akamai.net.       13223 IN NS n1gi3.akamai.net.
gi3.akamai.net.       13223 IN NS n3gi3.akamai.net.

;; Query time: 3 msec
;; SERVER: xxx.xxx.xxx.xxx#53(xxx.xxx.xxx.xxx)
;; WHEN: Wed Mar 14 10:44:01 2012
;; MSG SIZE  rcvd: 558
```

※2012年3月14日時点の検索結果。現在は設定変更済

結果とは異なります。また、**図11-7**の例では、応答をTCPで受け取っています。

appldnld.apple.comは当時、AppleのiOSの配布に使われていました。そのため、512バイトを超える応答を正しく処理できない一部の利用者の環境において、接続障害が発生しました。

応答サイズの大きなDNSメッセージに対応するための機能拡張

こうした問題を解決するために用意されたのが、DNSの拡張方式である「**EDNS0**」です。EDNS0を使用することで、512バイトを超えるDNSメッセージをUDPで扱うことができるようになります。EDNS0は、IPv6の実装やDNSSECの標準化の過程で、512バイトより大きいDNSデータをUDPで取り扱いたいという要求から作られました。EDNS0では取り扱えるUDPのデータサイズを指定することができ、多くの場合、1220や4096といった値を指定します。

COLUMN　EDNS0 の拡張機能

EDNS0 では UDP の DNS メッセージサイズの拡張に加え、DNS のフラグや応答コードも拡張します。また、DNS 問い合わせに機能を追加できるようにします。

DNS を DNSSEC や IPv6 に対応させる場合、EDNS0 への対応が必須とされています。また、10 章で紹介した DNS クッキーも、EDNS0 を利用しています。

EDNS0 の情報は OPT 疑似リソースレコード（ゾーンデータとしては保持されず、通信中の DNS メッセージにのみ存在するリソースレコード）として、Additional セクションに格納されます。

EDNS0を有効にすると、512バイトを超える応答をUDPで得られます。**図11-8**に、BIND 9.9以降のdigコマンドに+norecオプションと+ednsオプションを付け、Mルートサーバーにルートゾーンのnsリソースレコードを問い合わせた結果を示します。なお、この問い合わせは、フルリゾルバーがプライミングを実行する際に行われるものです（プライミングについては7章のコラム「ヒントファイルとプライミング」（p.139）を参照）。

digコマンドにおいて「OPT PSEUDOSECTION:」というフィールドが出力され、EDNS0が有効であること、digコマンドが受信できるUDPデータサイズとして4096を指定していること、応答サイズが811バイトであることがわかります。

図11-8 EDNS0を有効にした問い合わせの例

```
% dig +norec +edns @202.12.27.33 . ns ↵

; <<>> DiG 9.9.4-RedHat-9.9.4-29.el7_2.3 <<>> +norec +edns @202.12.27.33 . ns
; (1 server found)
;; global options: +cmd
;; Got answer:
;; ->>HEADER<<- opcode: QUERY, status: NOERROR, id: 58171
;; flags: qr aa; QUERY: 1, ANSWER: 13, AUTHORITY: 0, ADDITIONAL: 27

;; OPT PSEUDOSECTION:
; EDNS: version: 0, flags:; udp: 4096
;; QUESTION SECTION:
;.                      IN NS

;; ANSWER SECTION:
.                       518400 IN NS i.root-servers.net.
.                       518400 IN NS c.root-servers.net.
.                       518400 IN NS m.root-servers.net.
.                       518400 IN NS k.root-servers.net.
.                       518400 IN NS a.root-servers.net.
.                       518400 IN NS h.root-servers.net.
.                       518400 IN NS g.root-servers.net.
.                       518400 IN NS d.root-servers.net.
.                       518400 IN NS e.root-servers.net.
.                       518400 IN NS b.root-servers.net.
.                       518400 IN NS j.root-servers.net.
.                       518400 IN NS l.root-servers.net.
.                       518400 IN NS f.root-servers.net.

;; ADDITIONAL SECTION:
a.root-servers.net.   3600000   IN A 198.41.0.4
b.root-servers.net.   3600000   IN A 199.9.14.201
c.root-servers.net.   3600000   IN A 192.33.4.12
d.root-servers.net.   3600000   IN A 199.7.91.13
e.root-servers.net.   3600000   IN A 192.203.230.10
f.root-servers.net.   3600000   IN A 192.5.5.241
g.root-servers.net.   3600000   IN A 192.112.36.4
h.root-servers.net.   3600000   IN A 198.97.190.53
i.root-servers.net.   3600000   IN A 192.36.148.17
j.root-servers.net.   3600000   IN A 192.58.128.30
k.root-servers.net.   3600000   IN A 193.0.14.129
l.root-servers.net.   3600000   IN A 199.7.83.42
m.root-servers.net.   3600000   IN A 202.12.27.33
a.root-servers.net.   3600000   IN AAAA    2001:503:ba3e::2:30
b.root-servers.net.   3600000   IN AAAA    2001:500:200::b
c.root-servers.net.   3600000   IN AAAA    2001:500:2::c
d.root-servers.net.   3600000   IN AAAA    2001:500:2d::d
e.root-servers.net.   3600000   IN AAAA    2001:500:a8::e
f.root-servers.net.   3600000   IN AAAA    2001:500:2f::f
g.root-servers.net.   3600000   IN AAAA    2001:500:12::d0d
h.root-servers.net.   3600000   IN AAAA    2001:500:1::53
i.root-servers.net.   3600000   IN AAAA    2001:7fe::53
```

次ページに続く➡

```
j.root-servers.net.  3600000  IN AAAA  2001:503:c27::2:30
k.root-servers.net.  3600000  IN AAAA  2001:7fd::1
l.root-servers.net.  3600000  IN AAAA  2001:500:9f::42
m.root-servers.net.  3600000  IN AAAA  2001:dc3::35

;; Query time: 278 msec
;; SERVER: 202.12.27.33#53(202.12.27.33)
;; WHEN: Wed Aug 01 19:04:26 JST 2018
;; MSG SIZE  rcvd: 811
```

IPフラグメンテーションへの対応

IPフラグメンテーションは、サイズの大きなIPパケットを、そのIPパケットのサイズより小さな**最大転送単位（MTU：Maximum Transmission Unit）**を持つネットワークを通して中継する際に必要となる仕組みです。それぞれのネットワークにはMTUが定められており、それを超える大きさのパケットはそのままでは転送できません。そのため、MTUを超えるIPパケットはMTUを超えないサイズに断片化され、断片化されたIPパケットは、以降、そのままの形で転送されます（**図11-9**）。

インターネットでは、初期のイーサネット（ローカルエリアネットワーク（LAN）で用いられる代表的な規格）で取り扱えるMTUが1500であったため、ほとんどの場合、1500バイトまでのIPパケットが通過できます*1。

図11-9　IPフラグメンテーション

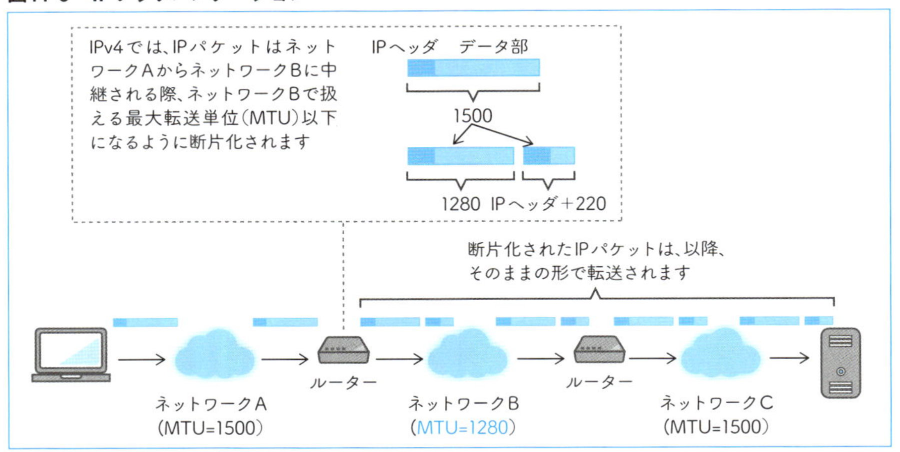

＊1 ― NTT東日本·西日本が提供するフレッツサービスでは、MTUが1500バイトよりも小さい値（1454バイトや1438バイト）になっている場合もあります。

ネットワーク機器が扱えるMTUを超えるDNSメッセージをUDPで送ると、IPv4の場合は通信路のどこかで、IPv6の場合は送信側の機器でIPパケットを断片化し、複数のIPv4/IPv6パケットに分けて送ることになります。

断片化されたIPパケットを受け取ったホストはすべての断片が届くまで待ち、元のIPパケットを再構築してDNSソフトウェアに渡します。これにより、大きなDNSデータもUDPでやりとりすることができます。

IPフラグメンテーションが発生して複数の断片に分割された後、それらの1つが通信途中で失われた（パケットロスした）場合、全体を復元できません。また、11章04「ファイアウォールやOSのアクセス制限におけるトラブル」（p.245）で説明したように、IPパケットが断片化された場合、先頭のパケット以外にはUDPやTCPのヘッダーが存在しません。そのため、ファイアウォールの種類や設定によっては、断片化されたパケットを通さないことがあります。

そこで、IPフラグメンテーションを回避しつつできるだけ大きなパケットを扱うために、IPv6における最小MTUの1280を流用し、1280バイトからIPv6ヘッダー40バイトとUDPヘッダー8バイトを除いた1232バイトや、DNSSECでサポートしなければならないと定められている最小値の1220バイトを、EDNS0でのデータサイズとすることが多くなっています。

IPv6のすべての環境とIPv4のほとんどの環境でIPフラグメンテーションの発生を避けるには、DNSSECでサポートしなければならないと定められている最小値の1220バイトを指定するとよいでしょう。

CHAPTER11
Advanced Guide to DNS

10 逆引きDNSの設定

逆引きDNSで使われるドメイン名とリソースレコード

4章04「正引きと逆引き」（p.95）で説明したように、DNSにはドメイン名に対応するIPアドレスを検索する機能に加え、IPアドレスに対応するドメイン名を検索する機能もあり、これを「逆引き」といいます。逆引きDNSは、利用者からのアクセスを受けた側が、アクセス元を調べる際に使います。

6章のコラム「逆引きを設定するためのPTRリソースレコード」（p.136）で触れたように、DNSではドメイン名の階層構造を用いて、逆引きを実現しています。IPv4ではIPアドレスの表記を逆順にしたうえで「in-addr.arpa.」を最後に付け加えたドメイン名が、IPv6ではIPアドレスをニブル（4ビット）ごとに区切ったIPアドレスをドットで連結し、逆順にしたうえで「ip6.arpa.」を最後に付け加えたドメイン名が使われています。

・IPv4アドレス192.0.2.25に対応するドメイン名
　⇒ 25.2.0.192.in-addr.arpa.
・IPv6アドレス2001:db8::1に対応するドメイン名
　⇒ 1.0.0.0.0.0.0.0.0.0.0.0.0.0.0.0.0.0.0.0.0.0.0.0.8.b.d.0.1.0.0.2.ip6.arpa.

逆引きを設定する場合、これらのドメイン名のPTRリソースレコードをIPアドレスの配布元の権威サーバーで設定してもらうか、逆引きゾーンの委任を受けたうえで自分の権威サーバーでPTRリソースレコードを設定するかのいずれかが必要になります。

逆引きDNSの利用事例

逆引きを接続相手の認証に使っている例として、メールサーバーにおけるメールの受信許可があります。特に、2013年8月にGoogleのメールサービスGmailにおいてIPv6の逆引き設定が必須化されたことから、本件が改めて注目・認識されるようになりました。以下に、G Suite管理者ヘルプの内容を引用します。

> <IPv6向けの追加のガイドライン>
> - **送信元IPにはPTRレコード（送信元IPの逆引きDNS）が必要です。また、PTRレコードで指定されているホスト名のDNSの正引き解決によって取得したIPと一致している必要があります。**
> - 送信元ドメインは、SPFチェックまたはDKIMチェックにパスする必要があります。

一括送信ガイドライン:G Suite管理者ヘルプ（https://support.google.com/a/answer/81126?hl=ja）より引用

なお、上記に引用したとおりGmailでは、逆引きで得られたホスト名を名前解決（AAAAリソースレコードを検索）して得られたIPv6アドレスとの照合も実施しています。この、IPアドレスを逆引きした結果をさらに正引きし、その結果を元のIPアドレスと照合する手法は**パラノイドチェック（paranoid check）**と呼ばれており、IPアドレスとDNSの対応を用いた伝統的な認証方法のひとつとして、1980年代から使われています。

図11-10に、IPアドレスブロック192.0.2.0/24を割り当てられている組織が逆引きゾーンの委任を受けた場合の、逆引きDNSの設定例を示します。

図11-10　逆引きDNS の設定例

```
$ORIGIN 2.0.192.in-addr.arpa.
$TTL 3600
@       IN SOA ns1.example.jp. postmaster.example.jp. (
                1000000001
                3600
                900
                1814400
                900
        )
;
        IN NS ns1.example.jp. ; 逆引きの委任を受けた権威サーバーのホスト名を記述
        IN NS ns2.example.jp. ; 逆引きの委任を受けた権威サーバーのホスト名を記述
;
25      IN PTR mx.example.jp.
53      IN PTR ns1.example.jp.
80      IN PTR www.example.jp.
```

なお、ホスティングサービスではよりわかりやすい形で逆引きDNSを設定できるものがあり、それらのサービスでは多くの場合、IPアドレスに対応するドメイン名を直接入力・設定する形になっています。

アドバンス編

Advanced
Guide to
DNS

CHAPTER 12
権威サーバーの移行（DNSの引っ越し）

この章では、ゾーンを管理する権威サーバーの移行、特にホスティング事業者の移行に伴う権威サーバーの移行について、考慮すべき項目と作業を進める際の注意点を説明します。

本章のキーワード

- 権威サーバーの移行
- DNSの引っ越し
- 2つの移行対象
- ゾーンデータの移行
- 並行運用期間
- フルリゾルバーの実装による動作の違い
- 委任情報変更のタイミング
- 非協力的なDNS運用者（Non-Cooperating DNS Operators）
- TTL値の短縮
- 幽霊ドメイン名脆弱性

CHAPTER12
Advanced
Guide to
DNS

01 ホスティング事業者の移行に伴う権威サーバーの移行

権威サーバーの移行は、DNSの運用でトラブルが発生しやすい項目のひとつです。特に、ホスティング事業者の移行に伴う権威サーバーの移行の際に、さまざまなトラブル事例が報告されています。

ホスティング事業者の移行の一例を、**図12-1**に示します。ホスティング事業者の移行では、権威サーバーを含むすべてのサーバーを移行元の事業者（**図12-1**では事業者A）から移行先の事業者（**図12-1**では事業者B）に移行します。そして、サービスの継続性の観点から多くの場合、外部に公開しているWebサイトのURLや電子メールアドレスは、使用中のものを継続使用する形となります。

DNSの観点から見た場合、この例は以下の2項目に整理できます。

1）そのゾーンのすべての権威サーバーのIPアドレスを変更する
2）メールサーバーやWebサーバーなど、そのゾーンのサーバーのホスト名は変更せず、IPアドレスのみを変更する

本章ではこの形で行う権威サーバーの移行を「**DNSの引っ越し**」と呼ぶことにします。

図12-1　ホスティング事業者の移行

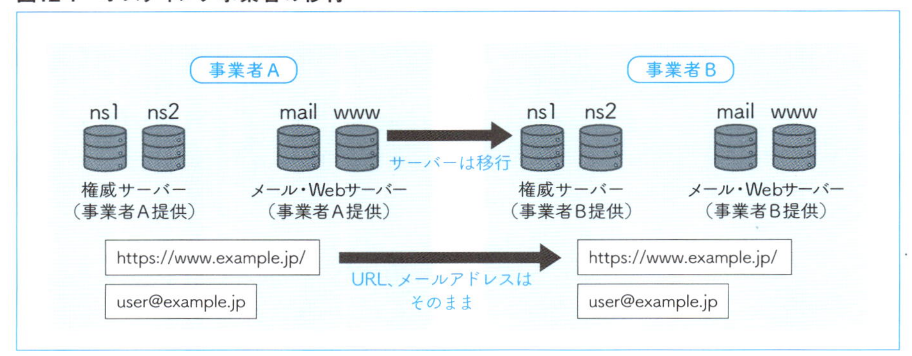

CHAPTER12
Advanced Guide to DNS

02 DNSの引っ越しにおいて考慮すべき項目

DNSの引っ越しにおいて考慮が必要な項目について、順に説明します。

2つの移行対象（権威サーバーとゾーンデータ）

DNSの引っ越しでは、2つの移行対象を考慮する必要があります。ひとつは**権威サーバーそのものの移行**、もうひとつは、権威サーバーが管理する**ゾーンデータの移行**です。

DNSの引っ越しではこれら2つは本来、**別のタイミングで実施する必要があります**。DNSの引っ越しに関するトラブルの多くは**これら2つを同時に実行しようとする**、あるいは、何らかの理由により**別のタイミングでは実行できない**場合に発生します。

並行運用期間

DNSの引っ越しでは**NSリソースレコード**、つまり、**権威サーバーが変更対象となります**。そのため、移行元と移行先の双方の権威サーバーを動作させる、**並行運用期間**を設定する必要があります。

DNSではデータの変更を行う場合、**キャッシュの存在**を考慮する必要があります。例えば、サーバーのIPアドレスの変更に伴ってAリソースレコードやAAAAリソースレコードを変更した場合、外部からのアクセスは変更前のAリソースレコードやAAAAリソースレコードのTTL値で指定した時間の間、**変更前と変更後のどちらのサーバーにも到達する可能性があります**。

並行運用期間が十分に設定されていない、あるいは、何らかの理由により設定できない場合、さまざまなトラブルにつながります。

フルリゾルバーの実装による動作の違い

DNSの引っ越しでは、**一時的に親子間で異なるNSリソースレコードが設定さ**

れることになります。

DNSでは、NSリソースレコードを親ゾーンと子ゾーンの双方に設定します。通常は親のNSリソースレコードと子のNSリソースレコードには同じものを設定します。

親子間で異なるNSリソースレコードが設定されている場合のフルリゾルバーの動作は**一定しておらず**、DNSソフトウェアの種類やバージョン、キャッシュの状況などにより異なっています*1。そのため、適切な方法でDNSの引っ越しができない場合、**特定のフルリゾルバーを使っている利用者のみ引っ越しがうまくいかない**、といった状況が発生する場合があります。

アクセスタイミングによるキャッシュの状況の違い

フルリゾルバーには権威サーバーへの委任情報、メールサーバーのMXリソースレコード、メールサーバーやWebサーバーのA/AAAAリソースレコードなどがキャッシュされます。

フルリゾルバーのキャッシュの状況は、利用者のスタブリゾルバーから受け取った名前解決要求の内容と、そのタイミングに依存します。そのため、キャッシュの状況はフルリゾルバーごとに異なっており、それぞれのフルリゾルバーでいつ新しいデータを提供するようになるかは、そのフルリゾルバーのキャッシュの状況の違いに依存することになります。

委任情報変更のタイミング

DNSの引っ越しでは親に登録した委任情報、つまり、親ゾーンのNSリソースレコードとグルーレコードの情報を変更します。

レジストリが変更申請を受け付けてから変更が実施されるまでの時間は、レジストリごとに異なっています。引っ越しの作業を進める際には、この点も考慮する必要があります。

非協力的なDNS運用者（Non-Cooperating DNS Operators）

DNSの引っ越しでは、ホスティング事業者間の協力が必要になる場合があり

＊1 ― RFC 2181に定められている方式では､子のNSリソースレコードの設定内容が優先されます。なお、米国Akamai（旧Nominum）が販売しているCacheServeのように、階層構造をたどる際に子のNSリソースレコードを使わない実装も知られています。

ます。次節で説明する引っ越し手順では移行元のホスティング事業者の協力、具体的には、移行元の権威サーバーのNSリソースレコードに移行先の権威サーバーのみを設定可能である必要があります。

しかし、現在使用中のホスティング事業者の側から見た場合、移行対象のゾーンを管理する顧客は自分のサービスを解約する、つまり、**出て行く顧客**ということになります。こうしたことから、移行作業への協力が得られない場合があります。

なお、DNSSECの運用について定めているRFC 6781ではこうした運用者に「**非協力的なDNS運用者（Non-Cooperating DNS Operators**）」という名称を付けているため、本書でもこの名称を使用します。

CHAPTER12
Advanced Guide to DNS

03 本来あるべき引っ越し手順

ここでは、ホスティング事業者の変更における本来あるべき引っ越し手順について説明します。

この手順ではゾーンデータの移行、つまり、メールサーバーやWebサーバーを先に移行し、権威サーバーの移行はその後で実施しています。また、親・子双方のNSリソースレコードのTTL値で指定された時間を並行運用期間とすることで、フルリゾルバーの実装の違いに起因するリスクの発生を防いでいます。

また、この手順では12章02の「非協力的なDNS運用者（Non-Cooperating DNS Operators）」(p.268) で述べたように、移行元の権威サーバーのNSリソースレコードに移行先の権威サーバーのみを設定可能である必要があります。

なお、この手順ではDNSSECについては考慮しないものとします。

移行先のサーバーの用意

移行先の事業者と契約し、移行先のサーバー（権威サーバー、メールサーバー、Webサーバーなど）を用意します。移行先の権威サーバーには移行先のゾーンデータ、つまり、移行先のメールサーバーやWebサーバーを指定したMX/A/AAAAリソースレコードを設定します（**図12-2**）。

なお、この例では移行先のメールサーバーやWebサーバーのMX/A/AAAAのTTL値を次項の「現在設定されているMX/A/AAAAのTTL値の短縮」で説明する短い値に設定しています。これにより、引っ越しの際にトラブルが発生して移行元への切り戻しが必要になった場合に必要な時間の短縮を図っています。

図12-2　新しいサーバーの用意（契約）

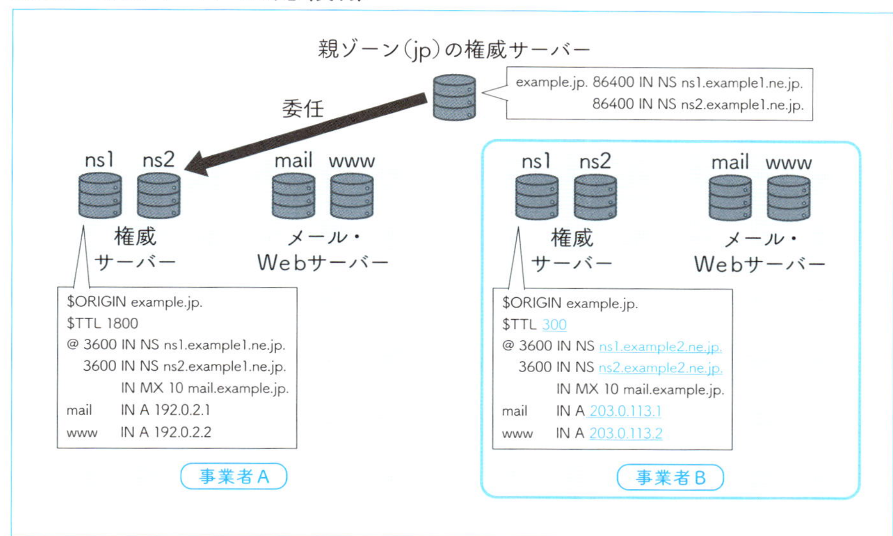

現在設定されているMX/A/AAAAのTTL値の短縮

サービスを停止せずにホスティング事業者を変更する場合、インターネット上のフルリゾルバーは変更前の情報をキャッシュしていることから、それらのキャッシュがインターネット上のフルリゾルバーから消えるのを待つ必要があります。そのため、12章02の「並行運用期間」（p.267）で説明した並行運用期間を設定していない、あるいは、期間が十分でなかった場合、メールの受信に失敗したり、Webページにアクセスできなかったりといったトラブルが発生することになります。必ず、十分な並行運用期間を設定するようにしてください。

メールサーバーやWebサーバーの移行に必要な並行運用期間は、移行元の権威サーバーに設定されているMX/A/AAAAリソースレコードのキャッシュが満了するまでの時間となります。並行運用期間を短くしたい場合、それらのリソースレコードのTTL値を300程度の小さな値、あるいは必要に応じてさらに小さい値に事前設定しておくとよいでしょう（**図12-3**）。

TTL値を変更した後、変更前のTTL値の秒数待ち、次のステップに移ります。その間にインターネット上のフルリゾルバーから、変更前のTTL値のキャッシュが消えます。

図12-3　移行元サーバーのMX/A/AAAAのTTL値の短縮

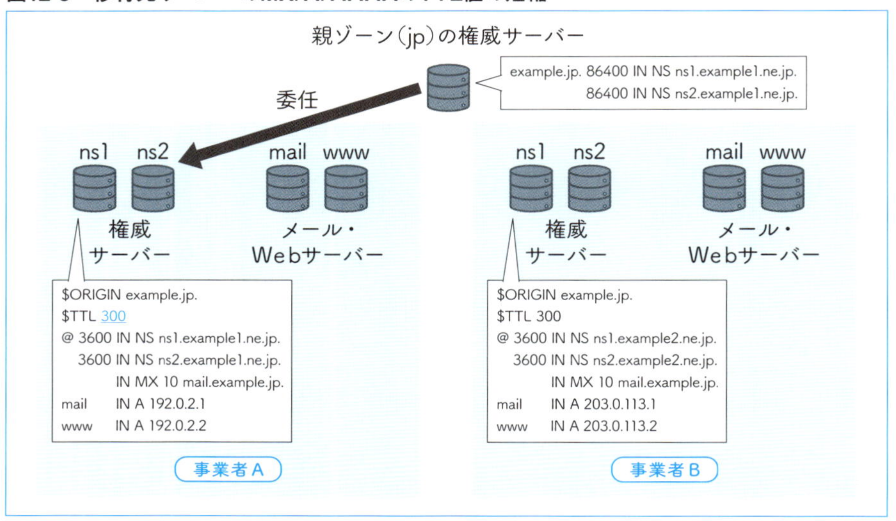

メールサーバー・Webサーバーなどの移行

移行元の権威サーバーのメールサーバー、WebサーバーなどのMX/A/AAAAリソースレコードの設定を、移行先のものに変更します（**ゾーンデータの移行**、**図12-4**）。

図12-4　メールサーバー・Webサーバーなどの移行

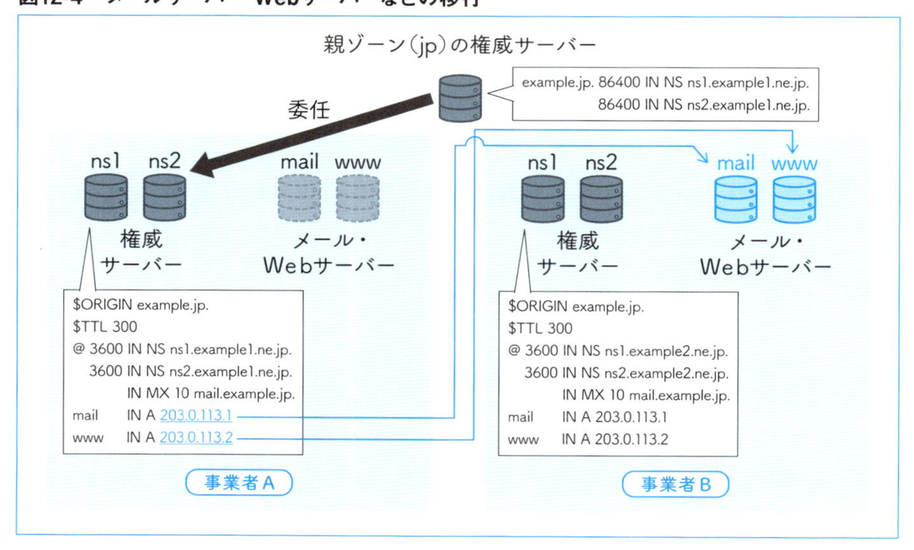

移行元の権威サーバーに設定されていた古いMX/A/AAAAリソースレコードのキャッシュがインターネット上のフルリゾルバーから消えた時点で、メールサーバー、Webサーバーなどの移行が完了します。

インターネット上のフルリゾルバーのキャッシュに古いMX/A/AAAAリソースレコードが残っている間は、移行元のメールサーバーと移行先のメールサーバーの双方にメールが届きます。そのため、移行元のメールサーバーのメールも受け取っておく、移行元のメールサーバーから移行先のメールサーバーにメールを転送する設定を追加するなどの対応が必要になります。

なお、配送が遅延してもよいのであれば、MXリソースレコードの変更時に移行元のメールサーバーを停止してもかまいません。この場合、移行元のMXリソースレコードとメールサーバーのA/AAAAリソースレコードのキャッシュが利用しているフルリゾルバーから消えた時点で、移行先のメールサーバーに自動的に再配送されます。

並行運用期間中は、Webサーバーへのアクセスも移行元・移行先の双方に到達することになります。そのため、Webアクセスのセッション管理やクッキーの取り扱いなどの対応が必要になる場合があります。実際のWebサイトにおける対応方法はさまざまであり、本書の範囲を超えるため、本書では説明を省略します。

権威サーバーの移行

メールサーバーやWebサーバーの移行、つまり、ゾーンデータの移行後に、権威サーバーを移行します。

権威サーバーの移行は、NSリソースレコードとグルーレコードの設定を変更することで始まります。NSリソースレコードは親子の双方で設定されているため、これら**双方の設定を変更**します。具体的には、**移行元の子ゾーンのNSリソースレコードを移行先のものに変更し、親ゾーンの委任情報の変更を申請**します（**図12-5**）。

もし、移行元と移行先の権威サーバーで同じホスト名を使っている場合、グルーレコードのみを変更します。

12章02の「委任情報変更のタイミング」（p.268）で説明したように、親ゾーンの委任情報の変更には時間を要することがあります。このため、権威サーバーの移行では親子間で異なるNSリソースレコードが設定されている状況が発生しま

図12-5　権威サーバーの移行

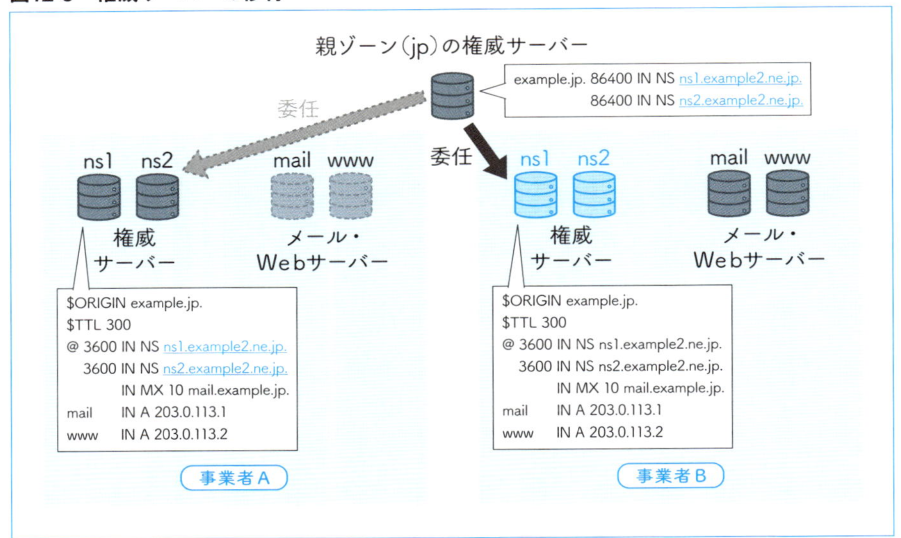

す。しかし、12章03の「メールサーバー・Webサーバーなどの移行」(p.272) でWebサーバー、メールサーバーなどを先に移行し、移行元と移行先の権威サーバーが同じWebサーバー、メールサーバーなどの情報を返すため、対応を要する問題は発生しません。

親子双方のNSリソースレコードを変更しているため、並行運用期間として以下を設定します。

1) 子ゾーンの古いNSリソースレコードのキャッシュがインターネット上のフルリゾルバーから消えるまでの時間
2) 親ゾーンの古いNSリソースレコードのキャッシュがインターネット上のフルリゾルバーから消えるまでの時間

なお、親ゾーンのNSリソースレコードのTTL値は、TLDごとに異なっています。多くのTLDでは、1日 (86400) から2日 (172800) 程度に設定されています。移行の際には、この値を事前に確認しておくとよいでしょう。

1) と2) の並行運用期間が終了すると、引っ越しが完了します。並行運用期間の終了後に、移行元の権威サーバーのゾーンデータを削除 (移行元サービスを解約) します (**図12-6**)。

図12-6　移行元のサーバーの停止（解約）

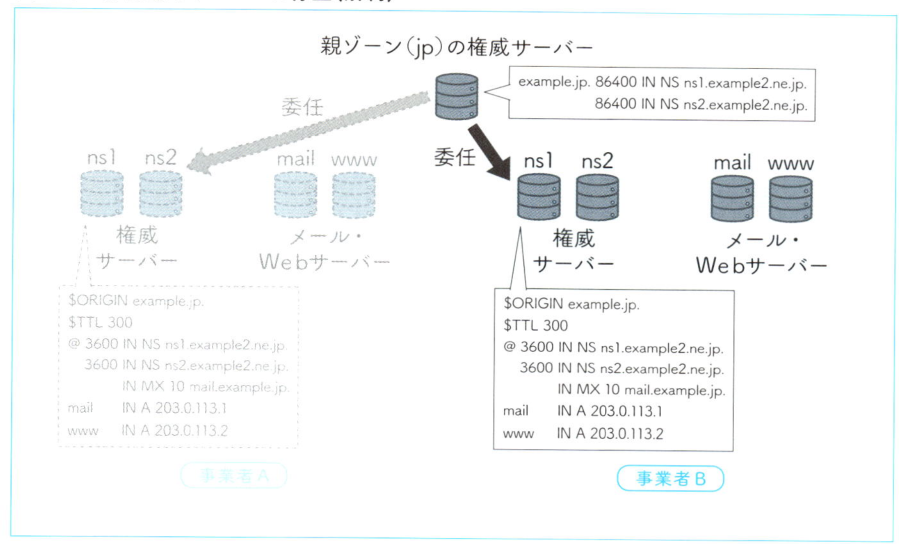

MX/A/AAAAのTTL値の復旧

作業完了後、MX/A/AAAAリソースレコードのTTL値を作業前の設定に復旧します（**図12-7**）。

図12-7　MX/A/AAAAのTTL値の復旧

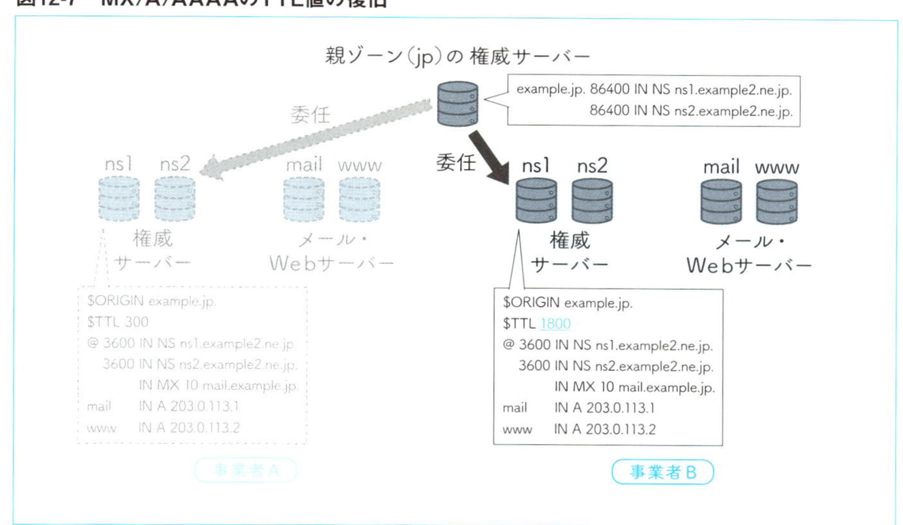

CHAPTER12
Advanced Guide to DNS

04 権威サーバーと他のサーバーの移行を同時に行う場合

トラブルの発生を防ぐため、権威サーバーと他のサーバーの移行は本来別々に行う必要があります。やむを得ず、権威サーバーと他のサーバーの移行を同時に行う場合も、移行元のサービスの解約を移行作業完了後とし、並行運用期間を設けるようにしてください。

移行先の事業者と契約し、移行先のサーバー（権威サーバー、メールサーバー、Webサーバーなど）を用意します。前節で説明したように、本来であれば移行元の権威サーバーのゾーンデータを移行先のゾーンデータに切り替えてからNSリソースレコード（親の委任情報と移行元の権威サーバーの設定の双方）を切り替えることが理想的ですが、移行元のホスティング事業者のサービス仕様により、移行元の権威サーバーのNSリソースレコードを変更できなかったり、自社のサーバー以外を参照するA/AAAAリソースレコードを設定できなかったりする場合もあり得ます。

移行元の権威サーバーのゾーンデータを移行せずに（できずに）親の委任情報を変更した場合、その時点では、インターネット上のフルリゾルバーのキャッシュには移行元の権威サーバーへの委任情報や、移行元の権威サーバーに設定された移行元のメールサーバーのMXリソースレコードおよび移行元のWebサーバーのA/AAAAリソースレコードがキャッシュされています。そのため、それらのキャッシュがフルリゾルバーから消えるまでの間、移行元のゾーンデータが設定された移行元の権威サーバーと移行先のゾーンデータが設定された移行先の権威サーバーがインターネット上に混在している、**不安定な状態**になります（**図12-8**）。

図12-8 移行元のゾーンデータと移行先のゾーンデータが混在している不安定な状態

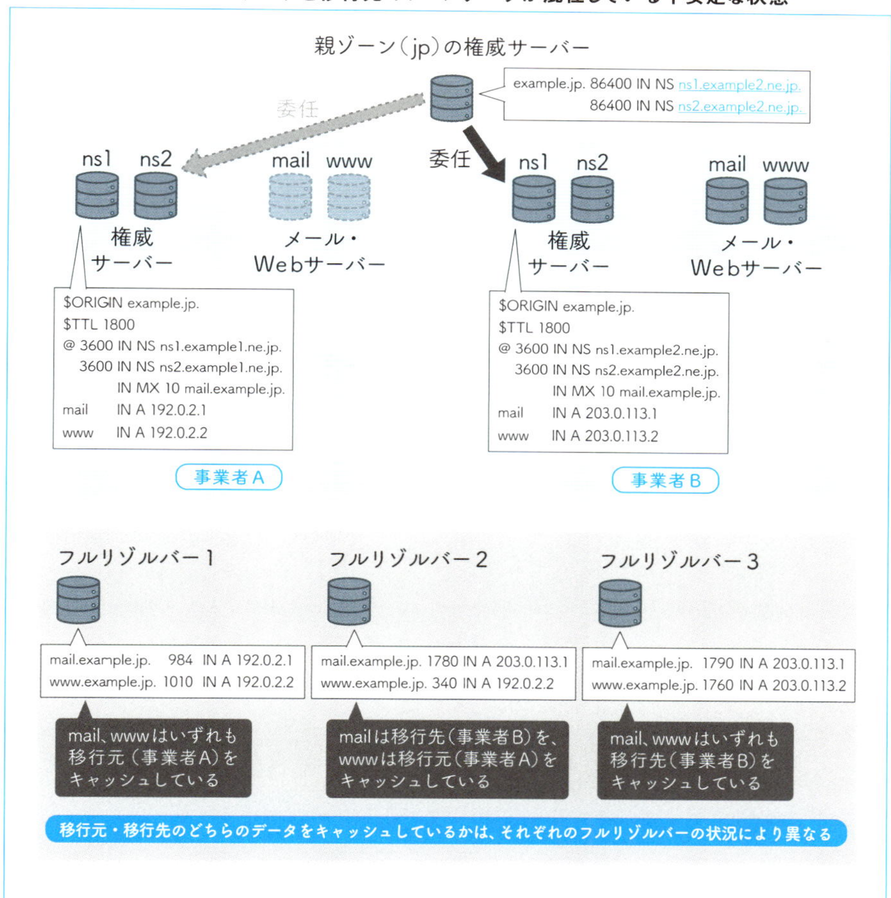

この期間中は、移行元と移行先のメールサーバー双方にメールが届く可能性があります。移行元のサービスの解約前に、届いたメールを取り込んでおくのがよいでしょう。また、この期間中は、移行元と移行先の双方のWebサーバーにアクセスが到達します。

この不安定な状態を、**DNSの浸透待ち**や**反映待ち**と呼ぶ事例を見かけます。しかし、DNSのキャッシュには浸透や反映という仕組みはないため、不適切です。

COLUMN 幽霊ドメイン名脆弱性

現在のフルリゾルバーの実装では、DNSの引っ越しにおいて「不安定な状態」（本節を参照）を経由する場合でも、キャッシュされたリソースレコードのTTL時間（親ゾーンのNSリソースレコードのTTL、移行元の権威サーバーのNS/MX/A/AAAAリソースレコードのTTL）が経過すると、移行元のサーバーへのアクセスはなくなるはずです。

しかし、2012年に発表された**幽霊ドメイン名脆弱性**を持つ古いフルリゾルバーでは、移行元の権威サーバーの応答のAuthority section（8章02の「DNSメッセージの形式」(p.159)を参照）に含まれるNSリソースレコードによってキャッシュ済みのNSリソースレコードがTTL値を含めて上書きされ、その結果、移行元の権威サーバーのデータが参照され続けてしまう場合があります。

```
$ dig @ns-old.example.jp +norec www.example.jp A ↵
;; QUESTION SECTION:
;www.example.jp.              IN      A
;; ANSWER SECTION:
www.example.jp.        300    IN      A       192.0.2.1
;; AUTHORITY SECTION:
example.jp.            86400  IN      NS      ns-old.example.jp.
```

このAuthority sectionにより、キャッシュ済みのNSリソースレコードが上書きされる場合がある

このため、「不安定な状態」において移行元の権威サーバーに移行元のゾーンデータが設定・公開されたままの状態になっていると、親ゾーンのNSリソースレコードのTTL値で設定されている時間を過ぎても、移行元のデータが参照され続けてしまう場合があります。本件に該当する具体的なケースとして、移行元の非協力的なDNS運用者（12章02の「非協力的なDNS運用者（Non-Cooperating DNS Operators)」(p.268) を参照）がゾーンデータを削除しない場合に、この問題が発生することになります。

幽霊ドメイン名脆弱性の詳細については、以下の文書を参照してください。

「ghost domain names（幽霊ドメイン名）」脆弱性について
URL https://jprs.jp/tech/notice/2012-02-17-ghost-domain-names.html

アドバンス編

Advanced Guide to DNS

CHAPTER 13 DNSSECの仕組み

この章では、DNSの安全性を高める、DNSSECの仕組みについて説明します。

本章のキーワード

・電子署名　・出自の認証　・完全性の検証　・署名検証
・署名者　・公開鍵暗号方式　・秘密鍵
・公開鍵　・鍵対（鍵ペア）　・DNSKEYリソースレコード
・RRSIGリソースレコード　・バリデーター　・信頼の連鎖
・DSリソースレコード　・ハッシュ値　・ダイジェスト値
・信頼の起点　・トラストアンカー　・ルートゾーンKSKロールオーバー
・鍵の更新　・KSK（鍵署名鍵）
・ZSK（ゾーン署名鍵）　・不在証明
・NSECリソースレコード　・NSEC3リソースレコード
・NSEC3PARAMリソースレコード　・ゾーン列挙

CHAPTER13
Advanced Guide to DNS

01 電子署名の仕組みとDNSSECへの適用

DNSSECでは、**電子署名**という仕組みを使って応答を検証しています。以降で、電子署名の仕組みと、DNSSECへの適用方法について説明します。

電子署名の仕組み

電子署名は、データの利用者がそのデータの**出自の認証**と**完全性の検証**を行えるようにするために、データの作成者が付加する情報です。利用者が電子署名を検証することで（**署名検証**）、以下の2つを確認できます。

①作成者、つまり**署名者**が作成したデータであること
（データの出自の認証：Data Origin Authentication）
②利用者が受け取ったデータに、改ざんや欠落が見られないこと
（データの完全性の検証：Data Integrity Validation）

公開鍵暗号方式を用いた電子署名の生成と検証の仕組みを、**図13-1**に示します。

図13-1　公開鍵暗号方式を用いた電子署名の生成と検証

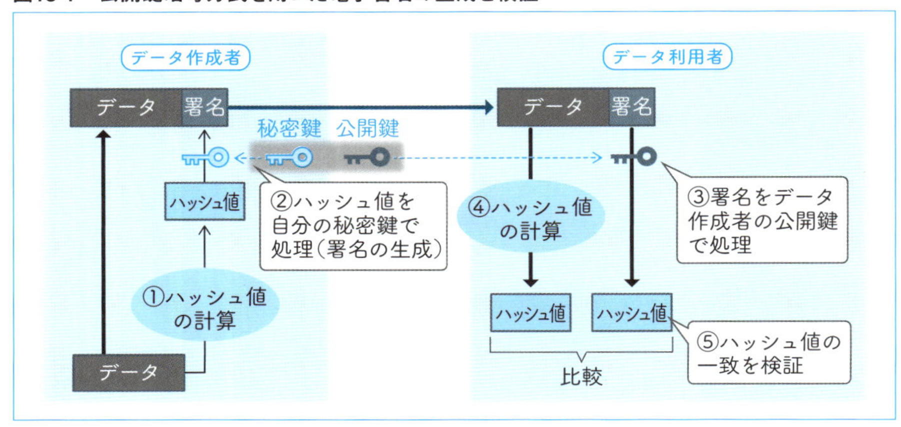

電子署名では、署名に使う**秘密鍵**と署名を検証する**公開鍵**で構成される**鍵対（鍵ペア）**を用い、署名者が秘密鍵を保持し、公開鍵を広く配布します。

電子署名のDNSSECへの適用

DNSでは、委任ごとにゾーンが作られます。そのため、DNSSECではそれぞれのゾーンの管理者が電子署名におけるデータの作成者、つまり署名者となり、ゾーンデータのリソースレコードセット（RRset）が、署名対象のデータとなります。

署名者は署名済みのゾーンデータと、署名に使用した鍵ペアの公開鍵をゾーンデータとして、権威サーバーで公開します（**図13-2**）。

DNSSECでは、署名者が署名に使ったそのゾーンの公開鍵を**DNSKEYリソースレコード**で、各リソースレコードセットに付加される電子署名を**RRSIGリソースレコード**で公開します（**図13-3**）。

図13-2　DNSSECにおける電子署名

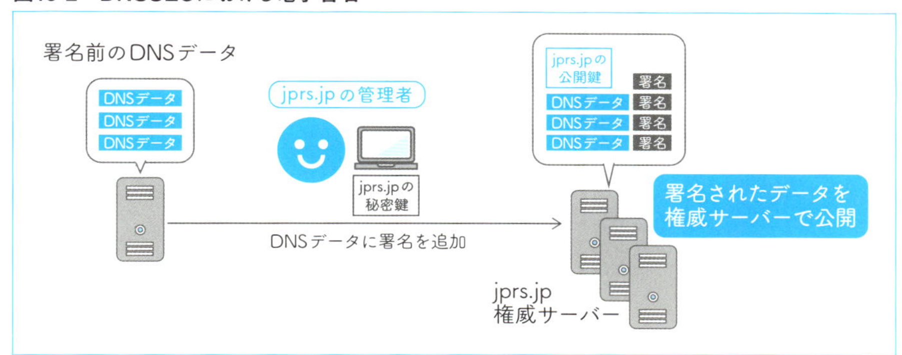

図13-3　DNSKEYリソースレコードとRRSIGリソースレコード

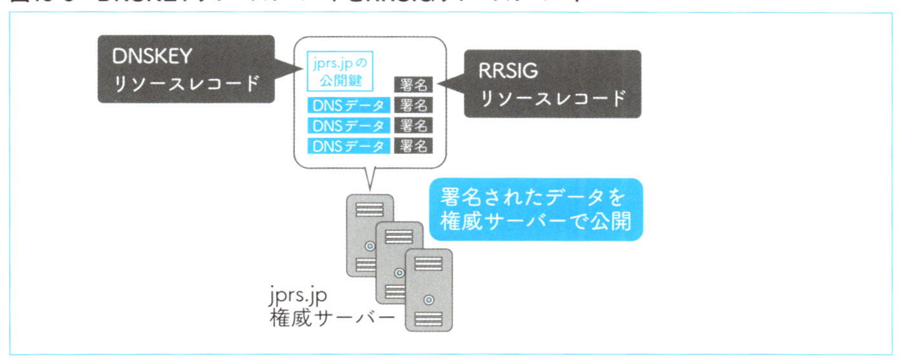

DNSKEYリソースレコードとRRSIGリソースレコードのフォーマットと記述例を、**図13-4**と**図13-5**に示します。

なお、以降の説明では電子署名を単に「署名」と記述します。

図13-4　DNSKEYリソースレコードのフォーマットと記述例

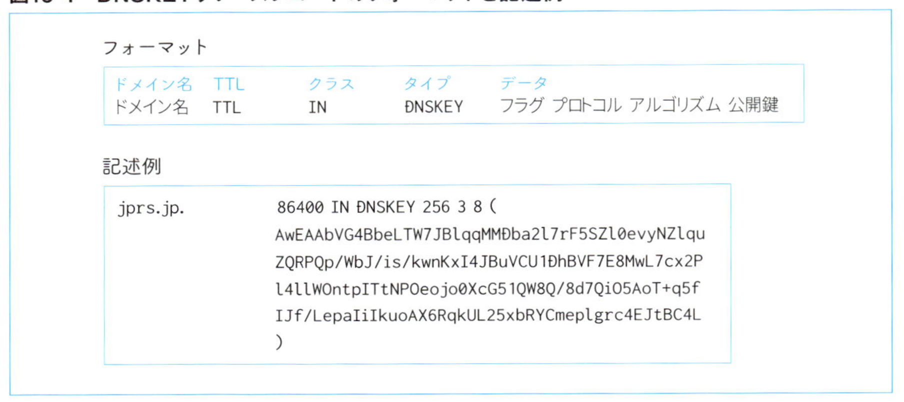

図13-5　RRSIGリソースレコードのフォーマットと記述例

署名の検証

署名の検証には、秘密鍵に対応する公開鍵が必要です。前述したように、公開鍵は権威サーバーがDNSKEYリソースレコードとして公開するため、DNSSEC検証を行うフルリゾルバーはDNSKEYレコードを追加で問い合わせて必要な公開鍵を入手し、署名を検証します（**図13-6**）。

DNSSECでは、リゾルバー（スタブリゾルバーとフルリゾルバー）が電子署名におけるデータの利用者、つまり、検証者（**バリデーター**）となります。フルリゾルバーとスタブリゾルバーのいずれもバリデーターとなることが可能ですが、通常の運用では、フルリゾルバーがバリデーターとなる場合が多いです。

図13-6　DNSSECにおける署名の検証

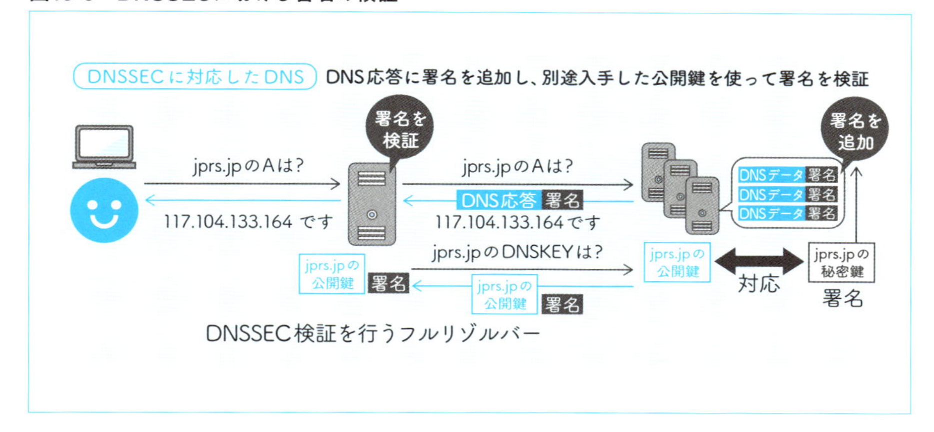

CHAPTER13
Advanced Guide to DNS

02 信頼の連鎖

公開鍵で署名を検証するためには、その公開鍵を信頼できる必要があります。そのため、DNSSECではそのゾーンの公開鍵に対応する情報を委任情報と同じ形で親ゾーンに登録し、親ゾーンの秘密鍵で署名し、公開することで、その公開鍵の信頼性を親ゾーンに担保してもらいます。この仕組みを、親子間の**信頼の連鎖**と呼びます。

親ゾーンへの公開鍵の登録と親による署名・公開、つまり、信頼の連鎖の構築は、その公開鍵（DNSKEYリソースレコード）に対応する**DSリソースレコード**で行います（**図13-7**）。

図13-7　親ゾーンへのDSリソースレコードの登録

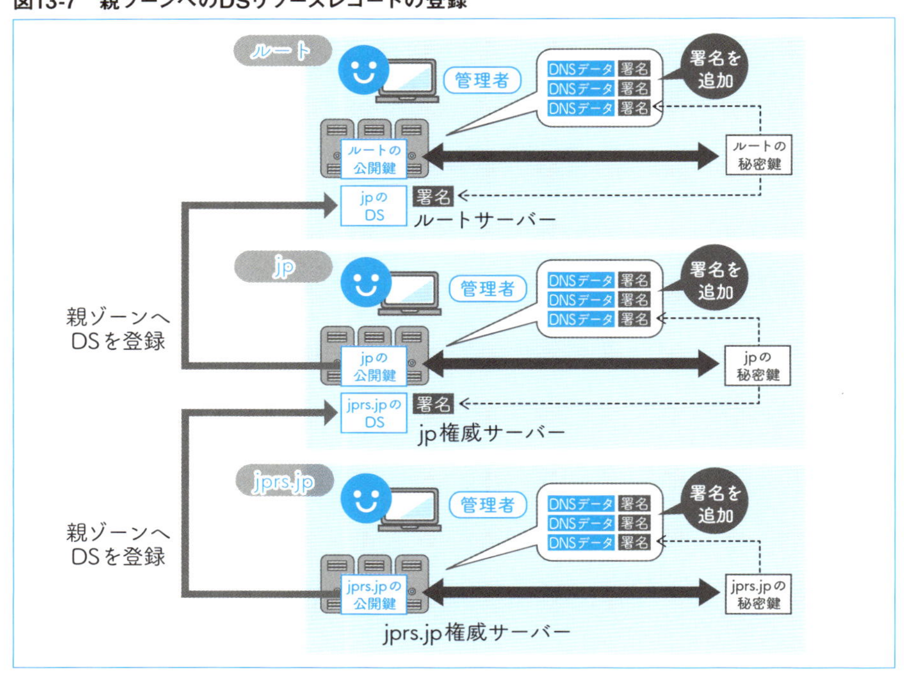

DSリソースレコードのゾーンファイルにおけるフォーマットと記述例を、**図13-8**に示します。DSリソースレコードには公開鍵の**ハッシュ値**が格納されます。

図13-8　DSリソースレコードのフォーマットと例

フォーマット

ドメイン名	TTL	クラス	タイプ	データ
ドメイン名	TTL	IN	DS	鍵タグ アルゴリズム ダイジェストタイプ ダイジェスト

記述例

```
jprs.jp.    7200    IN    DS    47911 8 2 (
                                8156BE0D101EBBC0E0F4D0B2AC061BB9BC8045D1845D
                                943337FDB1F93FCC53E3 )
```

COLUMN　ハッシュ値とは

ハッシュ値とは、元データを、ハッシュ関数と呼ばれるあらかじめ定められた計算手順で処理した結果です。**ダイジェスト値**とも呼ばれます。

ハッシュ関数には、元データが1ビットでも異なれば大きく異なるハッシュ値が生成される（同じハッシュ値になることが実用上ない）方式が選ばれます。また、ハッシュ関数が持つ一方向性（逆関数の計算が不可能または極めて困難）という性質により、ハッシュ値から元データを復元することは不可能か、極めて困難になります。そうした特徴から、ハッシュ値はパスワードの保管・検証や、データ送受信における完全性（欠落などのないこと）の確認などに利用されます。

図13-9に、受信者が受け取ったデータが送信者側の元データと同じものかを確認するために、ハッシュ値を利用する例を示します。送信者から受け取ったハッシュ値と送られてきたデータから計算したハッシュ値が一致すれば、通信途中でデータの欠落や改変がなかったことを確認できます。

図13-9　ハッシュ値を用いたデータの同一性の確認

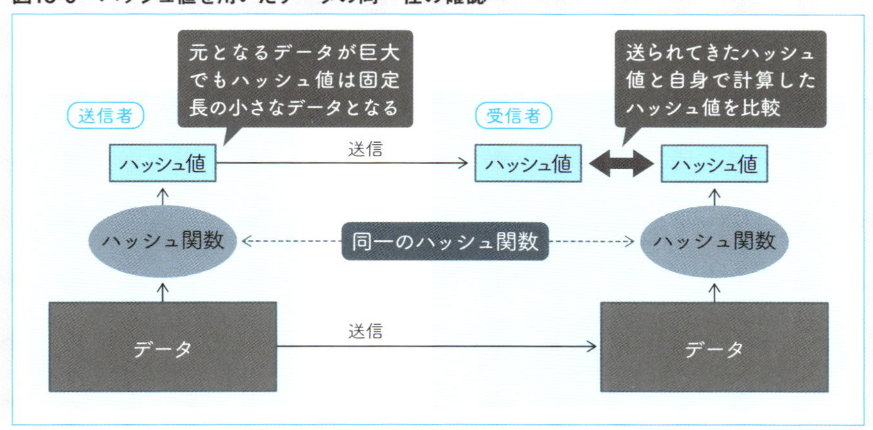

DSリソースレコードは委任情報と異なり親ゾーンが権威を持つ情報で、親ゾーンの秘密鍵で署名されます。親ゾーンの権威サーバーは、委任情報としてNSリソースレコードとグルーレコードを応答する際に、そのゾーンのDSリソースレコードを付加します（**図13-10**）。

図13-10　委任情報に付加されたDSリソースレコードとその署名（RRSIGリソースレコード）

```
$ dig +multi +dnssec +norec jprs.jp a @203.119.1.1 ↵

; <<>> DiG 9.9.6-P1 <<>> +multi +dnssec +norec jprs.jp a @203.119.1.1
;; global options: +cmd
;; Got answer:
;; ->>HEADER<<- opcode: QUERY, status: NOERROR, id: 35653
;; flags: qr; QUERY: 1, ANSWER: 0, AUTHORITY: 7, ADDITIONAL: 9

;; OPT PSEUDOSECTION:
; EDNS: version: 0, flags: do; udp: 4096
;; QUESTION SECTION:
;jprs.jp.               IN A

;; AUTHORITY SECTION:
jprs.jp.                86400 IN NS ns2.jprs.jp.
jprs.jp.                86400 IN NS ns4.jprs.jp.
jprs.jp.                86400 IN NS ns1.jprs.jp.
jprs.jp.                86400 IN NS ns3.jprs.jp.
jprs.jp.                7200 IN DS 47911 8 1 (
                                62D2FCBEE20DC0F6A5184FEE47F09C7171B5CC15 )
jprs.jp.                7200 IN DS 47911 8 2 (
                                8156BE0D101EBBC0E0F4D0B2AC061BB9BC8045D1845D
                                943337FDB1F93FCC53E3 )
jprs.jp.                7200 IN RRSIG DS 8 2 7200 (
                                20180903174504 20180804174504 57084 jp.
                                BhVrORBp31VGgVZQGRlY0RvOazQCBgo15wHqZ/7euNHI
                                gann+koWOSAdCCXvKaXEIxkEoecss8vd+XFEZgSK9iS+
                                /nz2d/Znnwt70FMy5H+52VGFuswWrJAsZSiMzAlRCKJH
                                ZL5wEvxG1/+rC0pe8lYbmQce0E2LDHF7xmi80Lg= )

;; ADDITIONAL SECTION:
ns1.jprs.jp.            86400 IN A 202.11.16.49
ns2.jprs.jp.            86400 IN A 202.11.16.59
ns3.jprs.jp.            86400 IN A 203.105.65.178
ns4.jprs.jp.            86400 IN A 203.105.65.181
ns1.jprs.jp.            86400 IN AAAA 2001:df0:8::a153
ns2.jprs.jp.            86400 IN AAAA 2001:df0:8::a253
ns3.jprs.jp.            86400 IN AAAA 2001:218:3001::a153
ns4.jprs.jp.            86400 IN AAAA 2001:218:3001::a253

;; Query time: 8 msec
;; SERVER: 203.119.1.1#53(203.119.1.1)
;; WHEN: Sun Aug 05 04:04:42 JST 2018
;; MSG SIZE  rcvd: 530
```

それぞれのゾーンの管理者がDSリソースレコードを親ゾーンに登録・公開し、**信頼の起点**、つまり**トラストアンカー**となるルートゾーンの公開鍵あるいはそのハッシュ値をDNSSEC検証を行うフルリゾルバーに事前設定（インストール）することで、DNSSEC検証に使うすべてのゾーンの公開鍵を検証できるようになります（**図13-11**）。

図13-11　信頼の連鎖

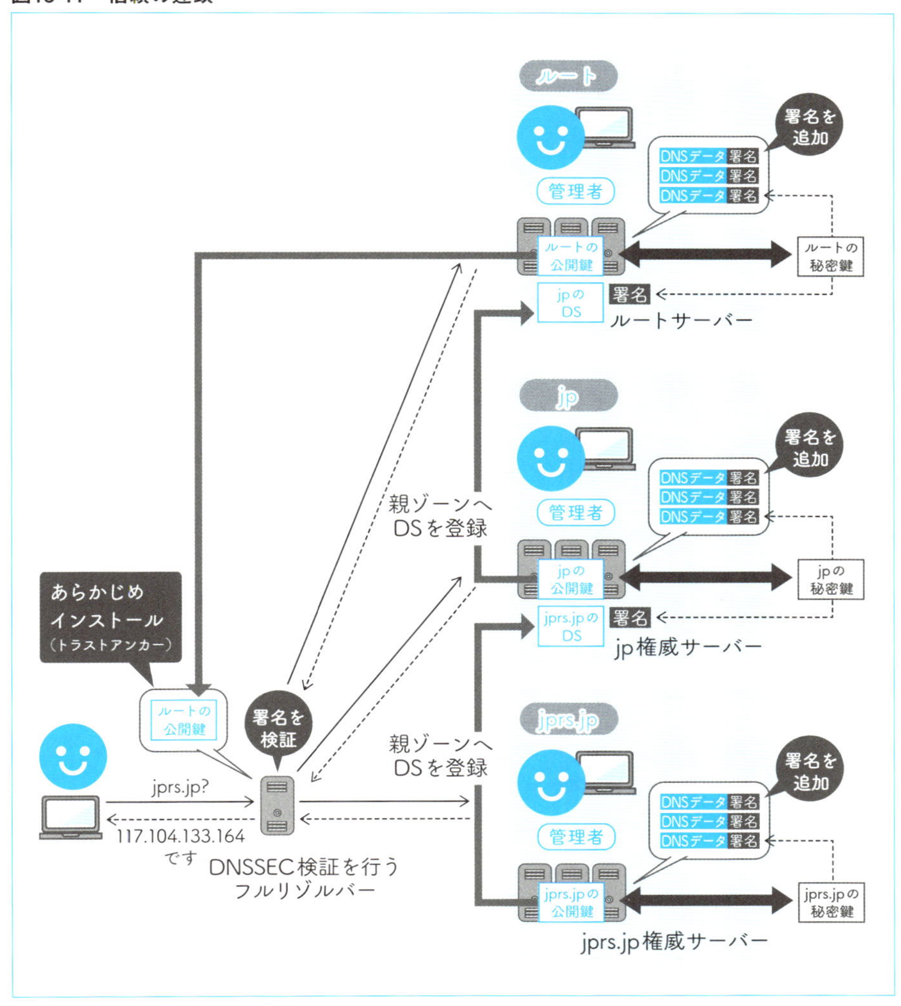

COLUMN ルートゾーンKSKロールオーバー

DNSSECでは、信頼の起点となるルートゾーンのKSK（鍵署名鍵：次節「DNSSECで使われる2種類の鍵（KSKとZSK）」を参照）をトラストアンカーとして、DNSSEC検証を行うすべてのフルリゾルバーに設定する必要があります。

セキュリティ上の理由から、ルートゾーンのKSKは、運用開始から5年程度で更新することが運用ポリシーに定められています。そのため、DNSSEC検証を行うすべてのフルリゾルバーは、この更新に対応しなければいけません。これらのフルリゾルバーに設定されているトラストアンカーを更新するための一連の作業手続きが、**ルートゾーンKSKロールオーバー**です。

この手続きにより、現在使われている主なフルリゾルバーの実装であればバージョンを最新にし、トランスアンカーの自動更新を有効にしておくことで、自動処理されます。ルートゾーンKSKロールオーバーの期間中、一時的に現行と新規の2つのトラストアンカーが設定されますが、いずれかのトラストアンカーを用いたDNSSEC検証が成功すれば、検証に成功したと判断されます。

COLUMN DNSSECにおける鍵の作成・運用

電子署名では、署名に使う鍵の作成・運用をデータの作成者が行います。13章01の「電子署名のDNSSECへの適用」（p.281）で説明したように、DNSSECではそれぞれのゾーンの管理者が電子署名におけるデータの作成者、つまり鍵の作成・運用者となります。

ルートゾーンはICANNが管理運用の責任を負い、Verisignがゾーンファイルを作成しています。そのため、ルートゾーンの鍵は、ICANNとVerisignが作成・運用しています[*1]。

jpやcomといったTLDはJPRSやVerisignといったTLDレジストリが管理し、ゾーンファイルを作成しています。そのため、TLDの鍵は、それぞれのTLDレジストリが作成・運用しています。

同様に、各組織のゾーンはそれぞれのゾーンの管理者が管理し、ゾーンファイルを作成しています。そのため、各組織のゾーンをDNSSECに対応させる場合、そのゾーンの鍵はそれぞれのゾーンの管理者が作成・運用する必要があります。

なお、DNSサービスを提供する事業者が、顧客から預かったゾーンの鍵の作成・運用とゾーンファイルへの署名・公開を、付加サービスのひとつとして提供している場合があります。各組織においてこうしたサービスを利用する場合、事業者がそのゾーンの管理者から未署名のゾーンファイルを預かり、鍵の作成・運用と署名・公開を代行します。

＊**1** ― KSKをICANNが管理し、ZSKをVerisignが管理しています。KSKとZSKについては次節「DNSSECで使われる2種類の鍵（KSKとZSK）を参照。

CHAPTER13
Advanced Guide to DNS

DNSSECで使われる2種類の鍵（KSKとZSK）

DNSSECでは、ゾーンごとに2種類の鍵を使う方式が採用されています。それぞれの鍵を、**Key Signing Key（KSK：鍵署名鍵）**と**Zone Signing Key（ZSK：ゾーン署名鍵）**と呼びます。ここでは、ゾーンごとに2種類の鍵を使う方式が採用された理由を説明します。

DNSSECでは、ゾーンごとに秘密鍵を管理します。そして、秘密鍵に対応する公開鍵の情報をDSリソースレコードの形で親ゾーンに登録します。

DNSSECでは安全性の確保のため、定期的な**鍵の更新**が必要になります。なお、鍵の更新には所定の方法が必要ですが、本書では説明を省略します。

鍵の更新の際には、親ゾーンに登録したDSリソースレコードの更新も必要になります。親ゾーンのDSリソースレコードの更新は親への依頼、つまり申請作業が必要になるため、手間がかかります。そのため、親ゾーンに登録する鍵には、長期間使用できる強い暗号強度を持つものを使用したい、ということになります。

しかし、暗号強度の強い鍵では署名にかかるコスト（計算量）がより大きくなります。つまり、署名に暗号強度の強い鍵を使うと、署名コストが大きくなるというデメリットが発生してしまいます。特に、RSA（本章のコラム「RSAとは」(p.289）を参照）による署名では暗号強度を強くすると署名のサイズが大きくなるため、応答サイズも大きくなってしまいます。

こうした理由から、親ゾーンに登録して親子間の信頼の連鎖を構築するための鍵と自分のゾーンに署名するための鍵を分離して、ゾーンごとに2種類の鍵を使う方式が採用されました。

COLUMN RSAとは

1977年に開発された暗号方式で、DNSSECを含む多くの分野で使われています。「RSA」という名前は、この方式を発明した3人の暗号研究者の頭文字（R. L. Rivest、A. Shamir、L. Adleman）に由来しています。RSAは安全性の根拠として、大きな合成数の素因数分解が困難であることを利用しています。

CHAPTER13
Advanced Guide to DNS

04 KSKとZSKを使った署名・検証の流れ

KSKとZSKを使った各ゾーンにおける署名は、**図13-12**のようになります。

図13-12　KSKとZSKを使った署名

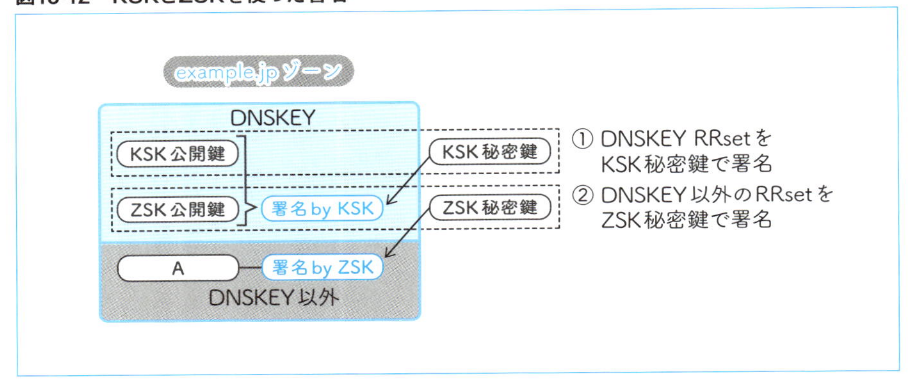

図の内容は次のとおりです。

① そのゾーンのDNSKEYリソースレコードセット（KSKとZSKの公開鍵が含まれるリソースレコードセット）を、KSKの秘密鍵で署名する
② そのゾーンのDNSKEY以外のリソースレコードセット（**図13-12**ではA）を、ZSKの秘密鍵で署名する

この形で署名されたゾーンの親子間の信頼の連鎖の検証の流れを、**図13-13**に示します。

図13-13　ZSKとKSKで署名されたゾーンの信頼の連鎖を検証する流れ

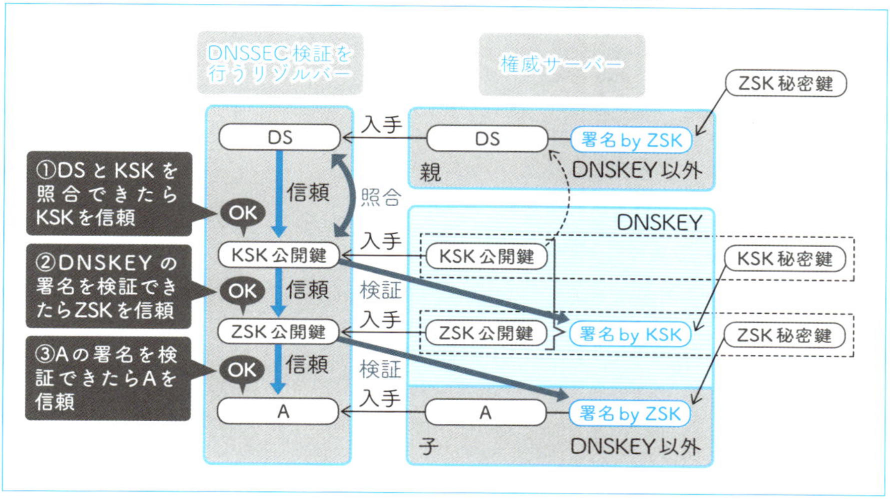

図の内容は次のとおりです。

① 親ゾーンの権威サーバーから入手したDSリソースレコードと子ゾーンの権威サーバーから入手したDNSKEYリソースレコードセットを照合し、照合できたDNSKEYリソースレコード（KSKの公開鍵）を信頼する

② 信頼したKSKの公開鍵で、そのゾーンのDNSKEYリソースレコードセットを署名検証する。検証に成功したら、そのゾーンのDNSKEYリソースレコードセットに含まれるすべてのDNSKEYリソースレコードを信頼する。この署名検証できたDNSKEYリソースレコードセットにはZSKの公開鍵が含まれているので、ZSKを信頼したことになる

③ 信頼したZSKの公開鍵で、それ以外のリソースレコードセットを署名検証する

トラストアンカーを起点として信頼の連鎖を検証する例として、jprs.jpのAリソースレコードを署名検証する際の流れを、**図13-14**に示します。

図13-14　トラストアンカーからjprs.jpのAリソースレコードまでの信頼の連鎖を検証する流れ

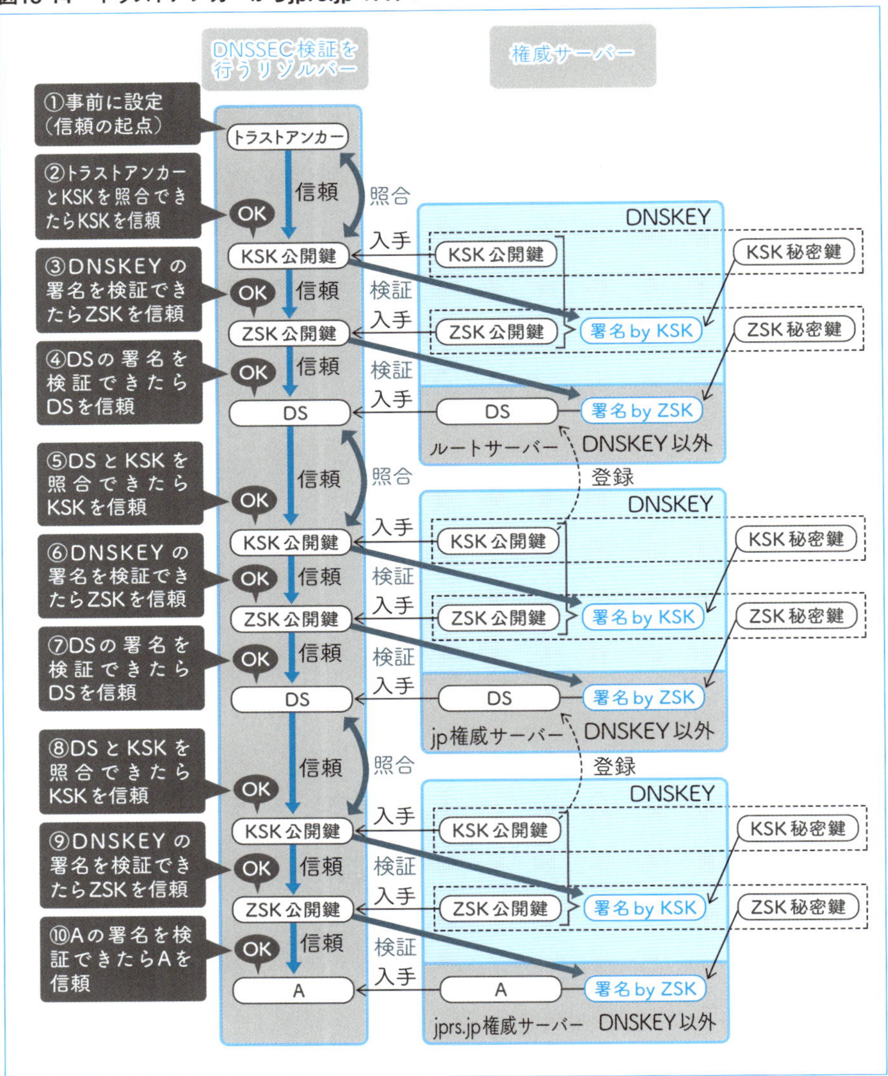

図の内容は次のとおりです。

① 事前に設定されたルートゾーンのトラストアンカー（DSまたはDNSKEY）を信頼の起点とする

② トラストアンカーとルートゾーンのDNSKEYリソースレコードセットを照合し、一致するDNSKEYリソースレコード（ルートゾーンのKSK公開鍵）を信頼する
③ 信頼したルートゾーンのDNSKEYリソースレコードで、ルートゾーンのDNSKEYリソースレコードセットを署名検証する。検証に成功したら、ルートゾーンのDNSKEYリソースレコードセットに含まれるすべてのDNSKEYリソースコードを信頼する。この中には、ルートゾーンのZSK公開鍵が含まれている
④ ルートゾーンに登録されているjpのDSリソースレコードを署名検証する。jpのDSリソースレコードはルートゾーンのZSK秘密鍵で署名されているため、③で信頼したルートゾーンのZSK公開鍵で検証できる
⑤ jpのDSリソースレコードとjpゾーンのDNSKEYリソースレコードセットを照合し、一致するDNSKEYリソースレコード（jpゾーンのKSK公開鍵）を信頼する
⑥ 信頼したjpゾーンのKSK公開鍵で、jpゾーンのDNSKEYリソースレコードセットを署名検証する。検証に成功したら、jpゾーンのDNSKEYリソースレコードセットに含まれるすべてのDNSKEYリソースコードを信頼する。この中には、jpゾーンのZSK公開鍵が含まれている
⑦ jpゾーンに登録されているjprs.jpのDSリソースレコードを署名検証する。jprs.jpのDSリソースレコードはjpゾーンのZSK秘密鍵で署名されているため、⑥で信頼したjpゾーンのZSK公開鍵で検証できる
⑧ jprs.jpのDSリソースレコードとjprs.jpゾーンのDNSKEYリソースレコードセットを照合し、一致するDNSKEYリソースレコード（jprs.jpゾーンのKSK公開鍵）を信頼する
⑨ 信頼したjprs.jpゾーンのKSK公開鍵で、jprs.jpゾーンのDNSKEYリソースレコードセットを署名検証する。検証に成功したら、jprs.jpゾーンのDNSKEYリソースレコードセットに含まれるすべてのDNSKEYリソースコードを信頼する。この中には、jprs.jpゾーンのZSK公開鍵が含まれている
⑩ jprs.jpゾーンに登録されているjprs.jpのAリソースレコードを署名検証する。jprs.jpのAリソースレコードはjprs.jpゾーンのZSK秘密鍵で署名されているため、⑨で信頼したjprs.jpゾーンのZSK公開鍵で検証できる

CHAPTER13
Advanced Guide to DNS

DNSSECの不在証明に使われるリソースレコード

DNSSECでは、応答したリソースレコードの出自の認証と完全性の検証に加え、データが存在しないことの証明も必要になります。DNSSECではデータが存在しないことを、存在するデータを示すことで証明します（本章のコラム「不在証明が必要な理由」(p.295）を参照)。これを、**不在証明**と呼びます。

DNSSECの不在証明に使われるリソースレコードとして、**NSEC**、**NSEC3**、**NSEC3PARAM**の3つがあります。これらのリソースレコードのフォーマットと記述例を、**図13-15**でまとめて紹介します。

図13-15 NSEC/NSEC3/NSEC3PARAMリソースレコードの記述例

NSECのフォーマット

ドメイン名	TTL	クラス	タイプ	データ
ドメイン名	TTL	IN	NSEC	次のドメイン名 タイプビットマップ

NSECの記述例

```
arpa.    86400    IN    NSEC    as112.arpa. NS SOA RRSIG NSEC DNSKEY
```

NSEC3のフォーマット

ドメイン名	TTL	クラス	タイプ	データ
ドメイン名	TTL	IN	NSEC3	ハッシュアルゴリズム フラグ 繰り返し ソルト ⇒ 次のハッシュ名 タイプビットマップ

（⇒は改行せずに1行であることを表す）

NSEC3の記述例

```
UUT50V3R0K2GPK6KU2TI3I13OELK98D1.jprs.jp. 86400 IN NSEC3 1 0 6 0DC1C01E (
                                  0C5HINFN00CS70ESITPONTK9S431KBVU
                                  A NS SOA MX TXT AAAA RRSIG DNSKEY NSEC3PARAM SPF )
```

NSEC3PARAMのフォーマット

ドメイン名	TTL	クラス	タイプ	データ
ドメイン名	TTL	IN	NSEC3PARAM	ハッシュアルゴリズム フラグ 繰り返し ソルト

NSEC3PARAMの記述例

```
jprs.jp.    0    IN    NSEC3PARAM 1 0 6 0DC1C01E
```

COLUMN 不在証明が必要な理由

電子署名では、存在するデータに署名を付加します。このため、このままでは問い合わせ（ドメイン名・タイプ）に対応するデータが存在しないことは証明できません。

そのため、ゾーンデータを署名する際、ゾーンのドメイン名の大文字を小文字に変換したうえでASCIIコード（アルファベット）順にソートし、そのドメイン名に存在するリソースレコードの一覧とアルファベット順の次のドメイン名を示す**NSECリソースレコード**をゾーンデータに追加し、不在応答に付加することで、データの不在を証明できるようにしました（**図13-16**）。

図13-16 NSECリソースレコードによる不在証明

```
$ dig @a.in-addr-servers.arpa +multi +norec +dnssec 30.in-addr.arpa A ↵
...
;; AUTHORITY SECTION:
...
3.in-addr.arpa.        3600 IN NSEC 31.in-addr.arpa. NS DS RRSIG NSEC
3.in-addr.arpa.        3600 IN RRSIG NSEC 8 3 3600 (
                               20180906145104 20180816040004 60309 in-addr.arpa.
                               vmK+KmF7L7f9kqKLyKOW3NiGD1utSaSXeMLnO0v4LkZX
                               bAW6fo3XwNWc81av7zQWEbph6o0HsqoMRoHxQxmU+ymD
                               2podwIvgpibN/hbTtxCueGAQ3VO8Pq+I2vfZeSucUWX8
                               glv/hsL1xKbzUuPl8IUBhi9WgaFav4DBSuc19rc= )
```

【例1】in-addr.arpaの権威サーバーに30.in-addr.arpaのAリソースレコードを問い合わせた結果（抜粋）。NSECリソースレコードにより、3.in-addr.arpaの次のドメイン名が31.in-addr.arpaであることを示している。これにより、問い合わせた30.in-addr.arpaの不在が証明される。

```
$ dig @a.in-addr-servers.arpa +multi +norec +dnssec in-addr.arpa A ↵
...
;; AUTHORITY SECTION:
...
in-addr.arpa.          3600 IN NSEC 1.in-addr.arpa. NS SOA RRSIG NSEC DNSKEY
in-addr.arpa.          3600 IN RRSIG NSEC 8 2 3600 (
                               20180906002709 20180816020004 60309 in-addr.arpa.
                               Q4HuiSgRfOHCaCv+3mh44jl+sTpcw8udqXU63ndxEPlD
                               +fWqyPCLBGOHtmkTO41r+BQRBfZ3UA2TQz6oADhgk6Ea
                               PxuxdkJBeLv53mmQeQ7Khtc7u4e9+nb9eb691Lhu2cxy
                               PM86+pQ1VYm7v83sDoKX4GARmExDTV73mEJA+kU= )
```

【例2】in-addr.arpaの権威サーバーにin-addr.arpaのAリソースレコードを問い合わせた結果（抜粋）。NSECリソースレコードにより、in-addr.arpaにはNS、SOA、RRSIG、NSEC、DNSKEYの各リソースレコードが存在することを示している。Aリソースレコードが含まれていないため、in-addr.arpaにおけるAリソースレコードの不在が証明される。

しかし、NSECリソースレコードを用いた不在証明では、NSECリソースレコードの次の名前を外部から順に検索することで、すべてのゾーンデータを入手することが可能になります。これを、**ゾーン列挙（zone enumeration）**と呼びます。

NSEC3リソースレコードはゾーン列挙を困難にするため、名前そのものに替えて名前のハッシュ値を利用するように対策したものです。そのため、ゾーンデータが公開されているルートゾーンやin-addr.arpaゾーンでは、NSECリソースレコードによる不在証明が使われています。

アドバンス編

Advanced
Guide to
DNS

CHAPTER 14 DNSにおけるプライバシーの概要と実装状況

この章では、DNSにおけるプライバシー上の懸念点を挙げ、それらの懸念点を解決するために開発された技術の概要と実装状況について説明します。

本章のキーワード

- Pervasive Monitoring
- 機密性
- DNSプライバシー
- QNAME minimisation
- DNS over TLS
- DNS over HTTPS
- カプセル化

CHAPTER14
Advanced Guide to DNS

01 DNSにおけるプライバシー上の懸念点とその解決策

利用者のプライバシー保護に対する意識の高まりや、2013年に米国国家安全保障局（NSA）による極秘の通信監視プログラムPRISMが暴露されたことなどをきっかけとして、**Pervasive Monitoring（広域かつ網羅的な通信の傍受・情報収集）**に対抗するためのさまざまな活動が進められています。DNSにおいてもそれは例外ではなく、通信の暗号化や通信プロトコルの改良によって、**機密性（confidentiality：正当な権限を持つ者のみが情報にアクセスできること）**を確保するための標準化活動がIETFで進められており、一部は既に実装・普及し始めています。

ここでは、DNSにおけるプライバシー上の懸念点と、それらを解決する方法として開発・実装が進められている技術について説明します。

プライバシー上の懸念点

DNSにおけるプライバシー上の懸念点を、**図14-1**に示します。

DNSの通信は暗号化されておらず、平文でネットワーク上を流れています。そのため、スタブリゾルバー、つまり、PCやスマートフォンなどのクライアントからフルリゾルバーへの通信をモニターすることで、いつ（時刻）、どのホストが（IPアドレス）、何を（ドメイン名・タイプ）問い合わせたのかという情報が得られることになります（**懸念点1**）

また、フルリゾルバー上でログを収集することでフルリゾルバーへの通信をモニターするのと同様、クライアントがいつ（時刻）、どのホストが（IPアドレス）、何を（ドメイン名・タイプ）問い合わせたかという情報が得られることになります（**懸念点2**）。

そして、基礎編で解説したように、フルリゾルバーはスタブリゾルバーから受け取った問い合わせ内容、つまり、問い合わせのドメイン名とタイプを権威サーバー群（ルートサーバー、TLDの権威サーバー、各組織の権威サーバーなど）

図14-1 DNSにおけるプライバシー上の懸念点

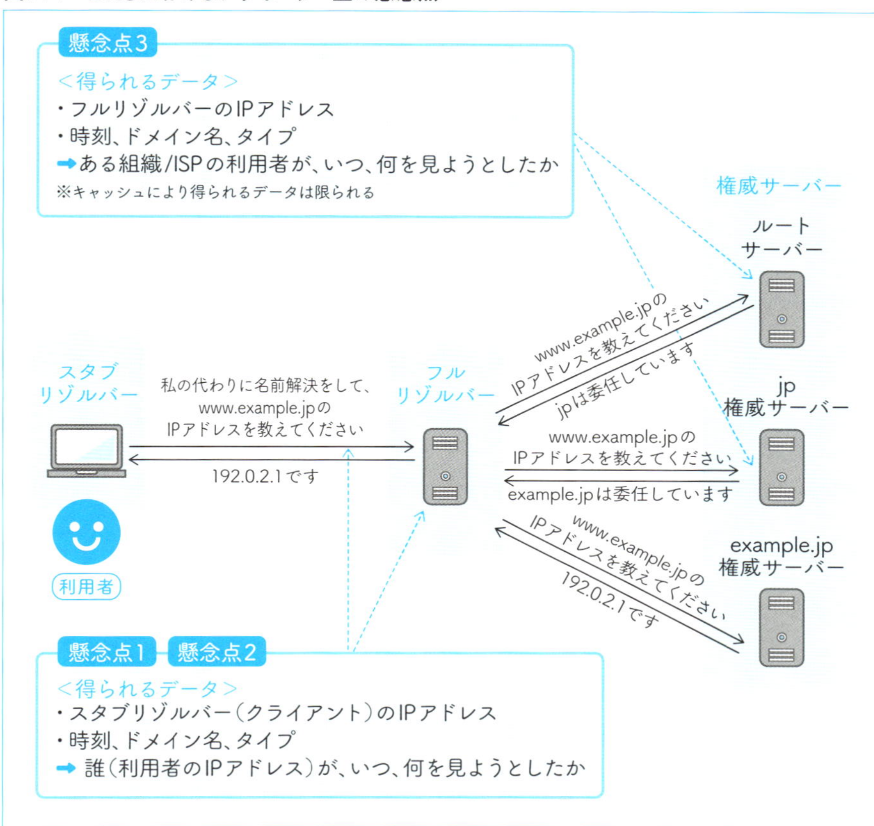

にそのまま問い合わせます。そのため、ルートサーバーやTLDの権威サーバーではフルリゾルバーを介して、クライアントが問い合わせたドメイン名・タイプをある程度得られることになります(**懸念点3**)*1。

各懸念点の解決策

本節の冒頭で紹介した2013年のPRISMの暴露をきっかけとして、IETFではPervasive Monitoringは攻撃であるという立場をとり*2、インターネットにおけ

*1 ―ただし、フルリゾルバーのキャッシュの効果により、権威サーバー群ではクライアントのすべてのアクセスの情報が得られるわけではありません。

*2 ― RFC 7258:"Pervasive Monitoring Is an Attack"

るすべての通信の暗号化を進めることとなりました（本章の以下のコラム「IABの声明文」を参照）。

COLUMN　IABの声明文

2014年11月13日にIETFの活動方針とインターネット標準化プロセスを監督するIAB（Internet Architecture Board）がプロトコルの設計者・実装の開発者・運用者のすべてに対し、インターネットにおける機密性の確保を強く要請する声明を発表しています。

IAB Statement on Internet Confidentiality | Internet Architecture Board
URL https://www.iab.org/2014/11/14/iab-statement-on-internet-confidentiality/

懸念点1については、**クライアント（スタブリゾルバー）からフルリゾルバーへの通信路の暗号化**を進めることになり、そのためのプロトコルが標準化されました。これについては本章03「DNS over TLS」（p.304）と04「DNS over HTTPS」（p.306）で説明します。

懸念点2については、電気通信事業者である日本のISPでは通信の秘密による保護対象となっており、侵害した場合、刑事罰の対象となります。ただし、会社や学校などの組織は電気通信事業者ではないため、それぞれの組織における独自のモニタリングや、その結果を利用した独自のブロッキング・フィルタリングを実施することがあります。

また、パブリックDNSサービスの中には、使用履歴を記録に残さず、得られたアクセス情報を利用しないことをプライバシーポリシーに明記しているものがあります（7章02の「パブリックDNSサービス」（p.149）を参照）。

懸念点3については、**フルリゾルバーが問い合わせを小出しにする**という解決策が標準化されました。これについては次節「QNAME minimisation」で説明します。

CHAPTER14
Advanced Guide to DNS

02 QNAME minimisation

QNAME minimisationの概要

QNAME minimisation（問い合わせ情報の最少化）は、従来のフルリゾルバーの名前解決アルゴリズムを変更し、ルートサーバーやTLDの権威サーバーには名前解決に必要な最低限の情報のみを問い合わせるようにする技術です。

14章01の「プライバシー上の懸念点」（p.298）で説明したように、フルリゾルバーはクライアント（スタブリゾルバー）から受け取った問い合わせ内容（ドメイン名・タイプ）を権威サーバー群にそのまま送ります。ルートサーバーは委任情報としてTLDの権威サーバーを応答し、フルリゾルバーはその情報を使ってTLDの権威サーバーに問い合わせを送ります。

そのため、ルートサーバーやTLDの権威サーバーではフルリゾルバーを介して、クライアントの問い合わせ内容を知ることができます。実際にはフルリゾルバーのキャッシュ機構のため、クライアントのすべての問い合わせがルートサーバーやTLDの権威サーバーに伝わるわけではありませんが、ルートサーバーやTLDの権威サーバーの問い合わせに含まれる情報を調べることで、さまざまな情報を得ることができます。

QNAME minimisationは実験的プロトコルとして、RFC 7816で標準化されました。具体的には、ルートサーバーにはTLDのNSリソースレコードを問い合わせ、TLDの権威サーバーには2LD/3LD/4LD のNSリソースレコードを応答内容に応じて問い合わせる形とし、スタブリゾルバーが問い合わせたドメイン名とタイプは各組織の権威サーバーのみに問い合わせるように、名前解決アルゴリズムを変更します。

QNAME minimisationによって、クライアントが問い合わせたドメイン名・タイプをルートサーバーやTLDの権威サーバーに送信しなくなります。そのため、ルートサーバーではTLDのNSリソースレコードの問い合わせがあったことしか知ることができず、TLD内部のドメイン名やタイプを知ることができなくなり

図14-2　フルリゾルバーの従来の動作（左）とQNAME minimisation（右）の比較

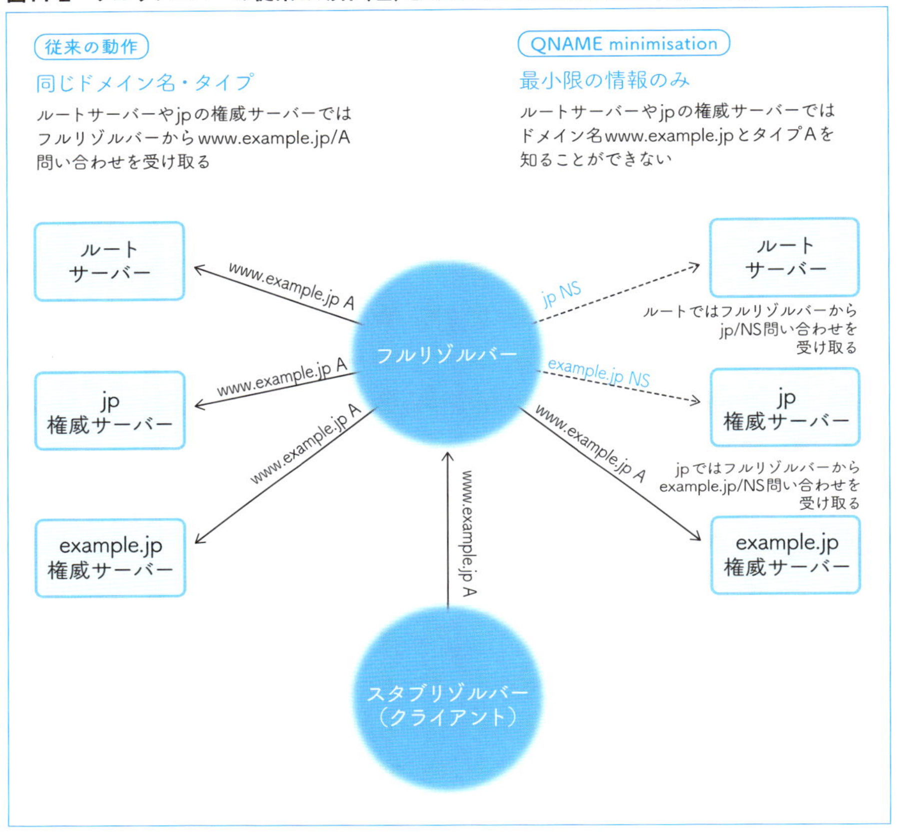

ます。同様に、TLDの権威サーバーでもその組織のNSリソースレコードの問い合わせがあったことしか知ることができず、組織内のドメイン名やタイプを知ることができなくなります（**図14-2**）。

ただし、本書で解説したように、ドメイン名のラベルの区切りにはゾーンカット（6章04の「ゾーンそのものに関する情報～SOAリソースレコード」（p.120）を参照）が必ず存在するわけではないため、権威サーバーに対する無駄な問い合わせが発生する可能性があります*1。

*1 ―ラベルの区切りにNSリソースレコードがなかった場合、フルリゾルバーはNSリソースレコードを問い合わせる階層を1つ下げ、再問い合わせします。

QNAME minimisationの実装状況

現在、いくつかのフルリゾルバーがQNAME minimisationを実装しています。

CZ.NICが開発しているKnot Resolverは2016年からQNAME minimisationを実装しており、標準で有効になっています。また、NLnet Labsが開発しているUnboundではバージョン1.7.3から、QNAME minimisationが標準で有効になりました。最大のシェアを持つBINDでも開発版のバージョン9.13.2で、QNAME minimisationを実装しています。

Knot ResolverやUnboundでは権威サーバーの実装不良による障害や名前解決の低下を回避するため、RFC 7816に記述された回避策に加え、追加の問題回避策も併せて実装しています。

パブリックDNSサービスでは1.1.1.1がQNAME minimisationを実装しており、標準で有効に設定されています。

CHAPTER14
Advanced Guide to DNS

DNS over TLS

DNS over TLSの概要

DNS over TLSは、盗聴リスクに対応するため、DNSの通信をTLSで保護（暗号化）するための技術です。

DNSの通信を暗号化するに当たり、IETFでは当初、さまざまな暗号方式が提案されました。ワーキンググループにおける議論の結果、最終的にTLSとそのUDP版のDTLSを用いる「DNS over TLS」と「DNS over DTLS」の2つが標準化されました。DNS over TLSは2016年5月にRFC 7858として発行され、DNS over DTLSは2017年2月に実験的プロトコルのRFC 8094として発行されました。

DNS over TLSの通信にはTCPのポート853番が、DNS over DTLSの通信にはUDPのポート853番が割り当てられました。DNS over TLSでは接続を受け付けると即座にTLSの処理を開始します。通信の内容は従来のTCPのDNSと同じです。

DNS over TLSは、クライアント（スタブリゾルバー）とフルリゾルバーの間の通信で使うことが想定されています。DNS over TLSを使うことでクライアントとフルリゾルバーの間の通信が保護され、通信内容を傍受することができなくなります。

COLUMN TLSとは

TLS（Transport Layer Security）は、TCPのようなコネクション型の通信を保護するためのプロトコルです。以前はSSL（Secure Sockets Layer）という名前で開発されていましたが、IETFでの標準化の際、TLSという名称に変更されました。

TLSはインターネットの通信を保護し、以下の4つの項目を実現します。

1）通信相手の本人性確認：なりすましの防止
2）通信路の暗号化：盗聴からの保護
3）通信内容の保護：通信内容の改ざんの検知
4）通信内容の否認防止（※）：通信した事実と内容の事後証明
（※）送信者がデータを送ったこととその内容を事後否定できなくなること

DNS over TLSの実装状況

DNS over TLSは、NLnet Labsが開発しているUnbound、CZ.NICが開発しているKnot Resolverが実装しています。パブリックDNSサービスではGoogle Public DNS、Quad9、1.1.1.1が、DNS over TLSを実装しています。

また、スタブリゾルバーとしてはgetdns API（URL https://getdnsapi.net/）が実装しています。

なお、Android 9以降のスタブリゾルバーにはDNS over TLSが標準で組み込まれており、指定されたフルリゾルバーがDNS over TLSを有効にしている場合、自動的に有効に設定されます。

COLUMN　フルリゾルバーと権威サーバー間の通信の暗号化

DNS over TLSは、クライアント（スタブリゾルバー）とフルリゾルバーの間の通信で使うことを想定して開発されました。IETFは今後、フルリゾルバーと権威DNSサーバーの間の通信の暗号化についても、標準化作業を進める見込みです。

CHAPTER14
Advanced Guide to DNS

DNS over HTTPS

DNS over HTTPSの概要

前節で説明したDNS over TLSではTCPのポート853番を使います。しかし、制限されたネットワーク環境ではTCPのポート853番がブロックされている可能性があり、そうしたネットワークではDNS over TLSを使えない可能性があります。

そうした背景から、DNSの通信路にWebの通信で使われるHTTPSを使うアイディアが提案されました。これを実現する技術が**DNS over HTTPS**（DoH）です。

DNS over HTTPSでは、HTTPSのGET/POSTメソッドによりDNSパケットをそのままの形で扱います。例えば、GETで以下のような要求を送ると、DNSパケットの応答がそのまま返ります。

```
:method = GET
:scheme = https
:authority = dnsserver.example.net
:path = /dns-query?dns=AAABAAABAAAAAAAAA3d3dwdleGFtcGxlA2NvbQAAAQAB
accept = application/dns-message
```

DNS over HTTPSでは通信はWebの通信と同様、HTTPSで保護されます。

DNS over HTTPSの実装状況

パブリックDNSサービスのGoogle Public DNS、Quad9、1.1.1.1が、DNS over HTTPSを実装しています。1.1.1.1ではアクセスログ（14章01の「プライバシー上の懸念点」（p.298）で紹介した懸念点2）について、1.1.1.1そのものの運用と研究目的に限定した形で実施することと、24時間以内に消去することを表明しています。

スタブリゾルバーとしては、WebブラウザFirefox 60以降、Chrome 83以降がDNS over HTTPSを実装しています。

なお、2018年10月3日にAlphabet（Googleの持株会社）の子会社のJigsawが、

DNS over HTTPSを実装したAndroidアプリ「Intra」を公開しています。

COLUMN 「○○○ over ×××」とは

「○○○ over ×××」は、×××というプロトコルのデータに、○○○というプロトコルを処理情報（プロトコルヘッダー）も含め、そのまま取り込んで運ぶことを意味しています。これを、○○○を×××で**カプセル化（encapsulation）**する、といいます。

カプセル化により、元のプロトコルには準備されていない機能を使ったり、本来は直接接続されている場合にのみ使えるプロトコルを、遠隔地の機器同士で使ったりすることができるようになります。

例えば、NTT東日本・西日本が提供するフレッツサービスのPPPoE（PPP over Ethernet）では、本来2点間のデータ通信のために用いられるPPP（Point-to-Point Protocol）をイーサネットでカプセル化することにより、ダイヤルアップ回線におけるPPPの認証を、ADSLや光ファイバー回線でも利用できるようにしています。

DNS over TLSやDNS over HTTPSは、TLSやHTTPSで保護された通信路で、DNSの通信をカプセル化する形になります。

カプセル化は貨物を積んだトラックをそのまま貨車に載せて目的地まで輸送する、ピギーバック輸送に例えることができます（**図14-3**）。

図14-3　DNS通信のカプセル化

付録A　DNS関連の主なRFC

DNS関連の主なRFCについて、本書で概要を説明したものを中心に紹介します。IETFでは現在も標準化作業が進められており、新しいRFCが発行されています。

■DNS関連

RFC番号	発行年月	概要	本書の章・節
RFC 1034-1035	1987年11月	DNSの基本仕様	全体
RFC 1886	1995年12月	IPv6対応（AAAAリソースレコードの追加）	6章05
RFC 1995	1996年 8月	IXFR（Incremental Zone Transfer）の仕様	6章02
RFC 1996	1996年 8月	DNS NOTIFYの仕様	6章02
RFC 2136	1997年 4月	Dynamic Updateの仕様	−
RFC 2181	1997年 7月	DNSの仕様の明確化	全体
RFC 2308	1998年 3月	ネガティブキャッシュの仕様	4章03
RFC 2782	2000年 2月	SRVリソースレコードの追加	−
RFC 2845	2000年 5月	TSIG（共有鍵による認証）の仕様	−
RFC 5358	2008年10月	フルリゾルバーにおけるDNSリフレクター攻撃の防止	9章06
RFC 5890-5895	2010年 8月	国際化ドメイン名（IDN）の仕様	11章08
RFC 5936	2010年 6月	ゾーン転送の仕様	4章03
RFC 6891	2013年 4月	EDNS0の仕様	11章09
RFC 7208	2014年 4月	SPF（Sender Policy Framework）の仕様	6章06
RFC 7766	2016年 3月	DNSの通信におけるTCPの使い方の変更	−
RFC 7816	2016年 3月	QNAME minimisationの仕様	14章02
RFC 7858	2016年 5月	DNS over TLSの仕様	14章03
RFC 7873	2016年 5月	DNSクッキーの仕様	10章02
RFC 8020	2016年11月	名前不在の取り扱いに関する仕様の明確化	−
RFC 8109	2017年 3月	プライミング問い合わせの方式	7章01
RFC 8484	2018年10月	DNS over HTTPSの仕様	14章04
RFC 8499	2019年 1月	DNS用語の定義	4章01

■DNSSEC関連

RFC番号	発行年月	概要	本書の章・節
RFC 3658	2003年12月	DSリソースレコードの追加	13章02
RFC 4033-4035	2005年 3月	DNSSECの基本仕様	13章
RFC 5011	2007年 9月	トラストアンカーの自動更新	13章02
RFC 5155	2008年 3月	NSEC3リソースレコードによる不在証明	13章05
RFC 6781	2012年12月	DNSSEC運用ガイドライン	13章
RFC 6840	2013年 2月	DNSSECの仕様の明確化と実装上の注意点	13章
RFC 7129	2014年 2月	不在証明の背景と状況の説明	13章05
RFC 8198	2017年 7月	不在証明を活用した名前解決のパフォーマンス向上	–
RFC 8624	2019年 6月	DNSSECのアルゴリズム実装要件と使用ガイドライン	–

おわりに

最初のDNSは今から30年以上前の1983年に作られました。私が最初に触ったDNSソフトウェアはBIND 4.8.3で、今から28年前の1990年です。そして、DNSは現在も、インターネットを支える重要な仕組みであり続けています。

にもかかわらず、初心者向けにDNSをゼロからわかりやすく、正確な内容を体系的に解説した「教科書」と呼べるものは、これまでほとんどありませんでした。理由は簡単で、それを作ろうとすると、とても手間が掛かるからです。

仕組みをゼロから解説するためには初心者の方にもなじみやすいように、例示や図版を多用する必要があります。教科書ですから嘘を書くわけにはいかないので、例示や図版、記述にはわかりやすさとともに、厳密さと正確さも要求されます。

そして、こうした初心者向けの専門書を最後まで読み通してもらうためには、内容を簡潔にまとめる必要があります。つまり「わかりやすくて正確、かつ、解説が簡潔で、興味を持って最後まで読んでもらえる」ものが必要になります。

また、DNSの運用では技術的な内容に加え、ドメイン名の管理体制やドメイン名ビジネス、商標・商号との関係に関する知識も必要になります。これらの要素も盛り込み、わかりやすく簡潔にまとめることは、大きなチャレンジです。

本書の筆者・監修者にとってそのチャレンジは未経験で、想定よりはるかに長い時間を要しました。それでもようやく、本書を出版することができました。

本書は、DNSの概要・仕組み・設計・構築・運用について、できるだけわかりやすく、平易に解説することを目的としています。そのため、基礎編ではできるだけ平易な表現を心掛けつつ、解説が曖昧になったりくどくなったりしないように、注意深く言葉を選びました。特に誤解されやすい再帰的問い合わせと非再帰的問い合わせという用語の使用を避け、「私の代わりに名前解決をして」が問い合わせに付くか付かないかの違いとして解説し、実践編でそれらが再帰的問い合わせと非再帰的問い合わせと呼ばれていることを種明かしする形としました。

実践編ではDNSの設計・構築・運用に加え、動作確認の方法とその解説にも重点を置きました。類似の書籍やWebページであまり解説されていない、外部名やCNAMEを含む、インターネットの多くのドメイン名で実際に動いている名前解決の流れについて具体例を挙げ、実際の出力結果を掲載する形で解説しました。

アドバンス編では実践編で解説しなかったDNSの運用ノウハウに加え、DNSにおけるプライバシーと最新の実装状況を解説しました。プライバシーに関する変更はDNSの名前解決の基本動作や基本的な通信手段を変更するものであり、DNSそのものの構成にも、今後大きな影響を及ぼすと考えられるためです。

本書では、権威サーバーやフルリゾルバーの具体的な設定方法、例えば、named.confの設定方法や自動起動のための設定といった内容は、意図的に除外しました。これらは個別の実装に関する話であり、DNSそのものの概要や仕組みを解説する本書の目的には、そぐわないとの判断からです。

なお、本書にはレベルや分量を考慮し、あえて記述しなかった・できなかった内容がたくさんあります。例えば、NSリソースレコードを親子双方に設定する理由、権威サーバーが返す6種類の応答、応答の圧縮、EDNS Client Subnet、Empty Non-Terminalの取り扱いなどについては、記述がありません。また、DNSSECとDNSクッキーについては概要の紹介にとどめており、仕組みの詳細や運用には触れていません。余裕ができたらこれらについても関連するRFCを参照しながら、勉強を進めてみてください。

最後に、未経験のチャレンジに試行錯誤を繰り返しながら立ち向かう筆者・監修者の作業の遅れを粘り強く待っていただき、編集者に加えて初学者の立場から数多くの有用なコメントをいただいたSBクリエイティブの友保健太氏と、本書の刊行に向け、最後まで惜しみないアドバイスと支援をくださった社内外のすべての関係者の皆様に、心から感謝申し上げます。

DNSの正しい知識は、インターネットそのものの理解と安定運用につながります。本書が、DNSを学ぶ読者の皆様の一助となれば幸いです。

ひときわ暑く、また熱かった今年の夏に思いを馳せつつ、JPRS東京本社にて

2018年11月 森下泰宏

INDEX

記号・数字

A

B

C

D

E

F

G

H

I

INDEX

INDEX

著者紹介

渡邉 結衣（わたなべ ゆい）

株式会社日本レジストリサービス（JPRS）技術企画室

2016年にJPRS入社。レジストリやDNSの技術・サービス調査及び企画などに従事。また、関連するコミュニティ活動にも参加し、日本DNSオペレーターズグループ（DNSOPS.JP）に事務局として参画。

佐藤 新太（さとう しんた）

株式会社日本レジストリサービス（JPRS）技術企画室

1999年に社団法人日本ネットワークインフォメーションセンター（JPNIC、現在は一般社団法人）に入社し、JP DNSおよびJPレジストリシステム、オフィスシステムの構築、運用にたずさわる。2001年にJPRSに転籍。各種システムおよびMルートサーバーの運用に従事し、JP DNSのIPv6対応、IP Anycastの導入にたずさわる。
ICANN SSACメンバー（2007-2016）、RSSAC Caucusメンバー（2014-）

藤原 和典（ふじわら かずのり）

株式会社日本レジストリサービス（JPRS）技術研究部

1991年より学生・助手として早稲田大学のキャンパスネットワーク設計・構築・運用にたずさわる。2002年にJPRS入社。DNSおよび関連する技術の調査・研究、IETFでの標準化活動に従事。
RFC 7719、8499（DNS用語集）、RFC 8198（DNSSECによる名前解決の性能改善）共著
博士（工学）

監修者紹介

森下 泰宏（もりした やすひろ）

株式会社日本レジストリサービス（JPRS）技術広報担当

1990年よりWIDEメンバーとして、日本のインターネット構築に当初から参画。1998年にJPNIC入社。JP DNSおよびレジストリシステム、オフィスシステムの構築、運用にたずさわる。2001年にJPRSに転籍。DNSおよび関連する技術の調査・研究、IETFでの標準化活動に従事。2007年より技術広報担当として、DNS・サーバー証明書に関するプロモーション活動を担当。
RFC 4074（IPv6のDNS問い合わせに関する不適切な動作）共著
『djbdnsで作るネームサーバ徹底攻略』『実践DNS』共著

■ 本書のサポートページ

https://isbn.sbcr.jp/94481/

本書をお読みいただいたご感想、ご意見を上記 URL からお寄せください。

●デザイン　森 裕昌
●制　作　BUCH+
●編　集　友保 健太

DNSがよくわかる教科書

2018 年 12 月 3 日　初版第 1 刷発行
2020 年 6 月 30 日　初版第 4 刷発行

著　者　株式会社日本レジストリサービス（JPRS）　渡邉 結衣、佐藤 新太、藤原 和典
監修者　株式会社日本レジストリサービス（JPRS）　森下 泰宏
発行者　小川 淳
発行所　SB クリエイティブ株式会社
〒 106-0032　東京都港区六本木 2-4-5
https://www.sbcr.jp/
印　刷　株式会社シナノ

落丁本、乱丁本は小社営業部（03-5549-1201）にてお取り替えいたします。
定価はカバーに記載されております。
Printed in Japan　ISBN978-4-7973-9448-1